旗袍史稿

Historical Draft of Chinese Qipao

刘瑞璞　朱博伟　著

科学出版社
北　京

内 容 简 介

本书是基于历史文献、技术文献、图像史料与标本的系统研究，整理和总结出旗袍古典、改良和定型的三个分期理论，并梳理了旗袍结构的史料谱系。官方文献作为旗袍的法定依据和形制记录文案，清楚地记录了旗袍从古典到改良的线索。时事史料、技术文献的考证与标本互证研究显示，在20世纪30年代中期之后，改良旗袍标志性的“独幅旗袍料”裁剪和“挖大襟”技术才出现，并一直延续到20世纪60年代初，划定了改良旗袍之前的古典旗袍与之后的定型旗袍的范围。定型期作为旗袍的最后辉煌，发生在香港和台湾，这也是技术文献和标本研究互证得出的结论。因此本书首次以全方位的史料文献和标本研究，将旗袍三个分期的系统面貌呈现出来，还旗袍一个完整、客观、真实的史稿。

本书对近现代史、服饰史、时尚文化与技术史的研究人员、教师、设计师、传承人等具有重要的文献、史料参考价值。

图书在版编目（CIP）数据

旗袍史稿 / 刘瑞璞，朱博伟著．—北京：科学出版社，2021.6

国家社科基金后期资助项目

ISBN 978-7-03-068350-2

Ⅰ.①旗… Ⅱ.①刘… ②朱… Ⅲ.①旗袍-服饰文化-研究-中国 Ⅳ.①TS941.717

中国版本图书馆CIP数据核字（2021）第044968号

责任编辑：杜长清 张 文 / 责任校对：王晓茜

责任印制：李 彤 / 封面设计：铭轩堂

科学出版社 出版

北京东黄城根北街16号

邮政编码：100717

http://www.sciencep.com

北京建宏印刷有限公司印刷

科学出版社发行 各地新华书店经销

*

2021年6月第 一 版 开本：720×1000 1/16

2023年7月第三次印刷 印张：25 1/4 插页：1

字数：363 000

定价：298.00元

（如有印装质量问题，我社负责调换）

国家社科基金后期资助项目
出版说明

后期资助项目是国家社科基金设立的一类重要项目，旨在鼓励广大社科研究者潜心治学，支持基础研究多出优秀成果。它是经过严格评审，从接近完成的科研成果中遴选立项的。为扩大后期资助项目的影响，更好地推动学术发展，促进成果转化，全国哲学社会科学工作办公室按照“统一设计、统一标识、统一版式、形成系列”的总体要求，组织出版国家社科基金后期资助项目成果。

全国哲学社会科学工作办公室

序

张爱玲一篇小小随笔《更衣记》被当代研究旗袍的史学家们奉为圭臬。《更衣记》毕竟不是"史记"，重要的是张爱玲是当时的著名作家，虽有史无据但也可信，何不以此为线索追考证据，一软一硬，软硬兼施，不必担心证据不足，关键要有良好的专业训练和敏锐度才能准确释读否则便会产生误读。例如，《更衣记》中说"一九二一年，女人穿上了长袍"。大多数研究者认为由此便"十分明确地确定了旗袍出现的时间"(《百年衣裳：20世纪中国服装流变》，120页)。既然"十分明确"为什么不用旗袍称谓，而用"长袍"？显然旗袍和长袍有很大的区别，长袍或许是对旗袍诞生前特有涵义的所指，总之它具有汉制传统。《周礼·天官·内司服》："……掌王后之六服：袆衣、揄狄（揄翟）、阙狄（阙翟）、鞠衣、襢衣、褖衣、素纱。"唐贾公彦疏："……云六服者皆袍制，使于张显者，案《杂技》云，子羔之袭也，茧衣裳，则是袍矣。男子袍既有衣裳，今妇衣裳连则非袍，而云袍制者，正取複不单。"(外袍)《释名·释衣服》："袍，丈夫著下至者也。袍，苞也；苞，内衣也。妇人以绛作衣裳，上下连，四起施缘。”“上下连”即通袍，也就是“长袍”。这与1929年4月16日国民政府颁布的《服制条例》中规定礼服长袍记述的“甲种一衣……前襟右掩长至膝与踝至中点与裤下端齐……”不谋而合，说明这个时期用“旗袍”称谓并不普遍，至少官方或主流社会慎用“旗”。其次就是旗袍发生的初级阶段，特点是承汉统的长袍，如果从史学的逻辑角度来说，就是古典旗袍，它的意涵更倾向于汉统。张爱玲在此也有描述：“她们初受西方文化的熏陶，醉心于男女平权之说，可是四周的实际情形与理想相差太远了，羞愤之下，她们排斥女性化的一切，恨不得将女人的本性斩尽杀绝。因此初兴的旗袍是严冷方正的，具有清教徒的风格。”什么是“严冷方正”，对当时的技术文献和相应标本进行技术的语言释读，就是十字型平面结构，这便找到了古典旗袍分期的标尺。

用“旗袍史稿”为本书命名就在于此。现在为旗袍修史还为时过早，因为有史无据是现实旗袍研究的基本面貌，为史考据正是本书的基本任务，特别是技术文献整理和标本研究实证，为修史做了些基础性工作。

另外，就是提供新证。学界主流观点认为，旗袍从20世纪20年代初兴，30年代进入黄金时代，到40年代达到全盛期，从黄金时代到全盛期史称“改良旗袍”，其特点表现为立体裁剪和现代审美：“其一，运用传统熨烫归拔技术和西式服装裁剪中的收省及装袖工艺方法……其二，更重要的是现代审美意识使女性乐于用旗袍表现女性身形之美……”（《百年衣裳：20世纪中国服装流变》，124页）这确实需要大量的考证支持，然而“旗袍的改良有一个过程，因缺乏详细的历史资料，期间的准确日期无法查证”（《百年衣裳：20世纪中国服装流变》，124页）。事实上，近代的史料无论是市井文化还是学术、文学、图像、官方文献不能说不详细丰富，关键是要用科学专业的方法去面对相应的标本、技术文献进行研究和整理，这样就会找到旗袍重要事项演变的时间节点和实物发展的脉络。正是它们给出了确凿的证据否定了上述观点，甚至有重大发现，如旗袍的三个分期理论：古典旗袍与改良旗袍都秉持着十字型平面结构的中华系统；改良旗袍的“独幅旗袍料”裁剪方法和“挖大襟”技术的独特性都不是因为“表现立体裁剪和现代审美”而存在。最重要的是发现和确立了被学界忽视的20世纪六七十年代港台“定型旗袍”在整个旗袍发展过程中的史学地位和学术价值。同时，对前期古典旗袍和改良旗袍结构形制的彻底颠覆，呈现返本开新的中华气象，也因此成为近现代人类服饰文化中的中华符号，为旗袍修史提供了完整的史料基础和文献补遗。当我们找到这段缺失的历史的时候，旗袍修史才变得丰满和有意义。

2018年10月于洋房

前　言

一

《旗袍史稿》于2017年9月获批国家社科基金后期资助项目，并及时根据专家评审意见进行了修改，重点完成了民国时期官方文献、技术文献及时事报刊文献的搜集和整理。同时完成了港台地区口述史料的调研和学术调查工作，以获取的一手资料充实港台部分的不足。同时，在项目执行过程中严格遵守《国家社科基金后期资助项目实施办法》等相关规定，根据项目申请书的计划完成了书稿的撰写工作，按照《国家社科基金后期资助项目出版技术标准》同步进行成果的版式和装帧设计，并得到出版社认可。

二

在书稿撰写过程中通过多地博物馆、档案馆、遗址、民间收藏等渠道，搜集了民国时期和1949年至1980年港台地区与旗袍发展历史相关的官方文书、技术文献、时事报刊文献（含图像史料）、文学作品（含诗歌）、绘画作品（含漫画）共200余件（详见本书参考

文献及附录三　时事报刊名录1921—1948）。民国时期官方文书和技术文献是研究的重点，1949年以后，港台地区的技术文献更是旗袍三个分期中定型时期的重要物证，是旗袍史三个分期研究所缺失的重要一环。这些文献中官方文献包括：民国时期北洋政府《服制》法令（1912年）、国民政府《服制条例》正本及《修正服制条例草案》（1929年至1942年）等。技术文献包括民国时期第一部正式出版的缝纫教科书《湖南女国民会缝纫教科书》（1913年）、最早获批民国时期教育部官定的裁缝教科书《女子中校范校学师学用裁缝教科书》（1914年）、最早记录旗袍裁剪和制图方法的《衣服裁法及材料计算法》（1925年），出现"挖大襟""挽大襟"等代表旗袍进入改良时期特殊技术称谓的技术文献《中服裁法讲义》（1935年）、《裁缝手艺》（1938年），最早出现分身分袖施省结构标志着旗袍于香港进入定型阶段的重要技术文献《旗袍裁剪法》（1966年）、出现分身分袖施省立体结构标志着定型旗袍结构在台湾确立的技术文献《祺袍裁制的理论与实务》。以上绝大多数文献为首次披露，成为定型旗袍在港台地区产生并走向辉煌的重要实证。

通过博物馆、民间收藏等渠道搜集旗袍三个发展时期具有典型时代特征的传世标本120余件，选择其中结构特征清晰、保存状态良好的标志性样本进行了全方位信息采集与结构图复原，所取得的一手资料与技术文献两相印证，对结论的确立有重要意义。

课题研究过程中针对"定型旗袍"完成了三次学术调研工作，前两次调研以台湾为主，第三次是在后期资助项目的支持下，于2018年7月完成香港、澳门学术调研。三次学术调研采访传统华服艺人（包括台湾定型旗袍代表人物杨成贵遗孀林少琼、香港定型旗袍代表人物刘安庆等）、行业人士（包括香港服装业总工会主席及全体理事）、高等院校学者（台湾实践大学、辅仁大学专职教师等）等，完成口述史料"港台学术调查实录"的整理，并获得了大量台湾、香港定型旗袍的一手资料。

以上资料共同构筑了成果的研究基础，成为确立旗袍三个发展时期的关键证据。

三

解决当今旗袍史研究的争议、还原旗袍真实发展历史面貌是本课题研究的初衷。成果力求在专业方法和科学手段的指导下，针对近现代旗袍史研究“有史无据”的现实情况，以技术文献和标本研究为主要线索，通过技术文献、图像史料与标本实物研究的结论相互印证的方法，基于结构形态理论构建了旗袍“古典”“改良”“定型”三个分期理论。解决了旗袍结构变革的历史背景不清、典型结构及关键技术文献缺失、分期结构形态产生过程和时间节点不明等旗袍史研究中的学术问题。

通过标本研究与口述史料的整理，对标本进行系统化信息采集与结构复原，将数据信息采集获取标本的基础参数所呈现旗袍结构的历史面貌与旗袍发展亲历者（特别是旗袍师傅）采访的口述纪实进行比较研究，得到旗袍分期研究的确凿证据，形成旗袍史分期新证理论。

对于旗袍不同发展阶段的划分，将时间节点的结构特征与技术变革作为重要证据且使之成为关键的鉴别依据。通过对整个民国时期官方文献的梳理和港台地区旗袍史料的深入挖掘，整理相应的标本研究和技术文献，形成旗袍重要事项演变的时间节点和技术脉络，呈现旗袍三个分期的结构图谱：古典时期的旗袍与改良时期的旗袍都秉持着十字型平面结构的中华系统；改良旗袍的“独幅旗袍料”裁剪方法和“挖大襟”技术的独特性都不是因为“表现立体裁剪和现代审美”而存在，实质上是“布幅决定结构形态”的古典华服敬物尚俭思想的延续；直到定型旗袍“分身分袖施省”立体裁剪技术的出现，才真正打破了中华传统服饰几千年来一成不变的十字型平面结构系统，成为旗袍结构从传统向现代迈进过程中的一次时尚“革命”，更拉开了旗袍国际化的帷幕。其中以港台地区为主战场形成的定型旗袍是旗袍历史上最后的辉煌。成果根据系统的文献史料完整地呈现了旗袍发展史：旗袍由南迁港台的上海旗袍师傅与台湾文史专家、学者共同努力促成，1974 年元旦台湾中国祺袍研究会发起的“祺袍正名”事件，为旗袍近一个世纪的发展历程画上了完美的句号。1966 年香港裁缝刘瑞贞的《旗袍裁缝法》、1974 年台湾历史学家王宇清《历代妇女袍服考实》及1975年台湾旗袍艺人杨成贵《祺袍裁制的理论与实务》三部著作，通过技术文献、史料和标本相互印证的方式，为研究旗袍定型始末留下了珍贵的史料，更成为见证旗袍定型历史永远无法抹去的印记。时至今日，旗袍不仅得到了全球华人的认可，更成为国际社交文化中绚丽多彩的中华符号。成果通过全方位的史料、技术文献和标本研究，试图将旗袍三个分期史学和文献的系统面貌呈现出来。

四

成果以标本和文献二重考证的结论为基础，考献与考物相结合，重考物的方式，确立了旗袍结构从古典、改良到定型的时间节点，揭示了十字型平面结构的古典旗袍、“独幅旗袍料”和“挖大襟”技术的改良旗袍、“分身分袖施省”立体结构的定型旗袍三个分期理论，在中华传统服饰结构谱系研究中具有特殊的历史地位和里程碑式的意义。成果基于整个民国时期关于旗袍官方文献的梳理和港台充满民族大义的旗袍辉煌历史的背景，将旗袍文化置于中华文化全局观的角度进行深入研究。旗袍成为中华服饰的标志性代表，并不是依靠其外在的所谓“中国元素”，因为在旗袍百年变革中中国元素是逐渐在减弱的，而一直深藏着的古典华服敬物尚俭的中国造物哲学才是推动旗袍发展的内在动力。从古典旗袍到改良旗袍，再到洋为中用定型旗袍的成功，是中华精神返本开新的一次伟大实践（而不是中国元素），此结论的提出对理解中国传统服饰文化、研究旗袍历史都提供了全新的学术视角。

当今学界普遍认为旗袍由“连身连袖无省”的古典结构发展到“分身分袖施省”的立体结构是在20世纪20年代至40年代完成的，这在事实上忽略了20世纪50年代以后香港和台湾地区对旗袍发展的重要贡献。本成果的学术价值在于发现和确立了被学界忽视的20世纪60年代至80年代港台地区“定型旗袍”在整个旗袍发展过程中的史学地位。同时本成果以大量实证为基础，对古典旗袍和改良旗袍结构形制的发展脉络进行了完整的史料考证和实物补遗。最终在技术文献和标本研究确凿证据的支持下勾勒出旗袍“古典”“改良”“定型”三个分期的结构图谱。这不仅为旗袍史论研究提供了真实可靠的实证，更是旗袍理论研究、文献建设的一次开创性工作与实践，对于完善中国近代服装史具有重要的学术和文献价值。

五

根据专家评审提出的意见和作者自身意识到的问题，在统稿时对成果进行了系统的补充和修改，具体内容如下：

问题一，专设章节就民国时期旗袍史料进行分析。通过对民国时期官方服制条例文书、时事报刊文献及1949年至1980年港台地区行业和学术成果进行的系统研究与整理，就旗袍背后所蕴含的历史进程、文化内涵、代表事件分别设专题进行研究，并在重新撰写的结论中就这些问题阐述了观点。

问题二，补充香港地区的史料和民国早期文史图像资料。关于香港地区的史料，研究团队在获批资助后，专程赴香港进行学术调研，通过香港历史博物馆与香港服装业工会等渠道获取了大量珍贵史料、传承人情况及标本信息，对香港定型旗袍艺人进行采访并整理口述史料，设置港台专章，港台地区的三次学术调查也在后记中整理记录。对于民国早期问世的资料、图像信息等，通过中国第二历史档案馆、国家图书馆、大成故纸堆、上海图书馆等渠道，获取民国早期报刊近千余份，利用其中153份与旗袍历史直接相关的文献和图像资料，撰写“清末民初旗袍初现的社会背景”“女权思想催生的古典旗袍”“从天乳运动、胸衣革命到旗袍改良”共三个新章节，对这些文献进行了深入解读。

问题三，搜集旗袍不同时期的技术史料，也是本成果着重研究的部分。旗袍技术文献很少在官方文献中收录，但又不可或缺，通过民间收藏的渠道获取了1913年至1947年旗袍古典和改良时期技术文献共11篇，通过香港、台湾学术调研获取定型旗袍技术文献共8篇。这近20篇技术文献涵盖了从古典旗袍、改良旗袍到定型旗袍完整的技术与工艺记录，通过系统研究选取典型案例撰写“旗袍三个分期的技术文献”进行专章讨论。

问题四，对“行话”与“缩略语”进行规范处理。通过文末附录梳理92个专业名词术语，在正文首次出现时均作说明。就缩略语的问题进行规范书写并改为全称。

除了以上专家的意见，成果在后期完善过程中，通过学术调研、文献整理、标本研究等手段获得的新资料对原稿进行了补充。撰写了“改良旗袍流行从旧礼制到新礼制的建构”“旗袍改良的‘辛路’历程”两个新章节。成书较项目申报送审稿共补充文献140余篇（部）、图像史料70余幅、标本结构复原图6例。

六

成果命名为“史稿”是因为现在为旗袍修史还为时过早，有史无据是现实旗袍研究的基本现状。成果为史考据所形成的旗袍三个分期理论及其历史发展脉络与结构变革的考证，特别是技术文献整理和标本研究实证只是修史的基础性工作。针对旗袍三个分期理论的历史价值、学术贡献和如何适应新时代中国日益走近世界舞台中央背景下的旗袍文化发展都有继续深入研究的空间。

2019年2月22日于北京

目　录

图　　录

第一章
旗袍与民国服制条例

一、释“袍”

其实“袍”是人类衣滥觞之通制，古希腊的希顿[1]（Chiton）、中东古埃及、古巴比伦、古亚述的丘尼克[2]（Tunic）、古印第安人的乓乔[3]（Poncho）等，它们都带有人类石器文化贯首衣[4]的痕迹。在中国也不例外，今天的少数民族部落仍有穿贯首衣的传统，如古苗衣、古彝衣、古壮衣甚至古藏衣的工布古休[5]和阿里的披单[6]都保存着古老贯首衣的信息，“袍”是这种信息的承载者。它就像象形文字一样，在人类文明早期就诞生了，“袍”的形制带有人类远古的基因，但只有中华民族将它传承了下来。

中国古代服饰有上衣下裳和深衣两种制式。通身在腰连接的“袍”属于“深衣制”，早在先秦就已经出现，一直是女子服饰的典型，甚至一度作为礼服。《周礼·天官冢宰》有载：

> 内司服：掌王后之六服——袆衣、揄狄、阙

[1] A gown or tunic, with or without sleeves, worn by both sexes in ancient Greece. 古希腊男女通用的长袍或外衣，分有袖和无袖两种形制。（美）美国兰登书屋. 兰登书屋韦氏大学英语词典 [M]. 北京：商务印书馆，2016：293.

[2] 一种经过裁剪完成的平面结构的外衣，有袖子，长度从胸部到膝或脚踝不等的筒形紧身连体衣，是古埃及妇女正式服装。赵刚，张技术，徐思民编著. 西方服装史 [M]. 上海：东华大学出版社，2016：15.

[3] 南美印第安人通常在上身披的披毯。王晓威编著. 服装设计风格（第3版）[M]. 上海：东华大学出版社，2016：23.

[4] 贯首衣是人类石器时代标志性的服装形制，呈中间切口或织物拼接中间缺缝，故亦称为套头衣，后演变成对襟、大襟，这种形制在中国传统服饰结构中一直保留着。

[5] 古休，也称古秀，藏语音译。西藏工布江达地区普遍穿着的套头式罩衣。《民族词典》编辑委员会编；陈永龄主编. 民族词典 [M]. 上海：上海辞书出版社，1987：236.

[6] 阿里普兰女子“孔雀”服饰的组成部分，藏语称“改巴”，采用白山羊皮制作，象征孔雀的后背。罗桑开珠. 藏族文化通论 [M]. 北京：中国藏学出版社，2016：131.

狄、鞠衣、展衣、缘衣、素沙……[1]

六服又称六衣，皆为袍制。“素沙”是当时袍服最常用的内衣料，由此也揭示了袍服很早就成为强调礼制的标志形制的事实。[2]西方文化则完全不同，虽袍式都在人类早期出现，但“袍”在西方服饰史中根本就无此类型，显然它的产生与宗法礼制有关。因此，周礼所载服制对后世女子服饰的形成具有指导性意义。湖北江陵马山一号楚墓出土的飞鸟花卉纹绣浅黄绢面绵袍、湖南长沙马王堆一号汉墓出土的印花敷彩绛红纱锦袍都是这一时期袍服的典型，直至明清仍被尊为定制。

汉时“通裁”称谓的出现从技术上解读了袍与深衣裁剪方式的不同。《仪礼·士丧礼》有“浴衣，于箧”的说法，汉代郑玄注：

> 浴衣，已浴所衣之衣，以布为之，其制如今通裁。[3]

“通裁”有别于“深衣”上下身分裁再相连的工艺，以通身连属裁剪的特征而命名，是“深衣制”以外的另一种表现形态，即“通袍”。“袍”由于结构形制的细化变得清晰起来，作为上衣下裳制的深衣，在后世也不用作“袍”的称谓，袍的称谓通常是指通裁的袍服。今天的旗袍是严格遵守这个传统继承下来的。

袍的称谓尽管早在《诗经·秦风·无衣》便有记载，但直到东汉刘熙撰《释名·释衣服》才最终被定义：

[1] 陈戍国点校. 周礼·仪礼·礼记 [M]. 长沙：岳麓书社，2006：19.

[2] 唐贾公彦疏：“素沙，为里无文，故举汉法而言，谓汉以白缚为里，以周时素沙为里耳。云六服皆袍制，使之张显者，案《杂记》云，子羔之袭茧衣裳则是袍矣。男子袍既有衣裳，今妇衣裳连则非袍，而云袍制者，正取衣複不单，与袍制同，不取衣裳制为义也。”可谓袍属夫人自古以来就有传统，它与亵服（内衣）有关而别于上衣下裳深衣外穿的礼制。许嘉璐主编. 中国古代礼俗词典 [M]. 北京：中国友谊出版公司，1991：6.

[3]（汉）郑玄注；（唐）孔颖达正义；吕友仁整理. 十三经注疏 礼记正义 下 [M]. 上海：上海古籍出版社，2008：1723.

> 袍，丈夫著，下至跗者也。袍，苞也，苞内衣也。妇人以绛作衣裳，上下连，四起施缘，亦曰袍，义亦然也。齐人谓如衫而小袖曰侯头，侯头犹言解渎，臂直通之言也。[1]

“以绛作衣裳”是说用深红色的面料制作上衣下裳的服装；“上下连”说明上衣下裳是相连的，即通裁的袍。这是早期文献最接近袍服的记载。袍的称谓和形制由此确凿，并成为中国古代妇女的主要服装。

当今主流观点仍认为以旗袍为代表的近代袍服是清代满族妇女袍服的延续，但这一说法未尽其实。不用说清朝继承汉制的史实，甚至中华文化的同形同构超过历史上任何一个少数民族政权。旗袍出现于民国初期，至今不足百年，能够成为近现代中国女性服饰的经典绝非单纯因为它与满族服饰的联系，更深层次的原因是其与中国古代“袍服”一脉相承的结构格局，这是史证昭彰之事。因此，为了能够全面真实地反映旗袍在当今中华服饰系统中的重要位置，对其发展历史进行追溯和考证，还原它的历史面貌，建立真实、可靠的史料体系显得尤为重要，这也是解决旗袍形制和称谓来历、旗袍发展分期与结构特点、旗袍形制现代化及时间节点等一系列问题的基础性研究工作和有效路径。

二、民国服制条例“有袍无旗”

旗袍的传统研究方法始终没有脱离以文献和图像史料为主的文化史研究，而旗袍形制分期问题始

[1] 王国珍.《释名》语流疏证[M].上海：上海辞书出版社，2009：180.

终没有解决，关键在于标本和技术史研究滞后。基于此，考证的重点集中在文献、标本与图像史料的结合，从旗袍发展技术史和文化史两个方向，采用双管齐下、两相印证的方式，对旗袍与古代袍服的“异”与“同”进行比较研究。对旗袍自身发展、改良、变化的过程，以考献为纲，以考物为据，以物证史，试图描绘出旗袍的结构图谱，确定旗袍形制分期特点的物证。

旗袍能够传承百年而又历久弥新有三个重要原因。第一，“袍制”是固有的文化传统；第二，改朝易服的清末民初，西文东渐淘洗了中国妇女几千年礼教泥沙，其为呈“抑礼尚美”时代样貌的标志物；第三，旗袍诞生初期，民国时期政府顺应时代潮流，将旗袍纳入纂修服制条例的官方推动，然而却有“袍”无“旗”。

“袍”是我国历史上重要的服饰品类，由先秦至今，至少已有两千余年的历史。尽管期间形制不断变化，但称谓却一直在沿用。清代袍服的造型虽别具一格，但却秉承了古代袍服十字型平面结构的中华系统，这便是其所承载的中华基因，但在旗人统治的清代却鲜见文献和史料记载“旗袍”称谓。“旗袍”称谓广为人知是20世纪30年代以后，这是学界的主流观点，却有史无据。它以一种和清代袍服完全不同的形式亮相，并在民众自发推动下发展成为引领时尚的流行服装，最终经由政府推动至全国各地。由此铸就了旗袍发展的巅峰，其称谓也伴随这一过程而被大众所熟知。对民国旗袍规制的来历进行考证是研究旗袍发展史的关键线索，这其中最

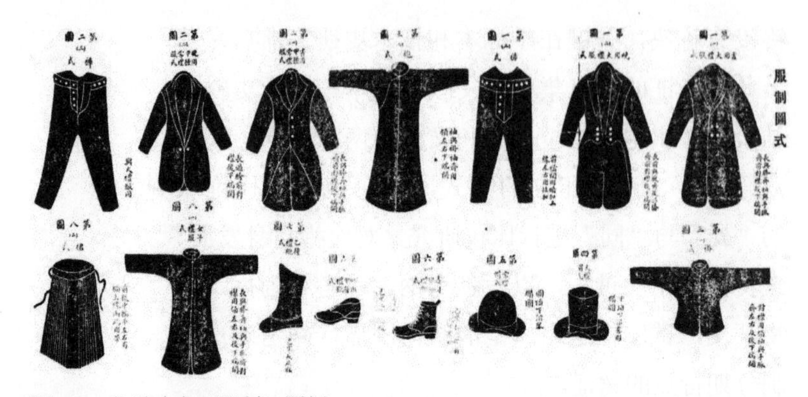

图 1-1　北洋政府《服制》图例

注：第二排左起第一图为裙，第二图为褂

来源：《中华民国法令大全》第十四类（礼制服章）（1913 年）

不能绕开的就是这一时期政府颁修的服饰条例，它是旗袍定性、定义和分期的重要理论依据。那么民国时期服制条例是怎样产生的，旗袍在其中扮演着怎样的角色？

（一）北洋政府《服制》[1]

自 1912 年清帝逊位至 1949 年中华人民共和国成立的 38 年间，中华民国出现了多次政权更迭，不同时期政府颁行服制条例中女子礼服规制也不尽相同，北洋政府（1912—1928 年）、南京国民政府（1927—1948 年）时期颁布的服饰条例无疑最具官方性和正史价值。研究服制条例内容变化的过程，尤其是“旗袍”被列入条例的时间节点和形制的变更，为考察旗袍的发展历史和规制颁修的官方背景提供了重要依据。

北洋《服制》由北京参议院审议通过，颁布于

[1] 商务印书馆编译所编 . 中华民国法令大全 第十四类（礼制服章）[M]. 上海：商务印书馆，1913：1.

裙褂传世实物

民国初年穿着裙褂的新娘

图 1-2　与北洋《服制》颁布同时期的汉制“裙褂”

来源：北京服装学院民族服饰博物馆藏

1912 年 10 月初三。全文刊载于 1913 年出版的《中华民国法令大全》第十四类“礼制服章”，第二章第九条规定：

女子礼服式如第八图周身得加绣饰

北洋《服制》图例第八图由裙和褂两部分组成（图 1-1）。其将“裙褂”钦定为女子礼服的情况，真实地反映了民国初期旗人女子常用的“袍服”日渐式微，汉族女子袄褂配裙（或裤）的组合荣升为时代主流的情况，北洋《服制》成为民国改朝易服的直接证据。通过对同时代“裙褂”实物和影像资料的考证，与“周身得加绣饰”的记载相符，裙子从北洋《服制》图例和传世品相对照来看可以确认为晚清在汉族妇女中流行的马面裙（图 1-2）。这些信息无疑是北洋《服制》女子礼服恢复汉制的实证，在这样的历史大背景下，“旗袍”不可能出现在官方法令文件中，这也预示着“旗袍”不会出现在未来民国时期政府颁修的服制条例中，这一史实已经在相关民国史研究中得到了证实。由于政权的更迭，北洋《服制》在施行了 16 年后，于 1928 年由南京国民政府宣布废止。

（二）国民政府《服制条例》[1] 及《修正服制条例草案》

经历北伐战争的洗礼，女子袍服作为进步女性的代表第一次被写入南京国民政府颁布的《服制条例》，且有“母法”性质，各行业、地方或修订均以此为本。《服制条例》在 1929 年 4 月 16 日由南京政府行政院颁布。刊载于 1940 年商务日报馆印发的《内政法规汇编·礼俗类》密级文件中，女子礼服分上袄下裙与袍两种形制，制服仅有袍制一种（图 1-3）。

第一章礼服第二条规定：

> 甲种 一衣 式如第四图齐领前襟右掩长至膝与踝之中点与裤下端齐袖长过肘与手脉之中点质用丝麻棉毛织品色蓝钮扣六
>
> 乙种 一衣 式如第五图齐领前襟右掩长过腰袖长过肘与手脉之中点左右下端开质用丝麻棉毛织品色蓝钮扣五
>
> 二裙 长及踝质用丝麻棉毛织品色黑[2]

第二章制服第五条《女公务员制服》规定：

> 一衣 同第二条甲种一之规定惟颜色不拘[3]

从上述《服制条例》的规定来看，均采纳“袍”

[1] 内政部总务司第二科编 . 内政法规汇编 礼俗类 [M]. 重庆：商务日报馆，1940.

[2] 内政部总务司第二科编 . 内政法规汇编 礼俗类 [M]. 重庆：商务日报馆，1940：64-65.

[3] 内政部总务司第二科编 . 内政法规汇编 礼俗类 [M]. 重庆：商务日报馆，1940：64-65.

图 1-3 1940 年南京国民政府密级文件
《内政法规汇编·礼俗类》刊载的《服制条例》

类服饰作为女子礼服和制服。这一时期女子礼服由单纯的“裙褂”转变为袄、裙、袍、褂兼施的情况，常服（制服）的主体也明确为袍（民间普遍称旗袍，而官方文书慎用），证明“旗袍”初兴的时间节点应早于 1928 年，这与主流学界对于民国“旗袍”出现于“20 世纪 20 年代中叶”的结论存在相互印证的关系。但在该法令中，“旗袍”称谓并未出现，甚至连“袍”的称呼都是模糊的，不论“袄”还是“袍”均以“衣”代指。然而从《服制条例》描述的形制和图例判断，礼服“甲种一衣”和制服“衣”均完全构成了旗袍的基本要素，即古典旗袍（图 1-4）。对同时传世品的实物考证也证实了这一点（图 1-5）。“旗袍”形制以官方和法律文件记录下来，不仅自此后各种服制修订均采纳“旗袍”作为女子礼服和制服规制，它还是民国时期历次服制和各种修制中沿用时间最长最稳定的一部法令。

1937 年 7 月 1 日，南京国民政府教育部颁布了《修正学生制服规程》，其中对于女子制服所用称呼

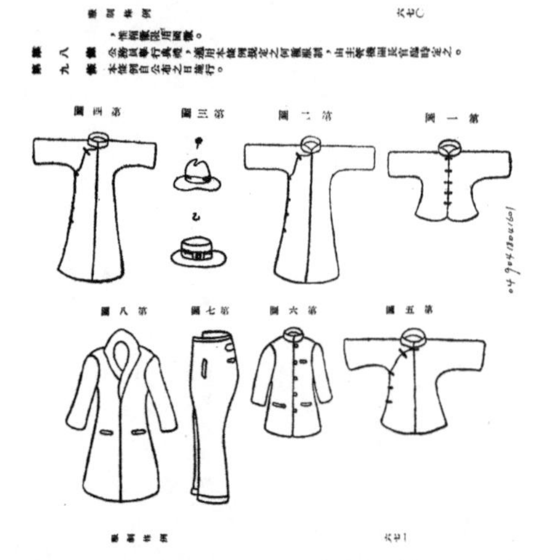

图 1-4　南京国民政府《服制条例》图例（1929 年）

图 1-5　与《服制条例》颁布同时期的袍服

来源：北京服装学院民族服饰博物馆藏

为“长袍”，这是“长袍”称谓第一次出现在官方条例法规中。规程第七条高级中等以上学校女生制服规定：

> ……二、衣分长袍及短衫式两种（短衫需用裙）。三、长袍式如附图三之丙，长达膝与踝之中点……裤长与衣齐。[1]

值得注意的是，规程中“长袍”所提供的图例与 1929 年颁布《服制条例》提供“衣”的图例不同，为“曲身无中缝”，1929 年版袍制为“直身有中缝”。这或许是“改良旗袍”出现在官方文献中的时间节点的重要证据（图 1-6）。在同时期的实物考证中同样得到了证实（图 1-7）。同时，《修正学生制服规程》还提供了旗袍着装内穿长裤的线索。

1937 年，“卢沟桥事变”后，日本大举侵略中国，直逼南京，形势危急。1937 年 11 月 17 日，南京国民政府主席林森率领国民政府大小官员撤离南京，并于三日后在武汉发布《国民政府移驻重庆宣言》，

[1] 中华民国内政部，金陵大学等．金陵大学遵照教育部训令实施学生服装姿态规范化的文书 [B]. 南京：中国第二历史档案馆，1929 ～ 1947：六四九一 1533.

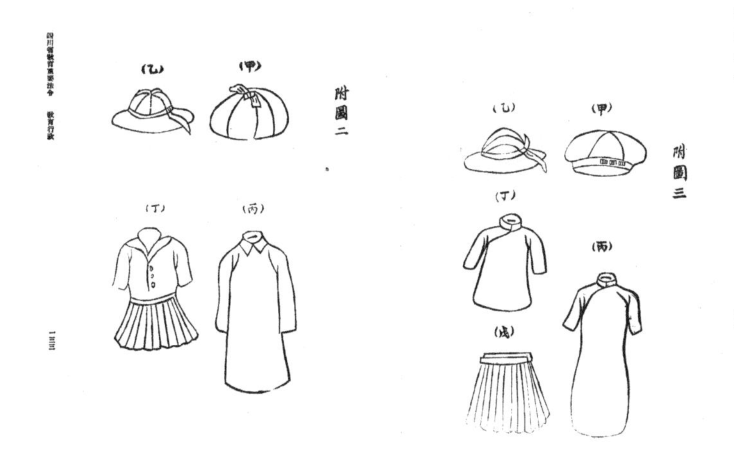

图 1-6 南京国民政府教育部《修正学生制服规程》图例（1937 年）
来源：《四川教育》

宣布迁都重庆，重庆正式担负起中国战时首都的责任。1938 年，迁都重庆的国民政府内政部长官何键[1]根据现行条例和《修正学生制服规程》起草了《修正服制条例草案》[2]，并抄送经济部、军政部、教育部等多处审议，同时设立服制讨论委员会并专门聘请教育部参事、文学院院长，对服制研究有素的陈石珍[3]先生为委员，讨论服制条例的修订工作。正是因为有陈石珍这样的社会学者参与草案的起草，才能使我们敏锐地发现“旗袍”已经在社会大众的日常生活中急速升温，在上流社会和精英阶层更成为“进步时尚”的符号，是重新制定服制难以绕过的选择。但官方该如何称呼这种服装却需要谨慎，毕竟“旗袍”恐有“复满”（复清）之嫌，在法令中不宜使用，选择一个中性化的名词尤为必要。而“袍”作为中国男女装固有的传统服制，并非某一具体形制，正是中性化最好的选择。因此《修正服制条例草案》延续了《修正学生制服规程》中单列“袍”的称谓，也有着模糊界线的意味。

[1] 何键（1887 ~ 1956 年），字芸樵。国民党二级陆军上将，国民党中央委员会执行委员，1929 年任湖南省政府主席，1937 年任国民政府内政部长。1939 年春任军事委员会抚恤委员会委员。抗日战争胜利后辞职，在南岳休养。

[2] 《修正服制条例草案》在 1938 年 6 月 15 日由迁都重庆的国民政府行政院签署，但因战事并未颁行。现存中国第二历史档案馆，档号五一12061，原件图例信息缺失，或将 1929 版《服制条例》和 1937 年《修正学生制服规程》图例综合起来判断，大体可以了解《修正服制条例草案》的面貌。

[3] 陈石珍（1892 ~ 1981 年）江苏江阴人。曾任国民政府教育部参事，1940 年 10 月～ 1942 年 3 月出任西北大学代理校长、文学院院长。他担任西北大学代理校长期间，推崇蔡元培任北京大学校长时“思想自由、兼容并包”的办校方针，努力整顿西大，安定教学秩序。

20 世纪 30 年代旗袍标本

传世照片出现的“长袍”（背书一九三七年五月）
来源：私人收藏

图 1-7　与 1937 年《修正学生制服规程》颁布同时期的旗袍

草案第六条女子礼服规定：

> 大礼服，一、袍，式如第十四图，齐领，加暗扣，前襟右掩，长至踝，袖长齐手脉，左右下端开，高不过膝盖，热季用白色，温季寒季用黑色，套扣六，……常礼服，一、袍，式如第十四图，套扣六……

第六条第二款特别说明：

> 女子服式，以时尚关系，最难订之，本条例沿用现行条例[1]所是之袍式，为女子礼服……

由此可以得出结论，尽管 1929 年《服制条例》中女子礼服的“衣”没有使用“袍”的称谓，但实际使用中是作为“袍”理解的。重要的是，1929 年《服制条例》显示袍的形制是“直身有中缝”；1938 年《修正服制条例草案》显示袍的形制是“曲身无中缝”。这其中传递了两个重要信息：其一，在这十年内，“旗袍”发生了“改良”；其二，传统袍（条

[1] 即 1929 年南京国民政府颁布的《服制条例》。

例称“衣”）和改良袍（草案称“袍”）处在共治期，同时预示着传统袍趋降，改良袍趋升的走势，官方文书便是时代的风向标（见图1-3、图1-4及图1-6）。

1938年版《修正服制条例草案》虽然没有正式颁布，但却是历次服制中类目最为详尽、说明最为全面的版本，特别是作为旗袍变革的官方史料考证具有重要的学术价值，凸显了国民政府和社会学者对法令、条例起草过程中的严肃性和严谨态度，也证明了政府依靠学界对于社会发展和人文事向的敏感观察所做出的指引，为后世旗袍规制的研究提供了重要依据。尽管国民政府内政部立主该案“迅以成立”，但限于军政部、经济部以“战时”为由，建议“缓行”而最终没有得以发布。

事实上，通过与《服制条例》《修正学生制服规程》《修正服制条例草案》的图例相比，袍的形制均为“曲身无中缝”，换言之这个时期的改良旗袍已经成为旗袍的主流。现存丰富的实物和影像史料充分证明了这一点（图1-8）。

民国时期历次服制条例图示中的袍服，即是社会大众普遍认知的旗袍，但并没有使用“旗袍”的称谓。“袍”作为无性别、无属性的服饰类目统称，虽然出现在法律文件的现象是通例并足够严谨，但不利于传播，也无法适应日常交往的习惯。这为“旗袍”称谓的争论和流行创造了空间。

故此，可以推断“旗袍”这一称谓不会在民国前流行于旗人[1]之间，甚至直至辛亥革命爆发中华民国建立，由于政治的原因“旗袍”这一称谓不可能在官方文件、信函或公文中出现，多用“女子

[1] 旗人：清对编入旗的人的称呼。清“以旗统人”，故名。包括八旗满洲、八旗蒙古、八旗汉军所有的人。后作为对于满族人的泛称（满族人必为旗人，旗人不一定是满族人）。与之对称的为“民人”，主要指未入旗的汉人。夏征农，陈至立主编．大辞海 民族卷[M]．上海：上海辞书出版社，2012：220.

来源：北京服装学院民族服饰博物馆藏　来源：私人收藏（照片右下书 1942）

图 1-8　与《修正服制条例草案》同时期的旗袍

礼服”“女公务员制服”或“袍”等中性称谓。“旗服”“旗装”或是“旗袍”，不论称谓如何，有两点是可以明确的：其一，这些称谓并非民国时期的官方称谓；其二，它并非满人自用的称谓。

值得研究的是，从服制条例的图示来看，可以说它们真实地记录了旗袍形制的基本样貌。1929年及以前袍的形制为“直身有中缝”即“古典旗袍”，之后服制图例的“袍制”均为“曲身无中缝”即“改良旗袍”。这绝不是“绘误”，虽然图例描绘按照专业标准多显稚拙，但主要结构形制描绘精准，无疑这为旗袍形制分期提供了重要的文献依据（图 1-9）。

三、“旗袍”亦满亦汉的文化符号

民国时期尽管官方文件罕见“旗袍”称谓，但纵观当时的社会媒体和大众生活，将“袍”前冠以

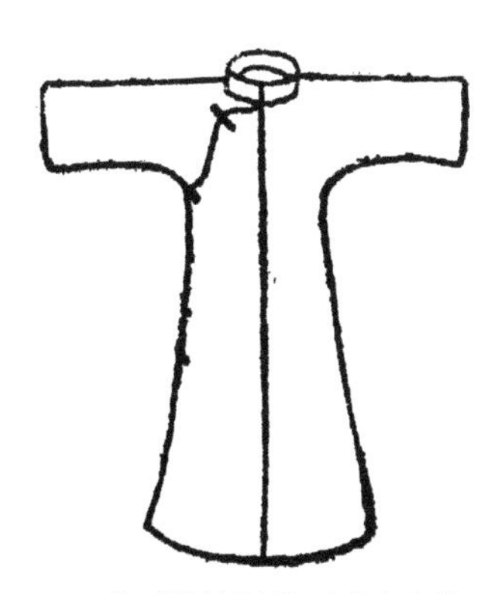

1929 年《服制条例》直身有中缝

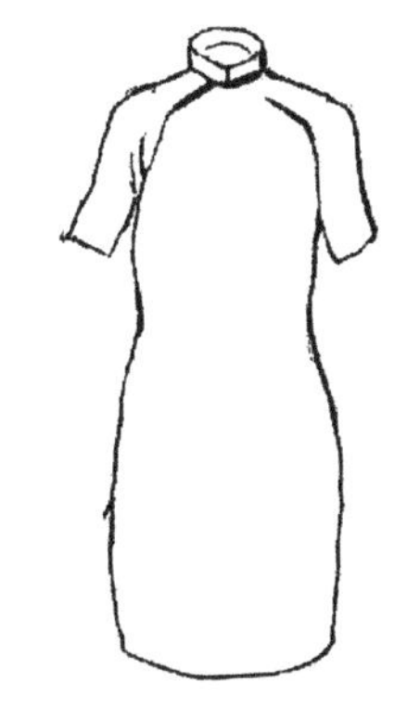

1937 年《修正学生制服规程》曲身无中缝

图 1-9 民国时期服制条例袍制的变化

“旗”字组成“旗袍”称谓的使用还是比较普遍的。此时的旗袍尚不具备法定的“名分”，这与学界和官方尚无定论有关，符合当时的政治气氛。鉴于袁世凯恢复帝制闹剧的教训，避“复满”之嫌，“旗”便成为敏感之字。就学术而言，当时官方的服制文件、公文和主流文献中用“袍”或“长袍”称谓实际上是一种严谨和保守的举措，中性的称谓也是公文的通例。正因如此，为“旗袍”称谓的学术定论和民间推动埋下了伏笔。

通过对当时社会纸媒史料的研究可以看出“旗袍”这一新式服装在当时仅仅是众多时装中的一个典型样式。1926 年，《良友》图画杂志刊载了《上海妇女衣服时装》[1]专页，其中就有“旗袍”这种“时装”的照片（图 1-10）。这种现象在主流社会持续升温。1940 年，《良友》图画杂志又刊载了《旗袍的旋律》[2]专页，版内图文详尽描绘了 1925 年至 1939 年旗袍随时代潮流更迭发生的款式变化（图 1-11）。

[1] 佚名 . 上海妇女衣服时装 [J]. 良友，1926（5）：13-14.

[2] 佚名 . 旗袍的旋律 [J]. 良友，1940（1）：65-66.

图 1-10 《良友》杂志《上海妇女衣服时装》出现的“旗袍”（1926 年）

北方虽然相对南方稍有滞后，但由于社会精英的推动，旗袍的流行几乎是全国性的，甚至影响到西藏，特别是上层社会。北京老一辈华服艺人对当时北方旗袍行业化的描述，给了解旗袍形制的形成和解读疑惑提供了很好的参考价值：

> 至少在 20 世纪 30 年代，北京和东北地区上层妇女的服装，普遍为使用绸、缎等精美材料制作的，与国民政府 1929 年《服制条例》中所述“礼服一衣”同款样式的夹里服装称为“旗袍”，意寓其与“旗人女子袍服”的关联，而对于使用阴丹士林[1]棉布或麻布等一般面料制作的无里或夹棉女袍，则普遍俗称为大褂儿。[2]

这其中传递的一个重要信息就是，旗袍无论在用料、工艺和施用的对象场合等都要高于一般的袍或大褂儿。因此“旗袍”的称谓在这个特定的历史时期就不是一个简单的名称，它是伴随着国运慢慢变清晰的。

由此可见，“旗袍”这种特殊历史时期自下而

[1] 阴丹士林，指用阴丹士林染成的蓝色棉布，亦称为“阴丹布”。沙汀《呼嚎》对阴丹士林布的记录：“那些蓝映映的阴丹士林，以及红红绿绿的花布，是城里一批敏感的布匹商运起来倾销的，生怕背胜利时。”沙汀 . 沙汀选集第 1 卷 [M]. 成都：四川人民出版社，1982：231.

[2] 采访对象：朱震亚，男，1932 年生于北京，退休教师、华服爱好者，1957 年毕业于北京矿业学院（今中国矿业大学）。20 世纪 80 年代末创办“北京育美服装学校”，20 世纪 90 年代经国家博物馆研究员周士琦先生举荐主持北京故宫博物院清代龙袍复原工作，改革开放后受杨成贵先生邀请担任杨成贵贵苑服装公司（北京）高级顾问。著有《男装实用制板技术》《时装裁剪》等。

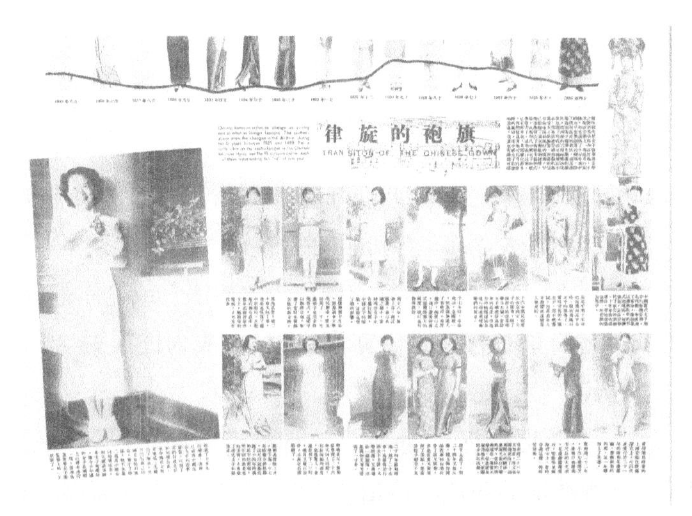

图 1-11 《良友》杂志《旗袍的旋律》描绘旗袍的变化（1940 年）

上产生的称谓，是时尚文化推动的产物，“旗”字前缀产生与使用的过程与今天网络语言上升到民族文化的时代命题而被官方和学界逐渐重视的情况极其相似，“旗”的使用颇具深意。民国初年，民间称呼这种新式服装以“旗”字为前缀而非以“满”字为前缀，即用“旗袍”不用“满袍”，一方面是为了表征它与清代女子袍服的关联性，另一方面是为了体现其深厚的文化价值和一体多元的民族特质。

“旗”字的使用最初与清朝统治者所追求的“满汉文化认同”有关，“满”为满族专属的称谓，“旗”则是在清朝中华民族共属的标志，因此就出现了八旗满洲、八旗蒙古和八旗汉军❶。满族作为少数民族统治者，其人口基数少，为求长治久安，满足统治国家的需要，早在征伐之始的 1624 年便吸纳蒙古部族，编立五个牛录❷。而后更是不断吸纳各族士兵，驱其以征伐。最明显的例子就是收纳八旗汉军，这部分汉族部众被册封入编旗军，即享受同八旗满洲子弟相似的待遇，视同满人，同著“旗服”。

❶ 八旗汉军是清朝八旗的三个组成部分之一，指代八旗中的汉军旗份佐领，并非单独有八个汉军旗，与八旗满洲、八旗蒙古构成八旗军的整体，皆以兵籍编制。分属正黄、正白、正红、正蓝、镶黄、镶白、镶红、镶蓝八旗。八旗汉军的主要来源是明末主动归附后金或在之后的战争中被其继承政权——清朝掳掠的辽东人丁，以汉人为主，也有少部分汉化女真人和曾入明为官的蒙古人等等。姚念慈 . 略论八旗蒙古和八旗汉军的建立 [J]. 中央民族大学学报，1995（6）：23-31.

❷ 八旗，努尔哈赤在统一女真时期创立的一种社会组织。女真人出兵或打猎，按族党屯寨进行。每人出一支箭，十人为一牛录。明万历二十九年（1601 年），在牛录基础上建立了黄、红、白、蓝四旗。四十三年(1615 年)，扩大为八旗。原四旗称“正某旗”，即正黄旗、正白旗、正红旗、正蓝旗，另四旗则称“镶某旗”，即镶黄旗、镶红旗、镶白旗、镶蓝旗。徐潜主编 . 中国古代典章制度 [M]. 长春：吉林文史出版社，2014：163.

后世常道的八旗子弟中很大一部分尚存汉族血统。如此说来，单纯以地域、族别来理解，就不科学了。满、蒙、汉的八旗子弟，尽管原本族别不同，但统称旗人,"旗"字亦同亦别，而"满"只有"别"没有"同"。将其所穿衣服称为"旗服"或"旗袍"，命名简单直接，且"亦满亦汉"，成为民族融合的时代产物。

据此推断，"旗袍"这一称谓源起于民间，是一种通俗的叫法，特指在20世纪20年代逐渐形成，以清代旗人女子服装发展而来，通惠国民而喜闻乐见的一种袍服形式，当时一说女子礼服或者妇女长衣，人们便会直接联想到旗袍。民间"旗袍"表达民族的认同，甚至走在了政府制度安排的前面。重要的是，从后来的发展来看，政府顺应了民意，特别是宋庆龄的成功实践，奠定了旗袍成为女性经典服饰的基础。"旗袍"与其说是对旗人女子服饰的称谓，不如说是一种中华时代标志的文化符号，实际上是对清代女子装束在汉人妇女身上的一种民族文化同构。

清代旗人女子常服尽管多用长衣，但依功用不同，一般称其为衬衣、氅衣或便袍，极少有被称为旗袍的情况。[1]清代的满族女子穿袍但不称袍，汉族女子则主要为褂、袄配裙和裤，这种情况一直延续到20世纪初。清末满汉服装间的区别已很模糊，在民国初年女性穿袍的情况亦被指"极不普遍"[2]，也就不可能有旗袍的说法。而经考据后发现，"袍"确是中华民族最古老的服制形态，"旗"和"袍"组合的民族历史与文化的深刻性被忽视了。

[1] 黄能馥，陈娟娟编著．中国服装史 [M]. 北京：中国旅游出版社，1995：376.

[2] 周锡保．中国古代服饰史 [M]. 北京：中国戏剧出版社，1984：534.

“袍”本为古人燕居之服，其形制多为上下通裁，长及足跗的长衣，本身并没有明确的属性，只是服装类型的统称。在社会生活中，往往在其前缀上一字，作为材料指代，如棉袍、皮袍、丝袍等专指其用料不同。民国技术文献中对于旗袍的记录则大多使用技术称谓，如夹袍、单袍等，专指其工艺的区别。不论是从生产的角度还是材料的角度来看，“旗袍”称谓都不能对材料、工艺、着装场合及款式作准确描述，“旗”字的引用在功能上来说是“不及格”的，而更倾向于文化符号。

通过对上述官方文献的分析不难发现，民国时期服制中最早以“袍”（男）和“衣”（女）区分男女袍服，而后不论男女礼（常）服均以“袍”命名，但袍作为长衣的官方称谓，不具备区分性别的功能，在实际使用中多有不便。从1912年北洋《服制》所刊载的情况和相关史料分析，此时女子着袍的情况不普遍，故称谓问题并未得到重视。而随着20世纪20年代以后，一种具有清代女子古典袍服“意向”的新式袍类服饰形成，依照某些特征对其进行划分就有必要了。因此出现了以“长衫”或“长袍”专指男子袍服，以“旗袍”专指女子袍服的现象。

人们首倡“旗袍”称谓符合历史背景和生活需要，就像五四运动中创造“她”字作为女子的第三人称代词一样，以方便书面表达。尤其是“旗”字的引用，一方面说明了它和清代旗人女子传统袍服的关联性，另一方面为其贴上了女性的标签，赋予了“旗袍”称谓以性别属性。

既然“旗”的应用是最初具有一定的“标签”

属性，那么就注定它不是稳定存在的，是可以人为追加和赋予更深含义的。因此，在旗袍发展的过程中，介于社会背景和行业因素的不同，引入了其他具有实际意义的修饰名词，出现了“祺袍”“褀袍”“颀袍”甚至“中华袍”等多种称谓，实际上就是“标签化”的最好证明，而其中深意是显而易见的，这恰恰是旗袍发展史中长期被学界所忽视的“旗袍”易名问题。

第二章

“旗袍”易名

在旗袍不到一百年的发展历史中，有过“旗袍”“颀袍”“褀袍”和“祺袍”称谓的争辩，却没有权威的文献可考，对于旗袍历史理论的建构是一个学术遗憾。旗袍称谓自民国初年启用至今流传甚广，已形成整个华人社会甚至国际社会的认知。但在长期实践中，大陆和台湾却在命名问题上产生了不同表达，大陆普遍称“旗袍”，台湾地区则出现常用“祺袍”或二者共用的局面。主流观点认为这是意识形态之争无须考议，因此在服装史学、文博和理论界没有引起重视，理论家们更是对此避而远之，在学术上亦难产生有建树的成果。

事实上这是个纯粹的学术命题，因为在旗袍称谓诞生之初，这种争辩就开始了，至今在台湾地区“旗袍”和“祺袍”的称谓也是共存的。“祺袍”称谓的使用，经历正名过程后，通过权威的学术机构确立，有一套完整的史学考据和理论建构作为支撑。正名事件的起因与旗袍结构发展变革有着密不可分的联系，研究旗袍称谓差异化表现的过程，是由现象到本质探究旗袍发展的阶段性变化的过程，是旗袍在特定历史阶段对其分期研究的重要依据。

一、从“旗袍”到“祺袍”的正名事件

旗袍易名的争论，从它诞生那天起就始终没断，台湾学界和业界持续存在着这种争鸣，因此延续着民国时期的旗袍文化生态，旗袍的称谓就有“旗袍”“祺袍”和“褀袍”，这是那个时代旗袍的真实面貌，这本身就具有研究价值。在大陆只有“旗袍”一种称谓，人们对它背后的历史和深意的探究也就大打折扣了。“旗袍”与“祺袍”称谓在不同地域的使用现状，或许是个无伤大雅的小问题，但这个小问题却能反映出不同地区对所感共同文化现象的知性深度，也反映出不同的学术态度。旗袍结构的改良与定型是作为旗袍在台湾地区发生正名事件的导火索，就是这些容易被忽视的具体现象，就像《旧唐书·魏征列传》记载唐太宗李世民所言：

> 夫以铜为镜，可以正衣冠；以古为镜，可以知兴替；以人为镜，可以明得失……[1]

台湾学者注意到了旗袍结构变革所反映出的一些社会思潮，并以此和历代服饰历史为镜，通过主流渠道和手段推进自正，促使旗袍史论研究的争论落案。纵观中国服装史，这一以学术研究推动和促进社会公众意识形态进步的行动，甚为鲜见。这个疑问不弄清楚，旗袍这段重要的历史

[1] 郭晓霞译注．古文观止译注精编本 [M]. 北京：商务印书馆，2015：95.

图 2-1　台湾裁缝店招牌中“旗袍”与“祺袍”称谓共存的现象（2015 年摄于台湾桃源县博爱路）

也就不完整。

在台湾地区的书籍、文献和出售旗袍的商店招牌中，常见“旗袍”和“祺袍”两种称谓共存的情况，且在学界和业界以“祺袍”为主（图 2-1）。这是因为旗袍在整个民国时期蜕变的基础上，经过台湾地区在 20 世纪 50 年代至 70 年代的改良，“分身分袖施省”结构的定型旗袍已经取代了民国时期“连身连袖无省”结构的改良旗袍成为主流，学界正是基于旗袍在结构形制上的根本改变，重提 20 世纪 30 年代有关“旗袍”和“祺袍”称谓的争辩，认为现在是为“旗袍”正名的时候了。而旗袍在大陆没有形成这种机制，旗袍作为中华民族近现代具有代表性的女性服饰，一个特定历史时期破茧化蝶的蜕变是不能没有学术定论的。重要的是它机缘巧合地发生在台湾地区。因此，旗袍无论以中华民族近现代服饰文化课题，还是以大陆学界对近现代中华民族服装史的断代研究，台湾地区的社会面貌和学术成就都是不可或缺的，“祺袍正名”则是关键问题，

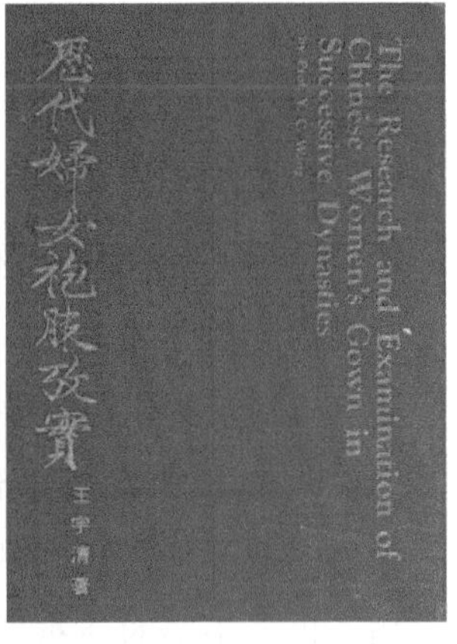

图 2-2　王宇清 1974 年出版《历代妇女袍服考实》与杨成贵 1975 年出版《祺袍裁制的理论与实务》成为“祺袍”正名事件的标志性文献

因为它是旗袍三个分期中“定型期”的典型事件，且主要发生在台湾地区。

早在 1974 年元旦，台湾中国祺袍研究会举行成立大会，由王宇清教授❶发表题为《祺袍的历史与正名》的演讲，主张改“旗袍”和“褀袍”称谓为“祺袍”。相关文献中以“遂成定案，明载官籍”来总结这一事件。紧随其后，于同期出版的《历代妇女袍服考实》（王宇清著）与《祺袍裁制的理论与实务》（杨成贵❷著）两部著作作为“正名”事件的理论支撑，形成了以史为鉴与旗袍技术系统理论化的“两部曲”（以王宇清为代表的理论研究成果和以杨成贵为代表的技术研究成果）（图 2-2）。

自此之后，台湾学界与制衣界渐成共识，并在民间产生推动作用，形成一股“正名”之风，这便是“祺袍”称谓的正名事件❸。近 40 年来，以王宇清教授、杨成贵先生为首的新一代台湾华服学者、专家仍不断为“祺袍”正名而努力，试图以中华传统文化诠释全新旗袍时代风尚。这种自下而上的理

❶ 王宇清，字宇清，号乃光，1913 年出生于江苏省高邮县，日本关西大学文学博士，台湾地区著名服装史学家。台湾历史博物馆创始人，开创台湾地区服装史学先河。历任台北历史博物馆馆长、台湾中国祺袍研究会会长等职。著有《中国服装史纲》《冕服服章之研究》《历代妇女袍服考实》等多部服装史学著作。沈从文和王宇清被誉为中国古代服饰史学研究的双子星。

❷ 杨成贵，祖籍浙江平阳，台湾地区华服艺人，日本近畿大学毕业，历任台湾中国祺袍研究会理事长、台湾祺袍技能竞技裁判长及命题委员、台湾实家政专科学校（现台湾实践大学）教授。著有《祺袍裁制的理论与实务》《中国服装制作全书》等华服裁制理论专著。

❸ “祺袍正名”事件在大陆学界没有得到足够重视，因此在旗袍分期的学术研究上模糊不清，旗袍的古典期、改良期和定型期在大陆学界笼统地被认为都是改良旗袍，因此带来理论上的混乱，艺术作品也受此影响，它们之间主要区别在结构形制，而且时间节点明确，定型旗袍主要发展在 20 世纪 50 年代至 70 年代的港台地区，“祺袍正名”事件为定型旗袍的标志性事件。

论正名运动，虽有成效却不卓著。[1] 这有历史的问题，也受人们对于既定事实习惯成自然认知模式的影响。但不论怎样，这种还原历史真实性的研究终归是严谨的学术态度和历史观精神，也对研究和利用这段历史提供了重要的理论依据。

一直以来，较于台湾地区而言，大陆不论是学界、业界还是民间都没有形成这种称谓的历史认知，也就不会对旗袍背后历史产生敏锐的判断，大多笼统地冠以“旗袍”称谓，且均理解为定型旗袍“分身分袖施省”的结构形态，所有的证据（特别是技术文献最确凿）都证明了这种形态在1949年之前没有形成。由于学术的缺失，没有权威的理论指导和社会共识的形成，出现旗袍在结构形制上不确定性的误导，导致很多以20世纪20年代至30年代为社会背景的影视作品，穿的旗袍是20世纪60年代之后的结构形制。“连身连袖无省”和“分身分袖施省”可以说是近代改良旗袍和现代定型旗袍分期的重要标志，而只有专业和学术的系统研究才能确定。在这个成果缺失的情况下，当然不会得到理论的指导（或是学术的浮躁），致使大陆像《危险关系》[2] 这样以20世纪30年代上海滩为背景的电影作品中出现了20世纪60年代以后“分身分袖施省”旗袍的怪现象[3]，而这种现象绝非个案（图2-3）。

让人匪夷所思的表象背后，很大一部分原因是旗袍发展和学术研究在大陆出现阶段性空白。诚然，由于政治运动的影响，20世纪50年代以后大陆地区的女子服装开始转向无性别化，最能表现女性婀娜柔美的旗袍逐渐被弃之不用。因此在这一时

[1] 正名成效在民间并不卓著的信息来源于针对台湾不同社会阶层人士的采访记录，主要采访对象：陈若瑶，女，台湾台北人，祖籍四川，大学肄业，音乐制作人；许晶茹，女，台湾新北人，祖籍台湾，大学学历，中国文化大学景观学系学生；林逸书，男，台湾台北人，大学学历，退伍军人，台北车站“微醺台北”餐厅经理；冯绮文，女，福建人，初中学历，修女、台湾辅仁大学专职教授。采访结果显示，在台湾人们仍普遍认同“旗袍”称谓。

[2] 《危险关系》是由许秦豪执导，章子怡、张东健、张柏芝主演的爱情片，该片于2012年9月27日上映。该片改编自法国作家拉克洛同名小说，讲述20世纪30年代上海滩上流社会的爱情故事。

[3] 这个时期应该是“连身连袖无省”的改良旗袍时代。

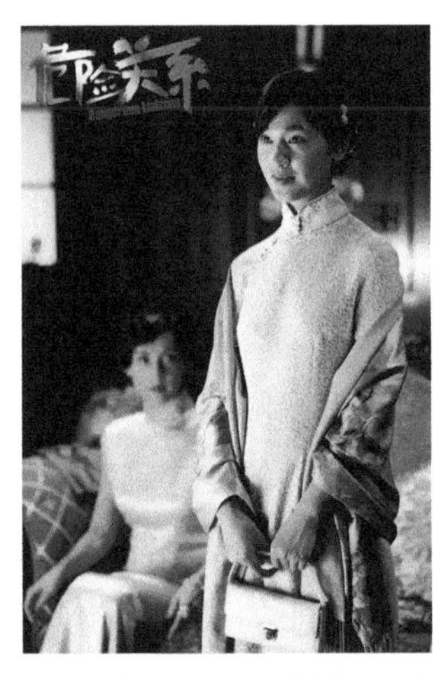

图 2-3　电影《危险关系》中人物在 20 世纪 30 年代背景下穿着 20 世纪 70 年代旗袍的现象（2012 年上映）

期大陆地区的影像资料和服装技术文献中，鲜有旗袍这一服装品类的记述，直至改革开放以后，旗袍才逐渐重新回归人们的视野。另外，旗袍的面貌在这一时期通过台湾和香港学界和业界的推动悄悄地发生了改变，即从“连身连袖无省”的改良旗袍变成了“分身分袖施省”的定型旗袍，我们却误认为这就是 20 世纪 20 年代至 30 年代旗袍的面貌。如果学界把之前改良旗袍的真实情况弄明白，也会避免这种情况的发生，这仍然和“旗袍”易名的历史有关。

二、旗袍易名始末

历史上旗袍称谓易名争论中还有过昙花一现的“颀袍”，也很有文献价值。民国旗袍右衽、大襟、盘扣、缘饰要素传承了中国历代传统袍服的规制，在装饰手法上继承了清代衬衣和氅衣的工艺，但结构形制有了很大改变，这就是改良的关键。辛亥革命后，民众排满情绪高涨，满族女子大都放弃了穿着长袍，而恰恰是汉族女子带动了民国旗袍的流行，因此旗袍初兴便是民族文化融合的产物。

随着20世纪30年代旗袍在结构形制上的不断改良，侧缝曲线合体的造型结构与清代袍服"直线侧缝"的差异越发明显，旗人袍服的印象逐渐减弱。其实"直线侧缝"是中华袍服的基本特征，改满为汉不如说是返本开新[1]。旗袍称谓的初兴，由于结构的不断改良引发了学界对"旗袍"易名问题的讨论。在整个民国时期，"旗袍"称谓虽显现主流，但由于改朝易服的传统观念（"旗"有前朝语意），易名争论就从来没有停止过。其中就有"颀袍""祺袍""中华袍"等称谓的出现，从中不难发现寻求民族大义之语境。直到20世纪50年代至60年代以香港、台湾地区为主导的定型旗袍完全引入西式"分身分袖施省"的立体结构后，最终迎来以学界为引导的"祺袍正名"运动。整个过程只有"颀袍"是最具形态美的描述。

（一）文化界更名"颀袍"

最早对旗袍称谓提出疑义的是文化界，延续时间自20世纪30年代至40年代末，近乎横跨整个民国旗袍（改良旗袍全盛期）发展史，其观点随着旗袍的流行经历了两个阶段。起先是嘲讽，认为最初旗袍称谓是对清朝的复辟，其后发现"曲线玲珑"（从古典旗袍到改良旗袍的成果）的旗袍与清代女袍全然不同，于是为求辨识而力图易名。

旗袍称谓的争论并非没有征兆，早在1920年

[1] 返本开新，是20世纪20年代新儒家学派的纲领，以儒家学说为本位，来吸纳会通西学的学术流派。

第3期《小说新报》刊载的《少女解放竹枝词》一文中就有“休怪张勋思复辟，文明女子学旗装”的说法。张爱玲[1]《更衣记》也对这一时期的旗袍有所描述：

一九二一年，女人穿上了长袍。发源于满洲的旗袍自从旗人入关之后一直与中土的服装并行着的，各不相犯，旗下的妇女嫌她们的旗袍缺乏女性美，也想改穿较妩媚的袄裤，然而皇帝下诏，严厉禁止了。五族共和之后，全国妇女突然一致采用旗袍，倒不是为了效忠于清朝，提倡复辟运动，而是因为女子蓄意要模仿男子。[2]

此时为旗袍的古典时期，延续着“连身连袖无省”十字型平面结构的唐宋遗风，但旗袍称谓并未流行。20世纪20年代中期以后，旗袍称谓开始见诸报端，而伴随着称谓的流行，其款式也在发生着微妙的变化。

20是世纪30年代初，旗袍出现了明显的曲线收身特征，与晚清旗女便袍不论形制、结构还是文化内涵都已“渐行渐远”，其称谓问题随之被关注。1934年11月25日《新闻报》（增刊）发表署名仲寅的文章《旗袍正名》，首次提出旗袍正名的概念：

近来女子，皆喜身着长袍（词源：“袍，长襦也。衣之下及跗者曰袍”）。凡长衣皆可称袍。效满清旗女装式。无论贫的，富的，村的，俏的，老的，少的。风行一时，皆着长袍。在城里，在乡间，随时皆可看到。此种长袍，竟公然直呼其名为旗袍，毫不忌惮……现满清已经亡国，一般女子，反而沿袭

[1] 张爱玲（1920～1995年），原名张煐，中国现代著名作家。张爱玲一生创作大量文学作品，类型包括小说、散文、电影剧本以及文学论著，她的书信也被人们作为著作的一部分加以研究。

[2] 原文刊载于1943年《古今》杂志第12期，采用旗袍称谓固然顺理成章，“模仿男子”是指当时的长袍。

满清服装，岂不是“专制国”之余威……时至今日，应知旗袍之身裁尺寸，究竟如何？与普通长袍之式样，两两比较，细细辨别，究竟是否相同？应有清晰底觉悟……既经大家皆着长袍，习俗相延，一时不能骤改，亦正不必递改。只要迳称长袍，不宜再称旗袍，便觉允当。[1]

然而，长袍的称呼并不能切实表现此时旗袍曲线化的特征，更容易与男子“长衫”混淆，故又有人提出改称“颀袍”。成立于1927年的湖社画会在1935年元旦组织举行国产丝织品礼服运动，首先提出将旗袍易名为“颀袍”：

今岁元旦，湖社举行国产丝织品礼服运动，主张定旗袍之旗字为“颀”字，盖取诗经“硕人其颀”之旨意，意至善也。[2]

“颀”取自《诗经·卫风·硕人》“硕人其颀，衣锦褧衣”[3]。意为“修长”，音“祈（qí）”，与旗同音，寓意为修长秀美之袍，较旗袍称谓而言，丰富了其文化内涵。1935年3月23日，《新闻报》（正刊）发表署名承明的文章《旗袍正名》[4]，针对1934年《新闻报》（增刊）的《旗袍正名》采纳了与湖社画会一致的意见：

曾经有人在报章上提议过，妇女们所穿旗袍的“旗”字，似乎不大适用。必须将这个旗字改更一下。依不佞的鄙见，应改为“颀袍”，到还来得切合。“颀”渠希切，音“祈”，长貌“硕人其颀”“颀而长兮”“颀颀然佳也”，照颀字的解说看来，的确是长袍而兼佳妙之谓也。

1935年10月30日，《立报》刊文《旗袍正名

[1] 仲寅.旗袍正名[N].新闻报（增刊），1934-11-25（1）.

[2] 潘怡庐.纯孝堂漫记——旗袍流行之由来[J].绸缪月刊，1935（2）：95.

[3] 衣锦褧衣：褧（jiǒng）用麻或轻纱制的单罩衫，古代女子出嫁时套在锦衣外面，以避尘土。汉语大词典编辑委员会，汉语大词典编纂处编.汉语大词典 第12卷[M].上海：汉语大词典出版社，1993：1294.

[4] 承明.旗袍正名[N].新闻报（增刊），1935-3-23（6）.

为颀袍——张知本[1]先生之言》[2]，结合张知本先生的意见，就易名“旗袍”为“颀袍”的合理性进行了进一步阐述：

> 女子穿旗袍，盛行已多年，迄乎最近，各地取缔奇装异服，始有人注意，所谓旗袍，不得长曳及地，否则认为远背新生活规律，应在取缔之列。张知本先生日前来京，发表一篇旗袍正名谈，丞录如次“现时女子所衣长袍，普通称之谓旗袍。有人以为清时服装，实则今日女子之长袍，与当年之旗装截然不同。称为旗袍，殊属错误，应正名为‘颀袍’。颀与旗同音，诗云‘颀而长兮’，亦即此意”……况所谓“旗人”，已成为历史上称谓，何以“旗袍”尚见称于今日哉？

三篇旗袍正名的文章集中出现在1935年前后，正与20世纪30年代旗袍所展现的颈部及腰身线条修长之美相暗合。说明旗袍历史上第一次称谓正名事件的出现绝非偶然，而是由其款式形制的变革而引发的，但时隔数年再被人谈起时，却偏离了初衷（图2-4）：

> 从前旧式妇女，都穿短的上衣，下穿裙子，没有御着长衣的。后来因为满洲的女子都穿长袍，渐行效仿，觉得别致，所以叫做旗袍，原来是旗籍的人发明的。现在我们中华民族，早已融合宗族建立一个新的民主国家，满汉的界限完全消除。杭州的旗下营，早改为新市场。那旗人的名称也就不应该让它存在。所以在十年前[3]，上海市总商会，开了一个全国工商品展览会，把陈列的时式旗袍，改做“颀袍”，据说是由那时的上海市长吴铁城氏命名的。[4]

[1] 张知本（1881～1976年），湖北江陵人。1904年赴日本留学，初入宏文书院，后转入日本法政大学攻法律。1905年加入中国同盟会，1907年学成回国，历任广济中学堂堂长、武昌公立法政学堂监督、武昌私立法政学堂及法官养成所教习、荆州府中学堂堂长。1911年任武昌军政司法部长。1924年任湖北法科大学校长。1924年，中国国民党改组，孙中山亲自提名张知本为中央委员。1928年任湖北省政府主席。1933年当选立法委员，主持《五五宪法草案》的起草工作。全面抗战爆发后赴重庆，任重庆行政法院院长，还兼任朝阳学院院长，1949年赴台湾。1976年8月15日病逝。生平著有《宪法论》《宪政要论》《法学通论》《社会法律学》等；译著有《民事证据论》《土地公有论》。

[2] 迁.旗袍正名为颀袍——张知本先生之言[N].立报，1935-10-30（3）.

[3] 注：十年前即1937年。

[4] 半帆.颀袍[N].浙赣路讯，1947-8-9（4）.

浙赣路讯

图 2-4　1947 年报道“颀袍”易名的文章

来源：《浙赣路讯》1947 年[①] 上海图书馆《全国报刊索引》

可见，由于缺乏持续推广和“旗袍”先入为主与时尚语言的魅力，“颀袍”称谓始终没有引起社会大众过多的关注。从上述文史资料也不难发现，不论是湖社画会的会员，还是张知本、吴铁城等法学家、政治家，他们仅仅是文化界代表的一家之言，没能真正影响到整个中国社会的选择。

尽管这次由文化界主导的“旗袍”易名成效并不显著，但至少已反映出文化界人士对旗袍与旗人女子便袍在形制、结构、工艺等方面的改变有所察觉，并试图以正名的方式为旗袍树立全新的形象。值得研究的是，在当时的技术文献中，“颀袍”正名与“曲身合体”改良旗袍形态的表达都准确无误（图 2-5）。更重要的是，作为旗袍发展史中第一次正名事件，它暴露出最大的问题就是没有将旗袍置于中华上下五千年服饰发展史中进行史实考证，而是将民国旗袍与古代袍服割裂对待。文化界一直以来对于名实分辨是敏感的，这种敏感为 1974 年台湾史学界对旗袍史学考据与正名事件埋下伏笔。

① 半帆. 颀袍 [N]. 浙赣路讯，1947-8-9（4）.

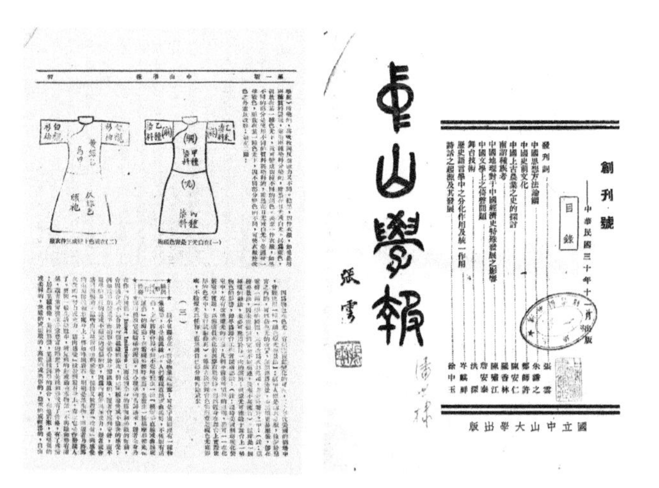

中山學報

創刊號

——中華民國三十年十一月出版

目錄

發刊詞	張雲
中國思想方法論綱	朱謙之
中國史前文化	鄭師許
中國上古農業之史的探討	陳安仁
南詔種族考	羅香林
中國地理對于中國經濟史特殊發展之影響	陳嘯江
中國文學上之倚聲問題	詹安泰
舞台技術	洪深
歷史語言學中之分化作用及統一作用	岑麒祥
詩話之起源及其發展	徐中玉

國立中山大學出版

图 2-5　刊载“颀袍”称谓和改良旗袍“曲身合体”形态的技术文献

来源：《中山学报》1941 年[①]上海图书馆《全国报刊索引》

（二）业界对“祺袍”的误读

民国时期“旗袍”称谓经由民间特别是社会精英的推动得到了广泛的认可，对官方形成倒逼，在服制条例撰修的过程中形成事实上的承认，但终归因有“复满”之嫌而谨慎使用“旗袍”称谓。而在民间就形成了各种易名行动，文化界虽有更名“颀袍”的尝试但成效甚微，而在制衣与纺织业却产生了不同的景象，出现了一种“会意”下将“旗袍”误读为“祺袍”的阴差阳错。就如同北京餐饮业将“羊蝎子”误用为“羊羯子”一样[❶]，无意间将“旗袍”误写为了“祺袍”。这一行为在行业内广泛传播，造成了较大的影响力。其影响之深远，促成了学术界对旗袍称谓正名运动的发起。

台湾现代新闻学、语言学专家马骥伸先生[❷]曾就“语文的约定俗成特性”[❸]抛出了“祺袍”称谓的旧案：

> 民国时期，“……‘旗袍’这一称谓，原是指

① 佚名 . 舞台技术 [J]. 中山学报，1941（创刊号）：97.

❶ 北京著名小吃“羊蝎子”，因其取材羊脊髓骨，形似蝎子而得名。但大多厨师却因其多取材于羊，而在做招牌时误用了“羊羯子”。羯字本为“jié”音，指“骟过的公羊”，与“蝎子”毫无干系，却因为有“羊”偏旁部首，且右半与“蝎”字同形，便被用来书写市招。不明事理的人，若依熟音读之，反而忘却了“羯”字的本意，熟练地将“羊羯子”字读成“羊蝎子”。

❷ 马骥伸，1931 年 3 月 15 日出生，黑龙江省齐齐哈尔市人。台湾师范大学史地系毕业，政治大学新闻研究所硕士。历任台南师范学院、成功高级中学教师，教育电视台节目部副主任兼新闻组长，“中央社”资料特稿部副主任、编辑部副主任及主任，台湾师范大学社会教育系新闻组副教授，读者文摘中文版顾问，“中国文化大学”新闻系主任、新闻暨传播学院院长等。1994 年任大众传播教育协会理事长。

❸ 马骥伸 . 新闻写作语文的特性 [M]. 台北：新闻记者公会，1979：87.

《申报》中的“祺袍料”广告（右下角，1939 年）①　　上海先施公司《国货特刊》中使用的“祺袍”称谓（1932 年）②

图 2-6　20 世纪 30 年代上海业界普遍在使“祺袍”称谓

① 香港中国国货公司 . 广告 [N]. 申报，1939-5-3（1）.

② 上海先施公司 . 国货特刊 [M]. 上海：先施公司，1932：32.

清代旗人妇女所穿的长袍，当时不属八旗之列的汉人，就把它称做旗袍。但是有些商人和裁缝，不知道这一段旗袍和旗人的渊源，以为它是清代女人普遍穿着的衣服，反倒觉得称它为‘旗袍’，没什么道理，于是误打误撞，硬造出来一个‘祺’字，而且颇曾流行过一段时间❶。很多人不明究竟，认为‘祺’字旁从‘衣’，称为‘祺袍’，似应有其依据，于是‘祺袍料’‘祺袍店’时常可见……”

根据史料显示，上海先施公司❷于 1932 年 3 月 15 日发表的《国货特刊》及《申报》1939 年 5 月 3 日的正刊第一版所刊载的香港中国国货公司的布料广告中，都出现了“祺袍料”“祺袍”一类的称谓，可见这一情况在当时的制衣业十分普遍，甚至成为海派旗袍的基因（图 2-6）。20 世纪 50 年代，海峡两岸及香港业界发现有“祺旗”称谓，基本可以判断为海派传人或海派遗业（图 2-7）。

然而，民间“旗袍”称谓仍是主流，并得到学界支持（与“排满复汉”不同），认为“旗袍”是

❶ 注：有资料显示直至改革开放后在行业中仍有使用。

❷ 上海先施公司是澳大利亚华侨马应彪 1917 年 10 月在上海南京路浙江路口开办的一家大型环球百货公司。其前身是 1900 年 1 月 8 日在香港创办的先施百货公司。

台湾祺袍技术文献

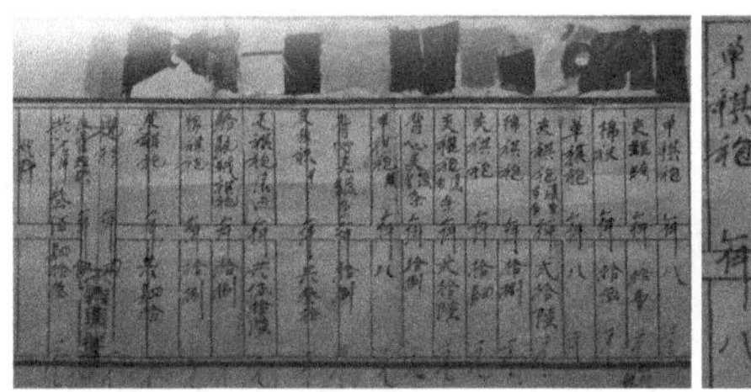

香港祺袍订单

图 2-7　20 世纪 50 年代至 60 年代仍延续这个传统，“祺袍”成为海派基因

为了将女子袍服独立化、专属化，与男子袍服相区别，并通过冠以“旗”字以彰显其与清代旗人女子袍服的关联性，有记录历史信息的作用，在学术上很有价值。这与五四运动中“她”❶（本音 jiě）字的应用与“伊”❷字的再造有着异曲同工之妙，是为了表现文化内涵。但制衣业纺织业和裁缝们的行为则更专注望字生义的实践性，作“祺袍”市招的根据是因为不论从结构、形态还是裁制手法，20 世纪 30 年代的旗袍与清代旗人袍服都有着千差万别，易名“祺袍”不过是凸显新意而已。

“祺袍”称谓的使用，虽然缺少文化内涵，却也有着实践价值，“[集韵] 渠记切，音忌。[类篇] 繫（系）也，巾也。或作䄎”❸。除了为表征“旗袍”与“清代旗人袍服”的差异，还明确了行业流派的归属，由于它是主流海派的标志，一直延续到 1949 年以后，但这一现象在文化界并不普遍，也未得到学界重视。1956 年《春夏秋季服装式样》❹图册记载了当时女子服饰的一般风貌，图

❶“她”本音 jiě，其意为“姐”，《类篇 • 女部》“姐她媎，子野切。”《说文》:“蜀谓母曰姐，淮南谓之社，古作毑，或作她、媎。”司马光 . 类篇 [M]. 北京：中华书局，1984：464. 1918 年，我国新文化运动初期重要作家、著名诗人和语言学家，时任北京大学法学教授的刘半农（1891 ～ 1934 年，男，江苏江阴人）在北大任教时，第一个提出用“她”字指代第三人称女性。

❷ 中国古代第三人称代词一般用“他”和“伊”，但不分男女，曹雪芹《红楼梦》第九十九回：“薛蟠因伊倔强，将酒照脸泼去。”1918 年，北大刘半农教授提出以“她”作为女性第三人称代词，但社会颇有议论。同期，李毅韬（1897 ～ 1939 年，女，河北盐山人，教师，曾任《妇女日报》总编）于同期倡议以“伊”作为女性的第三人称代词，受到包括鲁迅在内的一批进步文学家的支持。短篇小说《一件小事》《风波》等，均使用“伊”作为女性第三人称代词。

❸（清）张玉书；（清）陈廷敬总阅 . 康熙字典 [M]. 香港：“中华书局”，1958：14.

❹ 重庆市服装展览会编 . 春夏秋季服装式样 [M]. 重庆：重庆市服装博览会，1956：1-10.

例中具有立领、右衽、镶绲、盘扣等中式元素特征的服装都被称为“祺袍”。相对文学界主张的“旗袍”称谓，制衣界所提倡的“祺袍”称谓实际上是以裁制手段命名的宽泛概念，甚至可以理解为中式元素衣裙的泛称，此前出现的“中华袍”称谓也与此有关（图 2-8）。

以裁缝为代表的制衣业者发现了改良旗袍合体化的曲线结构与清代旗人袍服平面结构之间的差异，在误打误撞之中试图用称谓区分他们的异同，并将“祺袍”的概念扩展为“中式连衣裙”的大概念。虽然选用了与“旗”字同音的“祺”为专属词，也在业界广泛使用，但最终因民国战事不断，学界无暇他顾，为 40 年后台湾地区“祺袍”称谓的正名埋下了伏笔。

三、“祺袍”的正名与一段缺失的历史

古人表意注重“名”与“实”之辨，不论是何种事物，都会究其根本。台湾史学家王宇清先生对“袍系”有段精辟的考论：

> 自肩至跗（足背）上下通直不断的长衣，有一个总称，曰“通裁”；乃“深衣”改为长袍的过渡形制。但每一种特定的长身衣，则分别依其特质或特征各定其本名。如是单的，也就是没有夹里的长衣，名曰“禪”，俗称“长衫”或“大褂”。如有夹里，而未铺棉絮，称做“袷”，字或作“裌”。如内（或外）附兽皮，便名“裘”。必须是内铺棉絮的长衣，这才叫“袍”。可是，严格说来，又不全叫“袍”，还要看内铺的棉絮是新是旧，各别有其专名：用新棉

图 2-8　1949 年后《春夏秋季服装式样》中“祺袍”成为中式元素衣裙的泛称（1956 年）[1]

> 衬铺的名“繭”❶，或字加“意符”作“襺”。用旧棉铺的才叫“袍”。❷

台湾地区“祺袍”称谓正名事件是在旗袍经历 20 世纪 20 年代至 70 年代近半个世纪的分分合合，由中国传统的十字型平面结构转化为西式“分身分袖施省”立体结构的背景下展开的。旗袍由于结构变革的影响发展成一种全新的服饰品类，即便不像古代服饰一样针对具体材料去单独命名，但至少需要一个专属称谓来称呼这类服装。现代旗袍所采用的立体结构事实上已经抛弃了“连身连袖无省”的十字型平面结构，而以一种全新的中华结构，即“分身分袖施省无中缝大襟”示人，成为赋予“祺袍”命名的重要依据。遗憾的是，学界、业界过多地把旗袍的表面元素视为特质，如旗袍料常用的五福捧寿、四季花卉等纹样；绲边常用的如意纹、花卉纹；盘扣常用的寿字纹、梅兰竹菊等元素，这些装饰工艺手法，在旗袍的古典、改良和定型三个分期中并没有发生根本改变，但在结构上却发生了从

[1] 此外，1973 年由蔡明珠等编著的中国第一部《服装学概论》教材、1981 年中央工艺美术学院服装研究班编著的《服装造型工艺基础》等文献也使用了“祺袍”称谓，这些文献的披露说明新中国成立后制衣业内仍惯用“祺袍”称谓。蔡明珠等编著．服装学概论 [M]. 北京：汉家出版社，1973：48；中央工艺美术学院服装研究班编著．服装造型工艺基础 [M]. 北京：中国轻工业出版社，1981：224-226.

❶ 注：通“茧”。

❷ 王宇清．历代妇女袍服考实 [M]. 台北：台湾中国祺袍研究会，1975：7.

传统到改良再到蜕变的凤凰涅槃。台湾学者意识到了这一重大问题，最终发起了旗袍称谓的正名运动。重要的是旗袍结构“承西变华”的革命性变革，就像日本和服的“承唐变和”的变革一样，成为世界服饰文化中中华服饰的标志，理应赋予它更具中国文化的名字，社会上用与不用是一回事，但学界的历史学家们不能无动于衷。

对于“祺”的释义，历代文献多有记述。《说文解字》[1],“吉也”;《尔雅•释言》[2],“祥也”;《诗经•大雅》[3]，“寿考维祺”，祺 :“安泰不忧惧之貌”;《荀子•非十二子篇》[4]，“俨然壮然祺然”;《汉书•礼乐志》[5]，“唯春之祺。祺 : 福也”。“祺袍”，可谓吉祥富贵寿考之袍，代表着中华民族对于美好生活的无比向往。“祺袍”称谓的使用，是在遵照历史的前提下，通过大量考据工作才最终确定的。首先，“祺袍”一词因袭于制衣业常用的“褀袍”称谓，虽然起初是一种误读，但确实源于从业者的实践，它的传承性可以认定为“褀袍”为民国期，“祺袍”为后民国期的时代印迹。从史学意义看，它不仅是正名事件的记录，更重要的是它承载了旗袍定型时期这段缺失的历史。其次，在 1974 年正名事件发生的过程中邀请了制衣业专家和文化学者参与，特别是重视以杨成贵先生为代表的民间艺人，说明正名过程不再停留于由理论到理论、由历史到历史的学术层面，而是在社会学框架下，结合实际应用情况提出理论对社会、行业的指导。同时在“祺袍”正名后跟进出版的《祺袍裁制的理论与实务》技术专著，深度梳理了旗袍定型时期（祺袍）立体结构

[1] 《说文解字》，简称《说文》。作者为许慎。是中国第一部系统分析汉字字形和考究字源的字书，也是世界上最早的字典之一。编著时首次对“六书”做出了具体的解释。

[2] 《尔雅》，儒家的经典之一，是中国古代最早的词典，被称为“辞书之祖”。

[3] 《诗经》是中国古代最早的诗歌总集，收集了西周初年至春秋中叶（前 11 世纪至前 6 世纪）的诗歌，共 311 篇，其中 6 篇为笙诗，即只有标题，没有内容，称笙诗六篇（南陔、白华、华黍、由康、崇伍、由仪），反映周初至周晚期约五百年间的社会面貌。“祺”出现于《大雅•行苇》。

[4] 《荀子》是战国后期儒家学派最重要的著作。全书共 32 篇，是荀子和弟子们整理或记录他人言行的文字，但其观点与荀子的一贯主张是一致的。

[5] 《汉书》，又称《前汉书》，是中国第一部纪传体断代史，“二十四史”之一。《礼乐志》是《汉书》中的一篇，主要介绍的是西汉一朝的礼乐制度的情况，作者是班固。

裩→祺

图 2-9 “裩”与“祺”的物名物意记录了定型旗袍这段历史

的标准化技术理论体系，第一次将裁缝艺人口口相传的技艺转化为可实践的书本理论，将原本制衣业界缺乏文化内涵和底蕴的“裩袍”称谓，通过一种修辞勘订，在不改变传统使用习惯的同时增加“祈福、美好”的寓意到其中，这种严谨的学术态度也发生在学界从“司母戊鼎”到“后母戊鼎”，从“马踏飞燕”到“马超龙雀”[1]的正名事件中，从这一点上看它的社会意义远大于学术意义，让世人领略名物的人文精神（图 2-9）。由此，或可避免因电影作品《危险关系》之类的现象充斥社会而误导公众。

合理（道理）、合法（礼法）、适时（审时度势）的新称谓命名意义重大，“祺”字包含了人们对于未来美好期盼的寓意、代表着旗袍作为中华服饰所具有的民族性与文化底蕴和宣示着一个伟大时代物质文化的特殊形态。以王宇清教授为代表的台湾学者正是基于“名实”之辨的态度，为了更好发扬和承袭民族礼制，避免旗袍称谓混乱而造成的史学悖论提出了特定时期旗袍称谓正名的议题，并最终确

[1] 郭沫若先生在中华人民共和国成立初期认定铜奔马的正式名为“马踏飞燕”，但实际上铜马俑所附飞鸟，从造型看不像是燕子，史籍也记载是龙雀，因此应该是“马踏龙雀”或“马超龙雀”。

定“祺袍”的历史内涵，为我们进一步探索旗袍的分期提供了重要的文献线索[1]和理论依据（表 2-1）。

表 2-1 旗袍易名时间与形制对照表

分期	称谓	典型形制	统称
古典时期 （20 世纪 30 年代以前）	旗袍	十字型平面结构 （直身有中缝）	旗袍
改良时期 （20 世纪 30 年代至 50 年代）	祺袍 颀袍	十字型平面结构 （曲身无中缝）	
定型时期 （20 世纪 60 年代以后）	祺袍 旗袍	分身分袖施省 （曲身立体结构）	

[1] 文献线索：主要提供了定型旗袍时期的技术文献。旗袍历史上多次易名，有关时间、背景、事件，学界争论不休，时至今日也无定论。因此就有了“在民国服饰史上，旗袍是最惊艳的一笔糊涂账”（周松芳《民国衣裳》“驱除鞑虏，恢复旗袍”）的精辟论断，关键在于有关技术文献的整理与补充不足。旗袍发展的三个分期正是基于技术文献研究的成果而变得清晰。

第三章

旗袍的三个分期

从历史学的观点看，单纯以“旗袍”诠释古典旗袍、改良旗袍和定型旗袍三个分期有失妥当。尤其是当旗袍发展史中最重要的一次变革发生，即20世纪50年代末期受西方立体裁剪技术的影响，其形制结构较古典袍服发生了颠覆性的改变，命名问题就显得迫在眉睫。在学术上对命名的探究意味着旗袍三个历史分期的完整，以正名事件为标志的第三个分期虽然发生在港台地区，却离不开中华五千年的文化积淀。

一、旗袍三个分期的划分

根据不同时期旗袍技术文献的系统整理，可以得到旗袍三个分期的确凿证据，其中结构形态是重要指标：20世纪30年代以前的旗袍基本维持清朝袍服十字型平面结构的中华系统，社会大众对其名称沿用旧制并无太多质疑，此称旗袍的古典时期。20世纪30年代以后，随着西文东渐带来了旗袍结构的改良，与清末民初古典袍服在结构、形制、工艺等方面产生了很大差异，但并没有脱离连身连袖无省的十字型平面结构中华系统，只是在侧缝强调了女性人体的曲线，可谓十字型曲线平面结构，也正因如此出现了以文化界和制衣业为主导的“旗袍”易名现象，此称旗袍的改良时期。中华人民共和国成立后，旗袍结构的变革并没有停止，发生在香港和台湾地区，因此推动旗袍变革并定型的最后舞台转向港台地区。值得研究的是，这个时期旗袍结构的变革是颠覆性的，即从“连身连袖无省”的十字型平面结构变成了“分身分袖施省”的立体结构，这是引发正名的学理根源，“祺袍正名”有着深刻的社会和文化背景，这种结构形制也在整个华人社会被接受、推崇和弘扬，特别是改革开放后，中国经济崛起，它越来越成为中华民族复兴的标签。故此旗袍定型的这段历史，不能忽视香港和台湾地区重构旗袍的传统和礼制的事实，而“祺袍正名”事件则使得这段历史变得更加完整和真实。如果忽视了台湾地区的这一事实和学术成就，中华近现代服装史中旗袍的这段精彩乐章恐会带着缺失甚至错误的音符传给后世。

二、古典旗袍从“盘领斜襟”到“圆领大襟”

中国古代袍服上至先秦下至明清都没有脱离十字型平面结构的中华系统，普遍采用右衽大襟形制。[1] 先秦典籍《论语·宪问》对袍服衽式有所记录，孔子曰：“微管仲，吾其被发左衽矣。”[2] 意思是说

[1] 刘瑞璞，陈静洁编著．中华民族服饰结构图考（汉族编）[M]．北京：中国纺织出版社，2013：1-5.

[2] 出自《论语·宪问》，共计44章。其中著名文句有“见危授命，见利思义”“君子上达，小人下达”“古之学者为己，今之学者为人”“不在其位，不谋其政”等，主要阐释了作为君子必须具备的某些品德、孔子对当时社会上的各种现象所发表的评论以及“见利思义”的义利观等内容。“被发左衽”是指长城外游牧的戎、狄和南方的蛮夷族装束，区别于汉俗的束发右衽。

如果没有管仲，我们恐怕要披头散发穿左衽的衣服了。这段话记录了管仲辅佐齐桓公“尊王攘夷”[1]的故事。这里的“夷”是指当时中原以东地区的夷人部族，其后泛指汉族以外的其他民族，包括南蛮、北狄、西戎和东夷。[2]多数情况下，蛮夷戎狄统称蛮夷或四夷，其人衣左衽，与汉族服装右衽形制相悖，以此标识汉制的正统。

汉族传统袍服的特点是“交领右衽”，还有一个汉夷区别的特征是，北朝以前普遍袖身宽博呈“壶”形，也称“鱼肚”形，而且在历代汉族统治的王朝中，袖壶的大小标志着礼仪等级的高低，特别在唐、宋、明三朝以此明示官服礼制可谓达到极致（图3-1）。北朝以后逐渐吸纳胡[3]服特征，出现了袖口逐渐窄化、衣长缩短、护胸式的“盘领斜襟”袍，形成了一体多元民族融合的格局。这一现象在北宋沈括的《梦溪笔谈》中有所记录：

> 中国衣冠，自北齐以来，乃全用胡服。窄袖绯绿，短衣，长靿靴，有蹀躞带，皆胡服也。窄袖利于驰射，短衣长靿，皆便于涉草……[4]

此外诸如《朱子语录》等文献也有类似说法。[5]可见袍服形制所包含的深刻、多元的信息表现出了强烈的民族认同性，今天旗袍的圆领右衽大襟就是从这种基因继承中一步步走来的。可以说清末民初旗袍的产生又是一次民族融合的结晶，不同的是，西方现代文明的加入成为中华民族返本开新意识的一个创举。

所谓“盘领斜襟”实际上就是衣襟自前中线

[1] “尊王”，即尊崇周王的权力，维护周王朝的宗法制度。“攘夷”，即对游牧于长城外的戎、狄和南方楚国对中原诸侯的侵扰进行抵御。

[2] 据《礼记·王制》记载：“东方曰夷，被发文皮，有不火食者矣。南方曰蛮，雕题交趾，有不火食者矣。西方曰戎，被发衣皮，有不粒食者矣。北方曰狄，衣羽毛穴居，有不粒食者矣。中国、夷、蛮、戎、狄，皆有安居、和味、宜服、利用、备器，五方之民，言语不通，嗜欲不同。”

[3] “胡”原本是秦汉时期北方游牧民族匈奴的自称。据《汉书·匈奴传》记载《单于遣使遗汉书》云：“南有大汉，北有强胡。胡者，天之骄子也，不为小礼以自烦。”后来成为汉人对中国北方和西方（主要为蒙古高原和新疆中亚等地）外族或外国人的泛称。先秦时期中国将北方游牧部族称为北狄，后来狄人逐渐被汉族和蒙古高原崛起的胡人所同化。胡人原指秦汉时期的北方游牧民族匈奴，匈奴西迁后在蒙古高原又相继崛起了鲜卑、突厥、蒙古、契丹等游牧民族。

[4] 《梦溪笔谈》是北宋科学家、政治家沈括（1031～1095年）所撰写的一部涉及中国古代自然科学、工艺技术及社会历史现象的综合性笔记体著作。该书在国际亦受重视，英国科学史家李约瑟评价其为“中国科学史上的里程碑”。（宋）沈括．梦溪笔谈[M]．上海：上海古藉出版社，2015：3.

素纱圆领单衫（南宋）
来源：江苏金坛周瑀墓出土

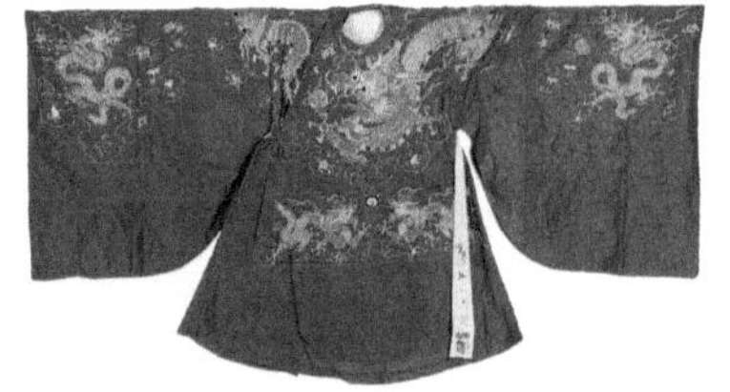
蓝罗盘金绣蟒袍（明）
来源：山东博物馆藏

图 3-1 中古汉制袍服以交领、盘领右衽和袖壶为典型

起延领口盘绕向右上，直达肩颈点位置的盘状结构，并设系带或纽扣固定，上曲下直通襟向下过胸、腰、腹直达下摆取齐。汉族袍服右衽“盘领斜襟”的形制于北齐初现，兴于唐，据史料显示至少在宋代便形成了袍服“盘领斜襟”与“交领右衽”并行不悖的双轨制格局，且有尊卑崇法规制。2016年，黄岩南宋赵伯澐墓出土的8套服装中，由内至外同时穿着了5件交领右衽衣和2件右衽盘领斜襟衣（图3-2）。此后，内衣交领和外衣盘领的组配逐渐成为定制一直沿用到明末，且在明朝鼎盛期成为官宦士绅的制服，对后世影响深远，甚至在古典戏剧中，不分朝代通用“盘领斜襟”为官角标准戏装。交领中单为内衣，盘领斜襟袍为外衣，无疑旗袍忠实地继承了盘领斜襟袍外尊内卑的这种古老而优雅的中华传统（图3-3）。

清朝入关后，并没有直接沿用“交领右衽”和右衽“盘领斜襟”的任何一种形制，而是取二者之精华发展出一种全新的“圆领右衽”式。该形制不

❺ 据《朱子语类·礼·杂仪》记：“今世之服，大抵皆胡服，如上领衫靴鞋之类。先王冠服扫地尽矣。中国衣冠之乱，自晋五胡，后来遂相承袭。唐接隋，隋接周，周接元魏，大抵皆胡服。”（宋）黎靖德编；杨绳其，周娴君校点．朱子语类 第3卷[M]. 长沙：岳麓书社，1997：2091.

盘领素罗大袖衫

盘领斜襟结构局部

图 3-2 黄岩南宋赵伯澐墓出土盘领素罗大袖衫

来源：中国丝绸博物馆藏

论领型还是衽式在女真族历史记录中都没有相关应用的记载，应为在“盘领斜襟”汉俗的基础上适时创制。

黑龙江省哈尔滨市阿城区亚沟以东5公里的石人山峭壁之上，在距今已有七八百年的金代早期石刻中出现的金人武士形象，其领型与衽式均为典型的右衽“盘领斜襟”，这与其说是满族先祖创制，不如说是满汉交融的产物，因为早在大宋王朝就成汉统了（图 3-4）。明崇祯九年初版《满洲实录》中记录的明万历二十七年正月东海[1]渥集部虎尔哈路路长《王格张格来贡图》及明万历四十四年努尔哈赤在赫图阿拉[2]建立后金盛况的《太祖建元即帝位图》[3]等图像史料中，努尔哈赤均穿着了一种从“盘领斜襟”到“圆领大襟”的过渡形式，这一情况不仅在图像史料中有所体现，而且有传世实物可以佐证（图 3-5）。故此可以推断，清代袍服“圆领大襟”形制是在这一时期开始形成的。

[1] 东海女真是女真三大部之一，又称野人女真。主要指分布在“极东”“远甚”，即今黑龙江以北和乌苏里江以东地区的女真人。王格、张格归附象征努尔哈赤取得了东海女真的控制权，代表着女真三部的统一。

[2] 赫图阿拉古城（现辽宁省抚顺市新宾满族自治县）明万历四十四年正月初一努尔哈赤于此“登基称汗”，建立了大金政权，史称后金。

[3] 该事件发生于公元1616年，后金天命元年。

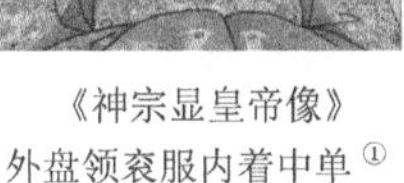

《神宗显皇帝像》
外盘领衮服内着中单[①]

定陵（神宗陵墓）出土衮服[②]
来源：定陵博物馆藏

孔府旧藏中单（明）
结构与皇帝中单相同，唯制式不同

图 3-3　明万历皇帝外盘领袍内中单组配成为影响后世官服的基本规制

北京清代宫廷服饰收藏家李雨来先生收藏的明末清初袍服实物标本证明了上述推断。其明末清初藏品有满袍和汉袍两式，从袖型与图案装饰手法分析，两制式有明显不同，但右衽交领是相同的（图 3-6）。另一件标本为明晚期典型的“盘领斜襟”官袍，其特点在盘领位置有宽贴边外露，与《太祖建元即位图》中所绘形制如出一辙，应为“圆领大襟”过渡的形制，是清朝入关前的典型。和清早期袍服形制的区别是从盘领变成圆领，斜襟变成大襟；袖壶消失了，取而代之的是马蹄袖。相同的是它们的领襟都有明贴边，这可以说是古典旗袍华美缘饰的前身（图 3-7）。

康乾以后，清代袍服的形制以立法的形式确定下来，根据《皇朝礼器图式》《清会典》等官方文献中描绘的定制“圆领大襟”袍与实物相互印证，可以得到准确的释读：在领口前中位置设立第一颗纽扣，将明制“盘领斜襟”位于肩颈点的纽扣向下移至右前身与前颈点平行位置出方襟为第二颗纽

① 《大明会典》洪武十六年定：“中单，素纱为之，青缘领，织黻文十二。”（明）李东阳等奉敕撰；申时行等奉敕重修．明万历十五年内府刊本总二百二十八卷．皇帝冠服见“卷六十之冠服一”，原本现藏于美国哈佛大学汉和图书馆。

② 衮服，简称“衮”，古代皇帝及上公的礼服。杨金鼎主编．中国文化史词典[M]．杭州：浙江古籍出版社，1987：162.

图 3-4　亚沟摩崖石刻金人武士形象袍服为汉制盘领斜襟袍
来源：哈尔滨阿城亚沟摩崖石刻图像

扣，然后呈斜弧线向右下延伸至与胸线相齐位置的侧缝设第三颗纽扣（接近右前身腋下位置），并根据服装款式的不同依次沿侧缝线设三至四颗纽扣。这种“圆领大襟”成为整个清朝袍服的基本形制，乾隆朝定制直到清王朝灭亡也没有改变，并成为古典旗袍所继承的标准形制，而且经过改良旗袍和定型旗袍的演进过程后它仍然没有改变，成为了旗袍形制的中华基因（图 3-8）。

诚然，古典旗袍“圆领大襟”的形制是从古代汉制袍服的“交领右衽”和“盘领斜襟”进行“满化”继承下来的。其形成时间为后金时期，经历了一定时间的过渡直至清朝入关近百年之后的乾隆年间，圆领大襟袍才最终确定下来，并一直沿用至清末民初（图 3-9）。

民国初年形成的旗袍延续了满族先人这种创制经典，尽管旗袍在结构上经历了改良、变革的三个不同时期，但“圆领大襟”仍然得到坚守，成就了旗袍的中华文脉。不仅如此，在结构方面从古典

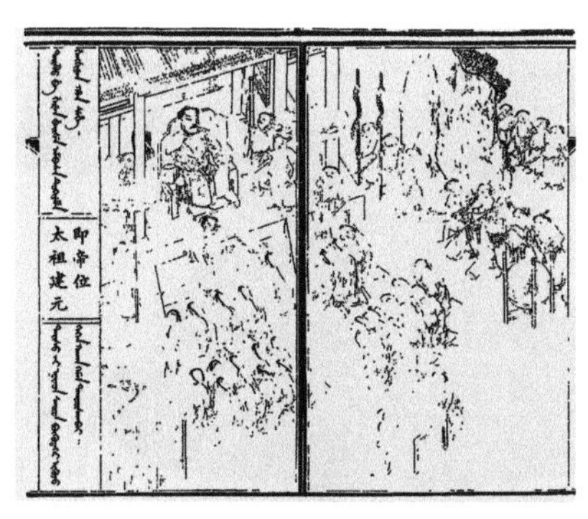

《太祖建元即帝位图》（努尔哈赤）

《王格张格来贡图》

图 3-5 《清实录》记录官袍从“盘领斜襟”到“圆领大襟”的过渡形式

来源：《清实录·满洲实录·卷四》（影印本）

旗袍的有中缝到改良旗袍、定型旗袍的无中缝，像是丢掉了锁链赢得了世界❶，而这一切却是为了诠释一个古老而朴素的“俭以养德”的中华精神（图 3-10）。

三、改良旗袍与红帮裁缝技术理论的贡献

旗袍自 20 世纪 20 年代初兴以来，形制一直保持着古典旗袍“圆领大襟”的传统。但在结构上发生着深刻的变革，一百多年来学界虽有共识但皆无证据，只是通过各种文献、图像史料作外观上的判断：20 世纪 30 年代旗袍开始从平面向立体改良。然而，这个过程经历了近半个世纪，改良的时间节点、技术要素、物理形态等这些科技史的实物、技艺考证被忽视了，其中的关键是反映当时旗袍结构形态的技术性文献，因为只有它才能真实、客观和准确地记录旗袍技术要素、物理形态。改良旗袍作

❶《共产党宣言》选段：“让统治阶级在共产主义革命面前发抖吧。无产者在这个革命中失去的只是锁链。他们获得的将是整个世界。”中共中央马克思恩格斯列宁斯大林著作编译局编．马克思恩格斯文集 第二卷 [M]. 北京：人民出版社，2009：66.

满族蓝色妆花缎龙纹交领右衽龙袍（明末）

汉族石青柿蒂飞蟒纹膝裥交领右衽蟒袍（明末）

图 3-6　明末满汉袍服的领型衽式一致，袖型图案风格不同

来源：李雨来藏

为古典旗袍到定型旗袍的过渡形态具有重要意义。以 20 世纪 30 年代伪满洲国《裁缝手艺》（第二卷）中所示“绲边短袖女夹袍”的技术文献为例，此时的旗袍开始逐渐摆脱古典旗袍所受布幅的制约，前后中不再破缝，出现了“侧缝收腰直摆结构”（图 3-11）。这类当时具有时装属性的旗袍，成为旗袍结构从平面向立体过渡演化的依据，这种技术文献在旗袍发展史中具有里程碑式的意义。值得注意的是，改良旗袍发端于以上海为首的南方都市，也有相关技术文献[1]出现，通过比较研究发现文献中旗袍的结构形态、技术流程与《裁缝手艺》所示完全一致。故“侧缝收腰直摆无破缝”改良旗袍发生在 20 世纪 30 年代的判断是可靠的，且不分地域在中国南北均已成流行。

旧时裁缝派系也是在这个时期形成的，改良旗袍便是其中一支重要的海派标志性成果。裁缝派系分为本帮裁缝[2]与红帮裁缝[3]，依据裁剪方法不同，又分为大裁[4]、国裁[5]、洋裁[6]、和裁[7]，等等。在

❶ 宣元锦等编绘．衣的制法（五）旗袍 [J]. 机联会刊，1937（166）：18-20.

❷ 本帮裁缝：民间对制作长袍、马褂、对襟大褂等中式服装裁缝的称谓。

❸ 红帮裁缝：1840 年鸦片战争之后，为了适应“西风东渐”的潮流，一些本帮裁缝逐步停做传统服装，专学洋服，为洋人服务，业内称为“红帮裁缝”。

❹ 大裁：专做中式服装的裁剪方法。

❺ 国裁：伪满洲国地区对中式服装裁剪方法的别称。

❻ 洋裁：我国对学习或运用西式服装的裁剪方法的称谓，同时也是日本对西式（主要指欧美各国）服装裁剪方法的称谓。

❼ 和裁：伪满洲国地区、台湾日据时期对于日式和服裁剪方法的称谓。

云纹暗花缎獬豸胸背盘领缯角袍（明末）

圆领大襟红地妆花缎大龙纹袍（清初）

图 3-7　明末清初“盘领斜襟”与“圆领大襟”的传承性

来源：李雨来藏

旗袍改良的过程中，红帮裁缝作为旗袍形制与结构革新发展的推手，逐渐成为业界的主流，对旗袍向立体方向进行改良，其重要贡献就是保持完整布幅的裁剪设计与工艺处理，创造了一个时代名词——“独幅旗袍料”。

20 世纪 20 年代至 40 年代末，红帮的洋裁被视为海派，对 1949 年以后的台湾、香港地区都产生着深远的影响。事实上，海派是在本帮裁缝的基础上引入、融合西洋裁剪技术和观念所创立的全新流派，并逐渐取代了本帮裁缝成为主流，它的标志性成果就是“海派旗袍”。海派艺人开始使用全新的西洋立体裁剪，但考虑人们的接受度，没有从根本上颠覆传统。所以说海派旗袍在整个民国时期始终跟随着社会的接受度在被动地不断改良，因此这一时期也被定义为改良旗袍的践行期。这种观点最主要的证据在于，此时旗袍的结构形态并没有彻底摆脱古典旗袍连身连袖十字型平面结构的华服裁剪系统，只是为保持完整布幅创造了全新的“挖大

“圆领大襟”早期形制石青色缎金龙纹龙袍（清早期）

来源：李雨来藏

“圆领大襟”定型期月白绎丝云龙纹单朝袍（清乾隆）

来源：故宫博物院藏

《皇朝礼器图式》中记载朝袍的“圆领大襟”形制（乾隆二十七年）

来源：英国维多利亚和阿尔伯特博物馆藏

图 3-8 乾隆定制前后“圆领大襟”形制对比

襟”技术并增添了侧缝腰身和收摆处理，这是对当时先进的人体工学在中华传统观念中最早探索的派系，建立了相对完整的技术理论，这种有实践、有理论、有成就的派系自然产生了巨大的社会推动作用。

旗袍改良时期海派权威的技术文献要属卜珍著《裁剪大全》[1]，关于改良旗袍的裁剪图注结合《良友》等时事文献所记载的旗袍风貌图像都支持了这种观点。尽管海派旗袍仍在十字型平面结构的中华系统上，只是改直线侧缝为曲线侧缝，但这对中华传统的伦理观念也是革命性的，史称“改良旗袍”也是观念上而非技术上。由此可见，这个“不彻底改良”风潮的主要舞台是在上海和广东，并且辐射到当时的政治中心南京、文化中心北京、工业中心东三省乃至全国。比较 1947 年的《裁剪大全》和 1938 年的《裁缝手艺》，它们都可视为官方技术文献记录的近十年间完整改良旗袍的技术信息：一，说明至少在十年以上，改良旗袍的结构形制没有改

[1] 卜珍．裁剪大全（第三版）[M]. 广州：岭东科学裁剪学院，1947：38. 此书为当时中央教育部审定核发的裁缝专业教材。

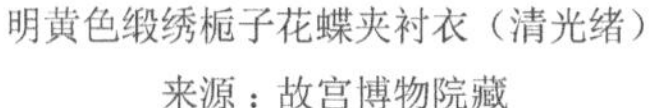

明黄色缎绣栀子花蝶夹衬衣（清光绪）
来源：故宫博物院藏

蓝色棉布倒大袖旗袍（民国初年）
来源：隐尘居藏

图 3-9 清末民初古典旗袍“圆领大襟”成为旗袍亘古不变的基因

变；二，南北并无差别；三，红帮海派风格成统治地位（图 3-12）。

旗袍改良的发展历经 30 余年，终于在 20 世纪 50 年代末至 60 年代初开始了全面西化的进程，“文化大革命”时期进入停滞期。在香港台湾地区，旗袍仍延续着这种变革，在 20 世纪 60 年代初的香港、20 世纪 70 年代初的台湾相继形成了“分身分袖施省”的立体结构旗袍，史称“旗袍的定型时期”，其分期的时间节点、形制和结构特征的确凿证据也是依靠 1966 年香港和 1975 年台湾正式出版的技术文献。

改良旗袍技术文献已知最后一次在大陆作为教科书使用，出现在 1953 年由红帮裁缝传人戴永甫[1]所编写的《永甫裁剪法》第二集[2]。此时的旗袍依然沿袭连身连袖十字型平面结构的中华系统，其结构特征是在侧缝收腰的同时，进行少量的收摆，总体上变得中规中矩，表现出改良旗袍成熟期的大家风范（图 3-13）。与 1947 年海派权威的裁剪教科书《裁剪大全》相比，改良旗袍的结构形态没有发

[1] 戴永甫（？～1999 年），浙江鄞县古林镇戴家人，13 岁到上海拜师学艺，后在南市城隍庙附近的露香园路开设裁缝作坊。1949 年后，调至上海服装研究所从事服装科研与教育工作，出版《永甫裁剪法》《怎样学习裁剪》等著作。

[2] 戴永甫．永甫裁剪法 第二集[M]. 上海：永甫服装裁剪专修班，1953：46.

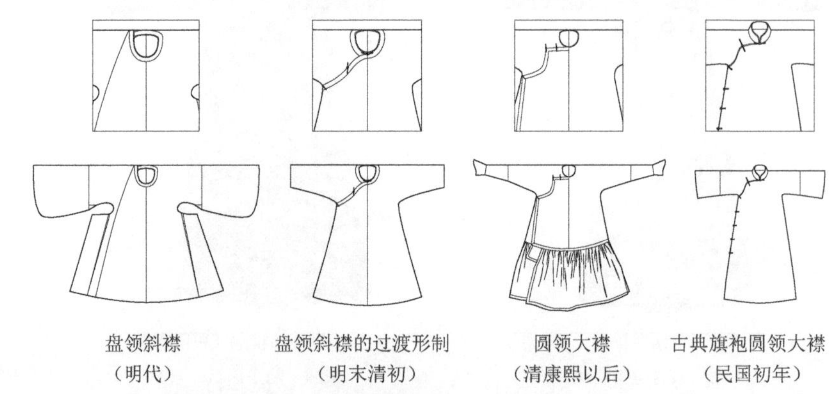

图 3-10　从盘领斜襟到圆领大襟形制的流变

生根本的改变。这其中传递着两个重要信息，一是改良旗袍的时间跨度是 20 世纪 30 年代至 50 年代；二是改良旗袍的结构特征，在这 30 年的变革中只是在侧缝曲线收腰、收摆的程度上改变了古典旗袍直线无腰阔摆的形制，但没有根本改变连身连袖十字型平面结构的中华系统。因此“独幅旗袍料”与“挖大襟”技术如影随形，它不仅是红帮的创举，也成为一个特殊时代的文化符号。

四、定型旗袍立体化在港台的献证

20 世纪 40 年代末至 50 年代初，大批红帮裁缝南迁至香港、台湾地区。旗袍发展主场的转移使旗袍改良迎来了一次质的改变，向立体化、机能化逐渐转变，其标志性的成果就是“分身分袖施省”的立体结构完全颠覆了“连身连袖无省”的十字型平面结构系统。这个事实从理论上否定了主流学界一直以来认为旗袍在 20 世纪 30 年代进入立

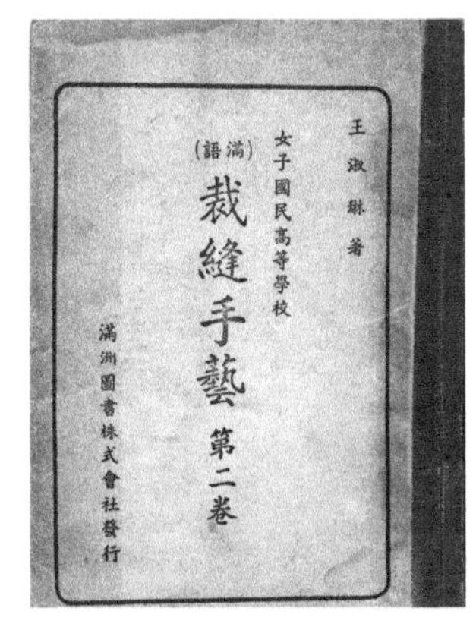

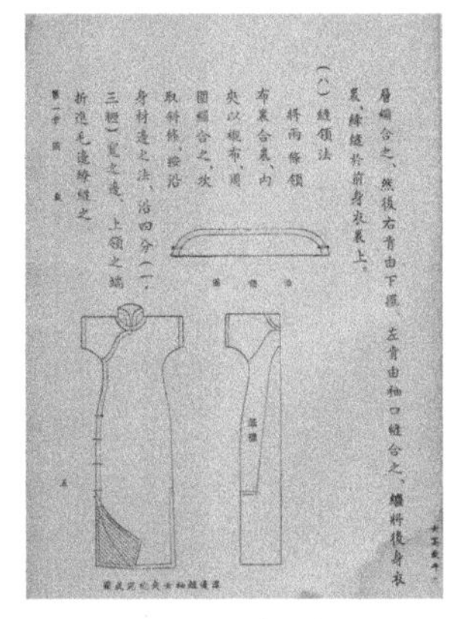

图 3-11 《裁缝手艺》（第二卷）记录改良旗袍结构的技术文献（1938 年）

体化的观点。研究表明直到 20 世纪 50 年代初，仍未发现改良旗袍立体结构（裁剪）的技术文献。问题是既然完全颠覆了传统，那它是否还有中国元素？如果没有，为什么全世界誉旗袍为华服？这其中精神层面的种子或许早就孕育在它的基因结构中，只是没有很好地被挖掘罢了，以王宇清为首的台湾学者完成了对“祺袍”称谓理论化的实践与探索，其玄机就隐藏在从改良旗袍到定型旗袍的系统技术文献中。

旗袍真正在结构上具有颠覆性是在 20 世纪 50 年代末，由南迁的红帮裁缝在 20 世纪 60 年代至 70 年代中期逐渐完善定型并完成理论化，这一阶段可视为旗袍结构的定型期，这便是“祺袍正名”的基础。像是 20 世纪 30 年代“旗袍”易名事件的重演，而不同的是不论规模还是影响都不如以前，但它的史学意义重大，因为它是旗袍三个分期中定型旗袍的标志性事件，“祺袍正名”和改良旗袍的“独幅旗袍料”会同时被载入旗袍史册。

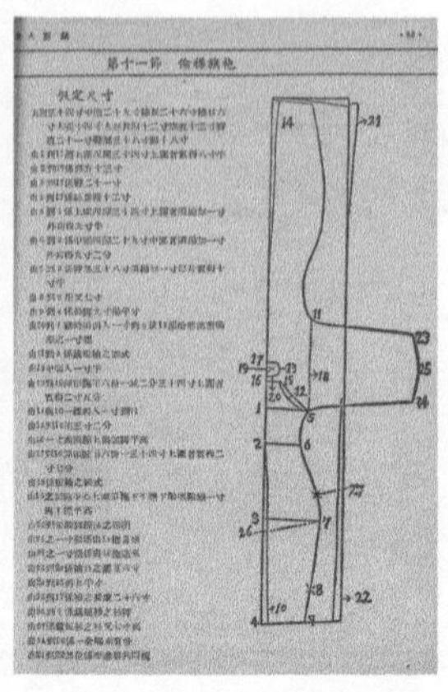

图 3-12 民国时期中央内政、教育、宣传三部审定的裁剪教科书
来源：《裁剪大全》（第三版）（1947 年）[①] 卜珍著

从“连身连袖无省”到“分身分袖施省”的结构改变并不是一天完成的，最先尝试的是“施省”，严格地讲仍不能认为是立体结构，因为主体仍没有改变十字型平面结构的系统，这种情况出现在 20 世纪 50 年代中叶，可视为过渡期。

已知最早出现旗袍“施省”结构的文献是红帮裁缝传人王圭璋于 1956 年出版的《妇女春装》[❶]，该书记载的旗袍侧缝有明显的收腰量，后中双折边腰节线位置有拉腰现象，表明要作拔腰[❷]的工艺处理，形成微妙腰线的立体造型，同时在前腋下进行收胸省与之配合，但该文献中的旗袍裁剪并未采用分身分袖，仍然保持着改良旗袍十字型平面结构的传统，如此可视为改良旗袍到定型旗袍过渡时期的文献证据（图 3-14）。还有一些同时期的文献如《服装省料裁配法》（1958 年）也出现了类似的情况。说明最先尝试施省旗袍是在 20 世纪 40 年代末至 50 年代初的上海，定型旗袍仍然是以海派裁缝在推动，重要的是每个关键时期都有代

① 《裁剪大全》（第三版）（1947 年）仍保持着 20 世纪 30 年代伪满时期《裁缝手艺》改良旗袍的所有结构特征，重要的是“挖大襟”的技艺更加成熟了，并冠以“偷襟旗袍”，即彰显旗袍“敬物尚俭”中华传统的物化表达。

❶ 王圭璋编著 . 妇女春装 [M]. 上海：上海文化出版社，1956：23-24.

❷ 拔腰，是指归拔工艺。衣身左右侧缝有收腰量说明需要拉腰处理，由于衣片中间腰部无省，这就需要配合侧缝收腰的曲缝进行归拔处理，收腰量越大，归拔处理越甚，难度也越大，如此会使腋下产生余量，就势处理成省，由此产生微妙的腰部立体造型。此项独特的改良旗袍技术被继承下来直到定型旗袍。归拔可利用的面料弹性毕竟有限，当追求更强烈曲线的时候，就出现了中间配合收省的情况，这就离定型旗袍的诞生不远了。

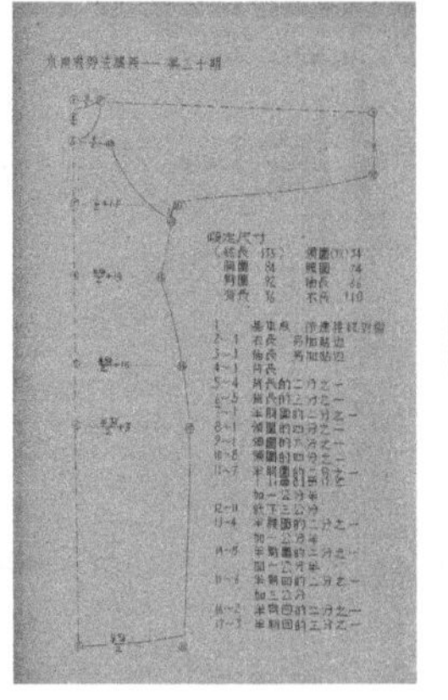

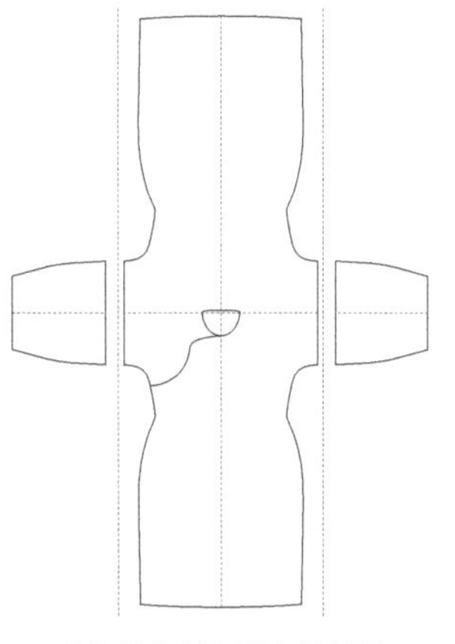

独幅旗袍料复原文献制图

图 3-13 《永甫裁剪法》记录的改良旗袍成熟期的结构特征（1953 年）

表性技术理论的研究成果作支撑。事实上，1949 年后，以红帮裁缝主导的上海虽然出现了旗袍裁剪施省的结构，但整体上并没有脱离改良旗袍连身连袖的十字型平面结构系统，这与民国 20 世纪 30 年代至 40 年代末改良旗袍的结构形态没有本质区别，如果比较 20 世纪 30 年代至 40 年代和 20 世纪 50 年代中后期的技术文献，就可以得到证实(见图 3-12、图 3-13)。这说明以“分身分袖施省”立体结构为特征的定型旗袍没有发生在 1949 年以后的中国内地（大陆），同时也标志着定型旗袍真正流行的舞台转向了港台地区，并经由港台学界和业界的推动，形成了香港时尚化和台湾学术化定型旗袍技术文献的完整体系。

1959 年，台北市香港缝纫短期职业补习班印行的缝纫教材《旗袍短装无师自通》[1]，出现了立体裁剪旗袍的制版方法。其结构特征在延续了收腰、收摆的同时加入了侧省，并破开了肩缝，这可以说是改“连身连袖无省”为“分身分袖施省”

[1] 赖翠英 . 旗袍短装无师自通 [M]. 台北：香港缝纫短期职业补习班，1959：21.

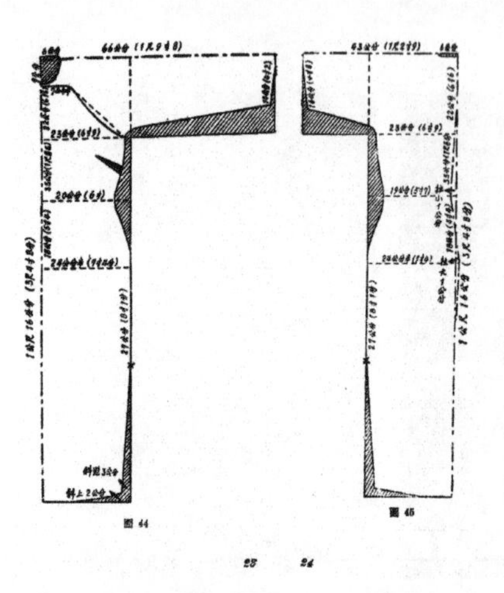

图 3-14　连身连袖施胸省被视为改良旗袍到定型旗袍的过渡特征记录在《妇女春装》(1956 年上海)

最早的技术文献，但作为定型旗袍结构并不彻底(图 3-15)。

1969 年台北京沪祺袍补习班印行的缝纫教材《祺袍裁制法》也具有这个特点[1]，记录有分身分袖施省旗袍的裁制方法，并继承了上海 20 世纪 20 年代至 30 年代红帮裁缝惯用的“祺袍”称谓[2]，海派的古法创新可谓让时代出现了新气象，且流传有序(图 3-16)。

事实上，20 世纪 60 年代的香港比台湾更早进入旗袍的定型时代，这与它更开放的国际大都市的时尚文化有关，因此标志性定型旗袍技术文献的出现早于台湾，具有代表性的是 1966 年由香港万里书店出版的《旗袍裁缝法》，是最早表现标准“分身分袖充分施省”定型旗袍结构的技术文献(见“旗袍三个分期的技术文献”专章)。

经过不到十年的发展，同样的文献也在台湾出现，不同的是伴随着旗袍立体化结构定型，而形成的系统的技术理论，成为了现代旗袍定义的技

[1] 修广翰编著．**祺**袍裁制法[M]. 台北：京沪祺袍补习班，1960：80.

[2] 其中使用“**祺**”字是沿用 20 世纪 20 年代至 30 年代业界为避满汉之争而误用的字，学界并不接受而为 20 世纪 70 年代台湾学界引出了“祺袍正名”事件。

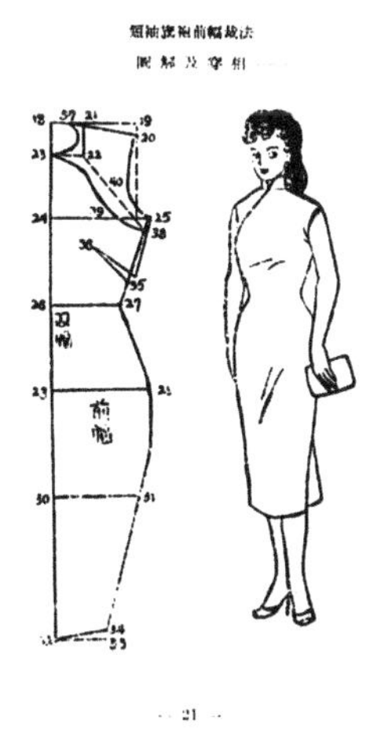

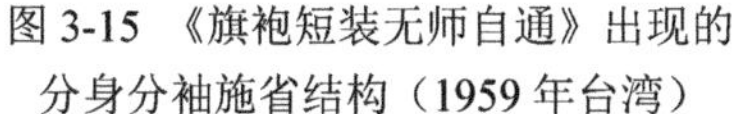

图 3-15 《旗袍短装无师自通》出现的分身分袖施省结构（1959 年台湾）

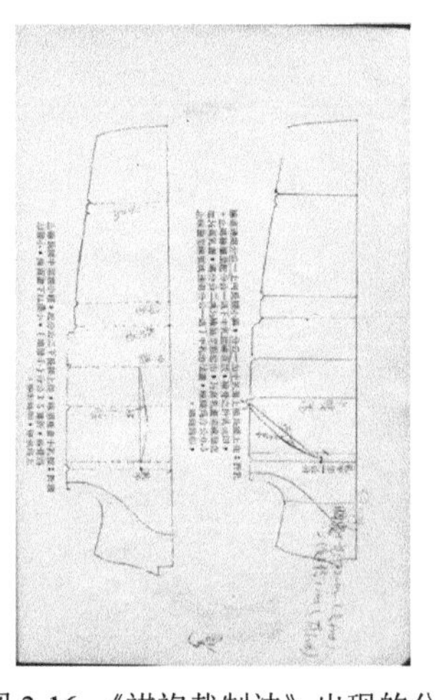

图 3-16 《祺袍裁制法》出现的分身分袖施省结构（1969 年台湾）

术基础。最具代表性的是 1975 年由红帮裁缝传人杨成贵先生在台湾出版的专著《祺袍裁制的理论与实务》❶，其中明确使用了“开肩襟祺袍”，标志着“分身分袖充分施省结构”——定型结构的形成。❷至此，旗袍结构由十字型平面结构完成了向彻底西化的“分身分袖施省”结构的转变，至今在结构上鲜有变化（图 3-17）。这些技术文献大体上记录了改良旗袍通过过渡结构的探索最终确立定型旗袍的真实过程，也说明了旗袍真正进入立体化时代是在 20 世纪 60 年代中叶至 70 年代中叶的香港和台湾地区。

旗袍引入施省结构的情况虽然在 20 世纪 50 年代初就已经初露端倪，但并没有形成完整的立体结构和裁制系统，只是对立体裁剪手法的简单借用。虽然 20 世纪 60 年代中叶在香港地区形成了定型旗袍的完整结构形态，也只是时尚概念。直至 20 世纪 70 年代以台湾地区“中华文化复兴运动”❸为契机，《祺袍裁制的理论与实务》一书的出版，才真

❶ 杨成贵. 祺袍裁制的理论与实务 [M]. 台北：杨成贵印行，1975：98.

❷《祺袍裁制的理论与实务》作为定型旗袍具有里程碑式的技术文献，明确使用了“祺”字，说明在主流学界、行业界“祺袍正名”事件得到响应和推动，也标志着定型旗袍的确立，两个事件对旗袍史学研究具有重要的价值。

❸“中华文化复兴运动”是台湾当局为“复兴中华文化”而开展的思想文化运动，是 1934 年于南昌发动的“新生活运动”的延续，成为台湾地区保护中华文化的标志性事件之一。

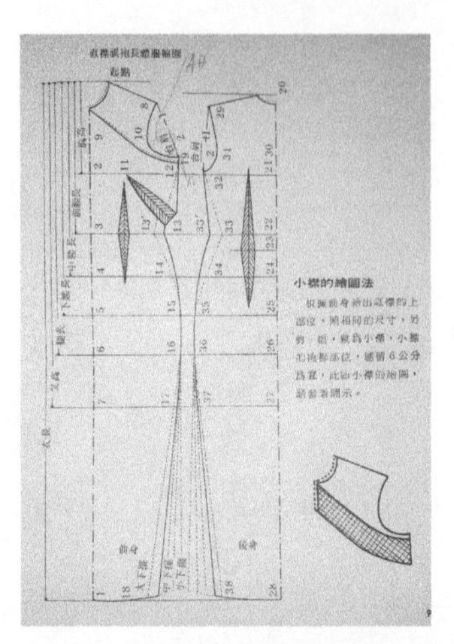

图 3-17　杨成贵《祺袍裁制的理论与实务》成为定型旗袍“祺袍正名”事件后的代表性技术文献（1975 年台湾）

正形成了定型旗袍技术理论的建构。同时相关理论建设的跟进，奠定了定型旗袍的学术基础。《历代妇女袍服考实》一书发表，使得具有西式结构旗袍的民族化问题在结构、称谓、历史沿革方面有了系统化、理论化的初步结论，印证了 1974 年台湾“祺袍正名”事件发生的原因及影响力。因此，将这个时间节点作为定型旗袍的分期依据是符合历史事实的。

五、三个分期“后旗袍”时代没有改变，只有经典

定型旗袍的技术与理论建构影响深远。20 世纪 80 年代，中国进入了现代化的新纪元。1978 年的改革开放，1997 年对香港收回主权，台湾地区“中华文化复兴运动”促进了中华传统文脉得以完整地保护和传承。20 世纪 70 年代，旗袍理论在台湾开始作为国学技艺进入大学教育。最具标志性的是

冯绮文修女 2008 年在辅仁大学授课时的照片

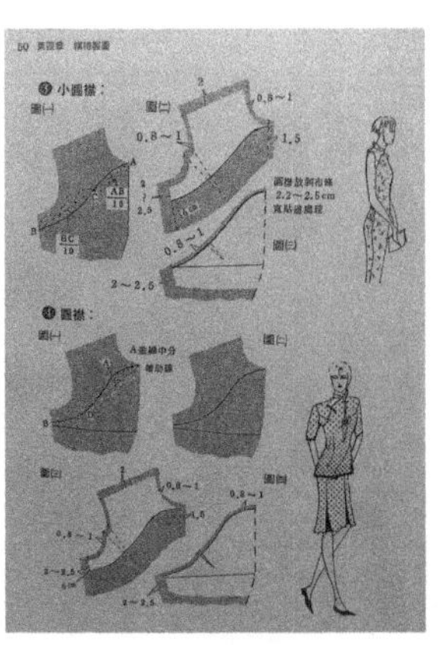

《国服制作》中使用正名后的“祺袍”称谓（1987 年台湾）

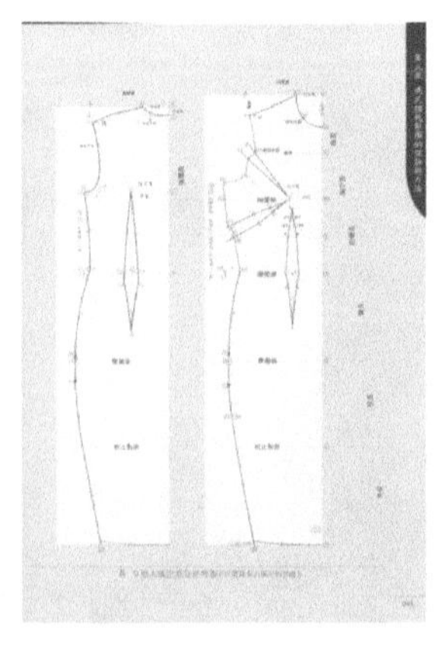

《旗袍制作》中延续了 20 世纪 70 年代定型旗袍结构(2013 年台湾)

图 3-18　台湾冯绮文修女编著的《国服制作》和《旗袍制作》

2013 年辅仁大学出版了《旗袍制作》❶专业教材合订本，共计四件套 12 张 DVD 光盘。该书为冯绮文修女在 20 世纪 80 年代为辅仁大学纺织服装系编写的《国服制作》❷，其作为大学专业教材在社会公开发行。❸原书初版时遵从当时学界的理论共识选用了“祺袍”称谓，2013 年作为大众读物公开出版时，基于社会的共识和历史原因，重新改名为《旗袍制作》。2013 年版《旗袍制作》与 1987 年版《国服制作》的定型旗袍“分身分袖充分施省”结构系统无任何变化，说明这一结构体系稳定发展并沿用了至少 30 余年❹，至今仍成为无可撼动的中华服饰经典（图 3-18）。

香港 20 世纪 80 年代的标志性成果是刘瑞贞 1966 年版《旗袍裁缝法》的修订本（1983 年在香港出版）。在香港，定型旗袍的经典结构和台湾一样得到巩固。通过影视作品宣传、自由贸易、国际交流使香港成为展示旗袍的国际舞台（图 3-19）。

20 世纪 80 年代改革开放初期，随着海峡两岸

❶ 冯绮文编著 . 旗袍制作 [M]. 新北：辅仁大学中华服饰文化中心，2013：45.

❷ 冯绮文编著 . 国服制作 [M]. 新北：辅仁大学中华服饰文化中心，1987：50.

❸ 该书最初为教材但没有公开发行，至 20 世纪 80 年代公开发行，直到 2013 年出版合订本。

❹ 据作者于 2015、2016 年两次赴台湾辅仁大学访学采访冯绮文修女得知，其 20 世纪 70 年代末赴台后，亲手所制的旗袍为“分身分袖施省”的结构。与此同时，杨成贵先生的前雇员，现台北“新华美祺袍专家工作室”的老板林锦德师傅、杨成贵先生遗孀林少琼女士均给出了一致的答复，可见将理论化的“分身分袖施省”结构旗袍作为旗袍立体化改良的完成是可靠的。

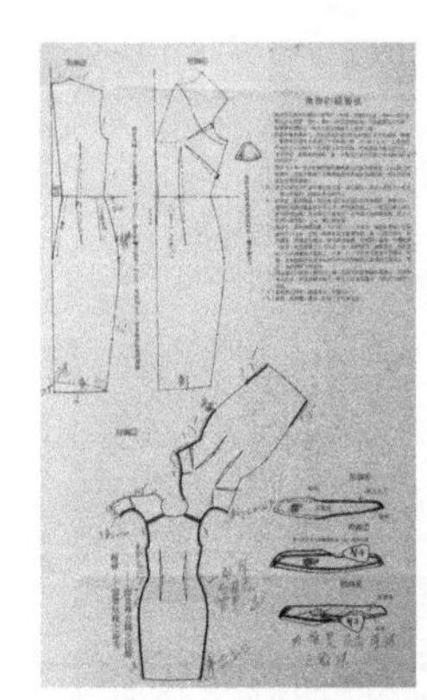

图 3-19　香港 1989 年的技术文献与 1985 年“亚洲小姐竞选”盛况

来源：《百年时尚：香港长衫》

文化交流的增加，学术交流也日益广泛。1981 年，中央工艺美术学院（现清华大学美术学院）染织服装设计系教材《服装造型工艺基础》[1] 由中国轻工业出版社出版，其称谓沿用了民国时期红帮裁缝通行的“祺袍”称谓。但是为了区别改良旗袍和定型旗袍，书中对具有立体结构的旗袍（定型旗袍）采用“中西式祺袍”称谓，对“连身连袖”结构的改良旗袍采用“祺袍”称谓。可见，台湾地区的“祺袍正名”事件并未影响到大陆，这说明此时两岸的学界和民间交流仍没有真正打开。但这种以结构为先导命名改良旗袍（祺袍）和定型旗袍（中西式祺袍）的现象在大陆服装专业进入高等教育教材还是首次。虽未引起学界和业界的重视，但也说明编者至少依循了港台的某些蓝本。“祺袍”称谓在业内的使用是一直具有延续性的，特别是旗袍文化在港台地区保持了良好的传承性，使内地（大陆）得以完成这种大中华技术文献的最终整合，使旗袍的三个分期变得完整、清晰、可靠（图 3-20）。

[1] 中央工艺美术学院服装研究班编著. 服装造型工艺基础[M]. 北京：中国轻工业出版社，1981：224-225.

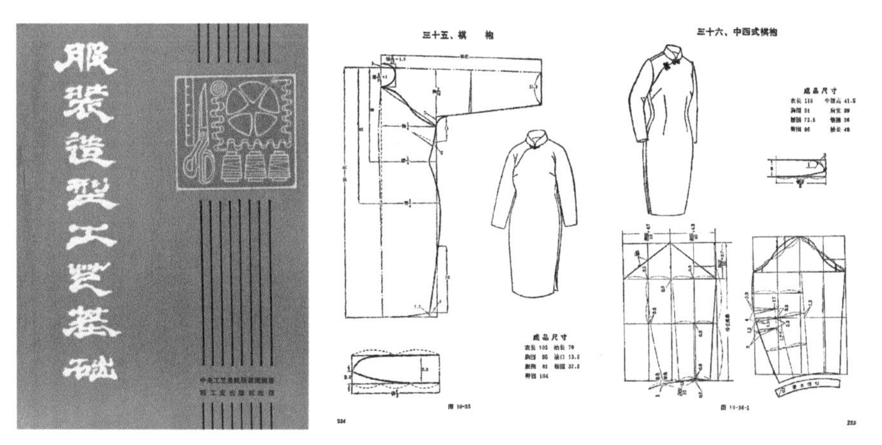

图 3-20　国内（不包括港台）最早同时记录改良旗袍和定型旗袍的高等教材《服装造型工艺基础》（1981 年）延续了民国海派的“祺袍”称谓

在大陆学界虽然没有像台湾学界针对从改良旗袍到定型旗袍结构蜕变发起了正名运动，但大陆业界还是敏感地意识到，定型旗袍已经成为中华服饰经典的事实，“旗袍”也成为国际共识，再用民国时期的“祺袍”称谓多有不便，恢复一直以来大众化而带有掌故的“旗袍”称谓，已经成为各地，无论是学界还业界的默契。然而这却带来了改良旗袍和定型旗袍在结构上的模糊，由于改良旗袍在技术文献中的缺失，误认为定型旗袍就是跨越三个分期的标志形态。1982 年北京育美服装学校印行的《时装裁剪》[1]中专教材就普遍采用“分身分袖施省”的定型旗袍和通用的“旗袍”的称谓，这种情况一直延续到今天（图 3-21）。

对技术文献的考证说明，在改革开放初期，学界已经注意到旗袍结构变化所带来的称谓问题，但由于理论研究的滞后，尚未开展改良旗袍和定型旗袍的学术探索，故引入台湾学界的成果为旗袍的三个分期填补了重要的实证。尽管这一现象相较台湾

[1] 朱震亚编绘 . 时装裁剪 [M]. 北京：育美服装学校，1983：68.

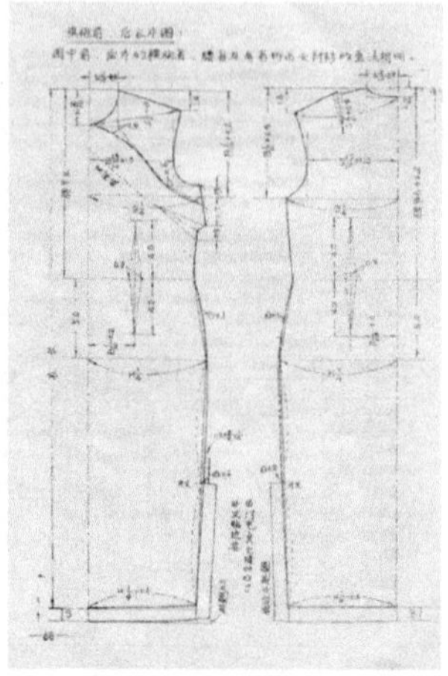

图 3-21　惯用“旗袍”称谓的国内（不包括港台）技术文献《时装裁剪》(1982 年)

“祺袍正名”事件晚了近八年，且最终没有能够形成像《历代妇女袍服考实》一样针对旗袍的理论考据成果[1]，但终归使两岸多元一体文化特质和机制得到了相互补证。

自此，中华定型旗袍的结构基本确定，至今鲜有重大变化。然而现实生活是一回事，学术又是另一回事，不能混淆。呈现给现实生活的事项要经过学术检验，否则受众的信息就会有副作用。现在，人们一说“旗袍”二字，大多联想到的并不是古典旗袍或改良旗袍，浮现在人们脑海中的其实是脱胎换骨的、具有“分身分袖施省”结构的定型旗袍。单纯地说，“旗袍”普遍会被认为是定型旗袍的一切形态，即分身分袖施省结构，这样仅仅是在以名举实且未尽其实，更远远没有达到以辞抒意的层次。由于学术的缺失，出现了电影《危险关系》中“关公战秦琼”的善意欺骗就不足为奇了。研究“旗袍”到“祺袍”称谓变化及其所包含的结构变革，是旗袍有关分期的史学研究所不能绕开的。

[1] 改革开放后标志性成果，沈从文编著的《中国古代服饰研究》于 1981 年 9 月首次出版，其中当然不可能涉及清末民初时期服饰的专题研究。至今，对这一段的史学整理和学术研究也几乎为空白。

六、旗袍分期和易名的史学问题

旗袍的三个分期是基于文献梳理得出的，特别是对当时技术文献的研究，它以服装结构形态出现的时间节点、真实客观的记录而使人无法怀疑。20世纪30年代以前为旗袍的古典时期，连身连袖十字型直线平面结构是它的基本特征，古典旗袍是清代袍服在满族旧俗的基础上继承汉制的集大成者。20世纪初叶，旗袍经过一段时间的蛰伏，以20世纪30年代中叶为时间节点，开始出现立体意识，改良之初的旗袍虽然承袭了古典旗袍连身连袖无省的十字型平面结构，但已经有了曲线腰身，这便是改良的成果，在结构上也只是有了细微差别——连身连袖无省十字型曲线平面结构，也因此掀起了一场旗袍的易名运动，实际上最初是因文化界发现旗袍已经“物是人非”而引发的，如“颀袍”“褀袍”“中华袍”等。直到1949年后，台湾的学界和业界联合终结了这种争辩，标志着改良旗袍的终结、定型旗袍的诞生，这就是为什么把改良旗袍定位在20世纪30年代至50年代的依据。20世纪60年代，旗袍开始引入西式的立体裁剪系统，经历了从收腰、收摆、施侧省到破肩缝、充分施省的立体结构的转变，在旗袍西化的进程中向前走出了一大步。随后经历了长达近20年的发展，至20世纪70年代中期，旗袍在港台地区通过业界和精英群体的推动，完成了彻底的结构西化并形成了完整的技术理论体系，台湾专门机构据此更名了“褀袍”的称谓，并完成了其形制、结构和技术的理论构建。因此，它对于全球华人的影响力远大于以往的古典旗袍和改良旗袍，它几乎可以掩盖改良旗袍的强势风尚，而使大陆地区改良旗袍和定型旗袍完全混淆。事实上“分身分袖施省立体曲线结构”在20世纪60年代之前从未出现过，当时的技术文献也印证了这个结论，当然还要有考物的证据（见第十章、第十一章）。由此可见，考证旗袍称谓及其相对应的物质形态，作为旗袍分期的依据是具有史学意义的（见图10-1～图10-3）。

旗袍自产生到定型共经历20世纪30年代以前的古典时期、20世纪30年代至50年代的改良时期和20世纪60年代至70年代的定型时期，根据其对应的典型结构特征分别为古典时期的连身连袖十字型直线平面结构、改良时期的连身连袖十字型曲线平面结构和定型时期的分身分袖施省的立体曲线结构，其形制与结构的发展脉络形成了旗袍三个分期清晰的时间节点和造型演进的结构图谱（表3-1）。特别是20世纪60年代以后的定型旗袍，在旗袍发展过程中具有分水岭意义，自此以后的旗袍所采用的“分身分袖施省”的立体结构是对传统华服十字型平面结构系统的彻底颠覆。值得研究的是，据此得到世界经典华服的誉名比任何时期都要充分和持

表3-1　旗袍发展三个时期的形制特征

年代	典型结构特征	
20世纪30年代以前（旗袍古典时期）	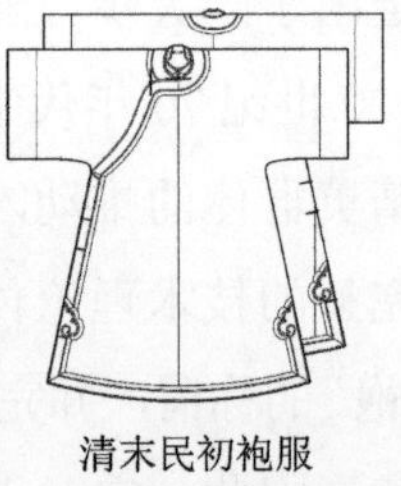 清末民初袍服 十字型平面结构	 民国倒大袖旗袍 十字型平面结构

续表

年代	典型结构特征		
20世纪30年代至50年代（旗袍改良时期）	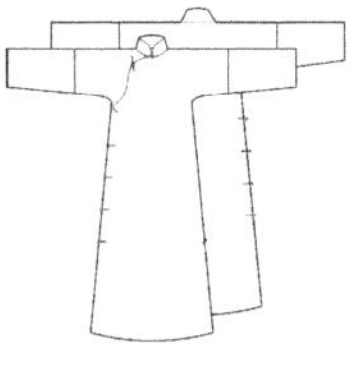 改良初期十字型平面结构	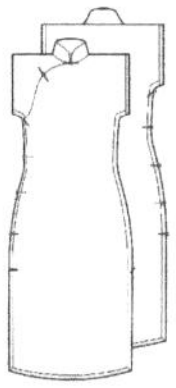 改良中期十字型曲线平面结构	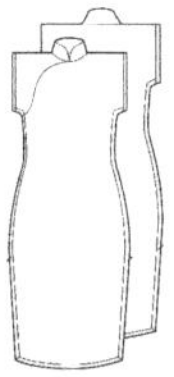 **改良末期十字型曲线平面结构（强调窄摆）**
20世纪60年代至70年代（旗袍定型时期）	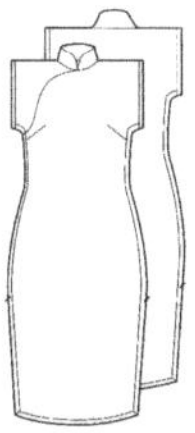 定型初期十字型平面曲线施省结构	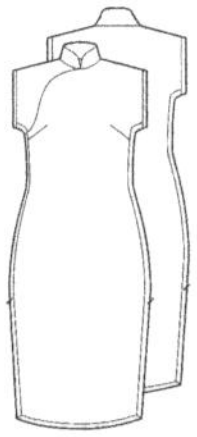 定型中期分身施省结构	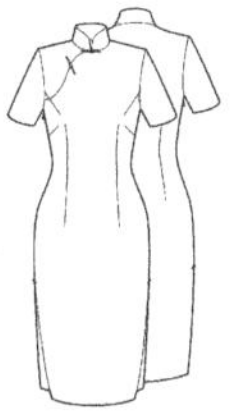 定型期分身分袖充分施省结构

注：图示依据前文所提到的技术文献综合信息整理绘制

久，也比任何一个时期都缺少所谓的中国元素，但又比任何一个时期都更能体现中国精神。

在考古界，从“司母戊鼎”到“后母戊鼎”的正名事件被视为学术佳话。近现代服装史研究中，台湾学界从“旗袍”到“祺袍”的正名同样有史学价值，因为旗袍诞生伊始就伴随着易名之辨。虽然学术上始终没有定论，但易名也伴随着旗袍分期成为了事实。旗袍自初兴之日起便承担了一种文化符号同构的作用，促进着民族融合，它既是满俗的继承，也是汉制的再兴。20世纪20年代至30年代，“旗袍”称谓广泛出现在民国时期的文学作品之中，社会精英的推动渐成民族集体意志，使之发展成为一个大众普遍认可的文化符号，其存在意义远远超过了服饰的范畴，而是以大众为主导的服饰伦理文化的重构。因此，文化界鉴于“旗袍”与“清代旗女袍服”的文化差异，提出“颀袍”称谓；业界依据“旗袍”与“清代旗女袍服”的结构差异，望音生义地创造出了海派“祺袍”称谓，这两种具有改朝易服时代记忆的称谓虽没有形成广泛的传播，但不可否定，它们在旗袍改良过程中都起到了重要的作用。

20世纪70年代中叶，改良旗袍在形制和技术上已经完全脱离了传统旗袍的结构特征，形成了“分身分袖施省”的现代旗袍结构。就史学的科学性和严肃性而言，不论是“旗袍”“祺袍”或是“颀袍”的称谓都会为这段重要的历史记录下真实的信息。为了避免后世对旗袍分期的漠视和误解，也是本着严谨的学术态度，“祺袍”称谓被台湾学界联合业界、教育界、工商界等重新确立为现代定型旗袍的称谓。“祺”乃祥瑞之意，传承华夏文脉，包含了人们对于美好生活的期许，且与“旗”字同音，并承袭了历史对“祺”字探异的事实，易于社会大众理解，激发人们对这段历史考实的兴趣。从修辞的意义上讲，如果说之前的解释为“信”“达”的话，后边的解读就是“雅”。将“旗袍”和“祺袍”合意之“祺袍”，予服饰增添了人文意味的憧憬。它不再仅仅是一种服装样式的名称，而是祥瑞之袍、华美之袍，也正满足了“以辞抒意”的终极目标，亦是当初以王宇清教授为代表的学者融“旗袍”和“祺袍”之形，抒“祺袍”之意的初衷。

旗袍发展过程中称谓的不断变化，一方面体现了语言与物质、文化、历史的对应性，另外一方面也表现出旗袍研究的学术生态，这对于旗袍分期研究至关重要，也是两岸学者需要正视的。旗袍从清末民初至今不过百年的时间，相对于五千年的中华文明史不过是沧海一粟。然而，直至定型旗袍才真正结束了十字型平面结构一统天下的局面。无论是物质形态还是文化含义都成为具有划时代的意义，而“旗袍”称谓仍然无法摆脱“旗人袍服”的印象，不能表达它所处时代的真实性。历史上业界所使用的“祺袍”和文化界提倡的“颀袍”称谓更像一种权宜之计，但的确具有区分“清代旗女袍服”和“改良旗袍”的作用。而后世所形成探索性的“中西式祺袍”等称谓，在一定程度上起到了区分结构差异的作用，就学术而言的确是一种缺乏理论指导的暂行办法，当然不符合“以名举实，以辞抒意，以说出故”的思辨理念和释史功能。

为了提高学术研究方面的严谨性，也为了证明称谓的“释史”功能及其与结构的关系，辩证地区分“旗袍”这一形制的服装在结构上与“清代女子袍服”所存在的差异，以及结构上对十字型平面结构系统的超越，称谓正名变得非常重要。定型旗袍已经具备构成一种独立品类服装的基本要件，用“旗袍”以概括之，缺乏学理的系统性，这种先入为主的主观记史容易使人误解为旗袍所处的历史时期并未发生重大变革，这与事实不符，在学术上也不够严谨。修正其为“祺袍”，提高了学术的严肃性，同时又赋予其特殊历史考案的正释，是承古正今之举。

称谓正名的过程既具有必要的史论研究价值，同时又是结构变化所引导的史学“自正”行为的学术探索。经由称谓问题入手，将落脚点放在结构形态的释读上，为旗袍史学研究提供结构信息的补充，成为旗袍结构分期的重要引导，是研究旗袍文化史和理论溯源的重要基石。

第四章

清末民初旗袍初现的社会背景

中国近代史是一部命运多舛的历史。传承五千年的东方农耕文明与西方工业文明在碰撞中相互促进、交融前行，生产生活方式与价值观的转变，促成了中国传统服饰自发性改良的现代化进程，旗袍自发生、发展到最终定型的百年历程，正是这段历史的真实写照与缩影。时隔百年，回眸历史，“一九二一年，女人穿上了长袍”，张爱玲发表于1943年12月的《古今》中《更衣记》里的一句描述，牵出了旗袍的由来。

追溯《更衣记》中提到的时间线索，通过对国家图书馆的民国中文期刊数字资源库、中国历史文献总库的民国图书数据库、CADAL数据库、大成故纸堆（老旧期刊）及上海图书馆全国报刊索引资料库等大数据有关民国旗袍文献资料检索发现，20世纪初最早出现对旗袍称谓和形制较为完整描述的文献是1921年1月26日《解放画报》第七期的《旗袍的来历和时髦》[1]（图4-1），其记载了自清朝入关后至当时旗人女子袍服流行的情况。文章中文字

[1] 病鹤画并注．旗袍的来历和时髦[J]. 解放画报，1921（7）：6.

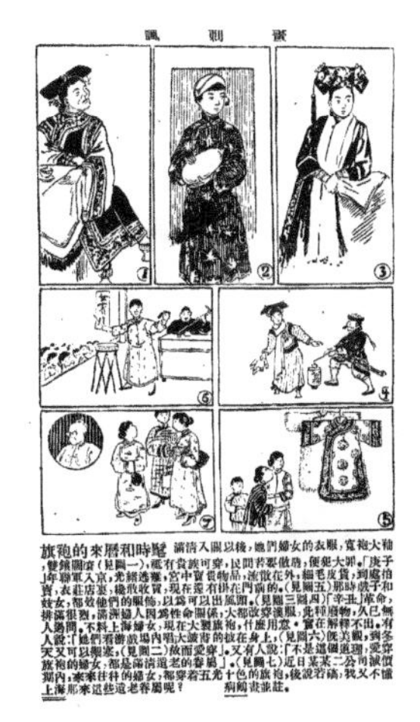

諷刺畫

旗袍的來曆和時髦 滿清入關以後，她們婦女的衣服，寬袍大袖，雙鑲闊滚（見圖一），祗有貴族可穿，民間若要做傚，便犯大罪。「庚子」年聯軍入京，光緒逃難，宮中寶貴物品，流散在外，細毛皮貨，到處拍賣，衣莊店裏，[illegible]收買，現在還有掛在門前的。（見圖五）那時戲子和妓女，都效他們的服飾，以為可以出風頭。（見圖三圖四）「辛亥」革命，排滿很烈，滿洲婦人因為性命關係，大都改穿漢服，此種服物，久已無人過問。不料上海婦女，現在大製旗袍，什麼用意，實在解釋不出。有人說：「她們看游戲場內唱大鼓書的披在身上，（見圖六）既美觀，到冬天又可以禦寒，（見圖二）故而愛穿」。又有人說：「不是這個道理，愛穿旗袍的婦女，都是滿清遺老的眷屬」。（見圖七）近日某某二公司减價期內，來來往往的婦女，都穿着五光十色的旗袍，倘說若確，我又不懂上海那來這些遺老眷屬呢？ 病鶴畫並註。

图 4-1 《旗袍的来历和时髦》

来源：《解放画报》（1921 年）

部分对旗袍初兴的时间、地点、历史因素及社会背景进行了简要阐述，图像部分重点描绘了与文字相匹配的服饰样貌，且技法娴熟、描绘准确，为追考旗袍的来历提供了重要线索。

一、旗装[1]汉制

据病鹤[2]1921 年《旗袍的来历和时髦》的描述：

> 满清入关以后，她们妇女的衣服，宽袍大袖，双镶阔滚，只有贵族可穿，民间若要仿造，便犯大罪。

这明显说的是旗装汉制，而这个过程并不那么简单。

清初满族初入中原，秉承骑射传统，以袍褂为主服，不论男女均窄衣窄袖，并未强制汉人效之，汉族女子延续了宋明以来华服褒衣博带的传统，以袄褂等上衣下裙或袴（裤）为主服，是汉民族自古

[1] 旗装：大量出现于民国报刊，如 1914 年的《戏考》杂志、1922 年的《快活》杂志，泛指清代旗人女子常服，一般由“便袍”“旗头”“马褂或马甲”“高底鞋”等组成。

[2] 苏雪林（1897 ～ 1999 年），笔名病鹤、绿漪、灵芬、老梅等。民国初年著名女作家，一生从事教育，先后在沪江大学、国立安徽大学、武汉大学任教。后到台湾师范大学、成功大学任教。她笔耕不辍，被喻为文坛的常青树。曾任上海《女子周刊》杂志主编兼主笔，系著名哲学家、教育家冯友兰表妹。

圆领大襟蓝色缎龙纹八团吉服袍

盘领斜襟红色妆花缎汉妆女蟒袍

图 4-2　清早期满汉女袍不同形制共存

来源：李雨来藏

以来典型的上衣下裳制。清朝入关后推行剃发易服，受到强烈反抗，最终为了缓和民族矛盾而实行了“十从十不从”的政策，其中便有“男从女不从”一说，即男子一律剃发改着满式袍褂，而女子梳原来的发髻并且衣装不变。该条例未载正史，但在民间流传甚广（形成文字记载则是民国以后），清代女子服饰由此形成了满汉两式服装系统。张爱玲在《更衣记》中如此描写：

> 发源于满洲的旗装自从入关之后一直与中土的服装并行着的，各不相犯。❶

所考民间传世实物也证实了这一点（图 4-2）。

实际在整个清朝，官方始终是尊满抑汉的，但根源强大的汉文化不停地在暗流涌动。职官冠服僭越、追求物质舒适享乐，甚至易改汉服的势态屡现，女装更是如此。就像张爱玲在《更衣记》中所说：

> 旗下的妇女嫌她们的旗袍缺乏女性美，也想改穿较妩媚的袄裤，然而皇帝下诏，严厉禁止了。

❶ 张爱玲．更衣记 [J]. 古今，1943（12）：25-29.

崇德元年十一月，皇太极临幸凤凰楼，召集诸王和文武百官，命弘文院大臣宣读《金史·世宗纪》，以金世宗完颜雍的事迹告诫诸王大臣，据太宗文皇帝实录记载：

> 世宗即位，奋图法祖，勤求治理，惟恐子孙仍效汉俗，预为禁约。屡以无忘祖宗为训，衣服语言，悉遵旧制，时时练习骑射，以备武功。虽垂训如此，后世之君，渐至懈废，忘其骑射。至于哀宗，社稷倾危，国遂灭亡。乃知凡为君者，耽于酒色，未有不亡者也。先时儒臣巴克什达海、库尔缠屡劝朕改满洲衣冠，效汉人服饰制度。朕不从，辄以为朕不纳谏。朕试设为比喻，如我等于此聚集，宽衣大袖，左佩矢，右挟弓，忽遇硕翁科罗巴图鲁劳萨，挺身突入，我等能御之乎。若废骑射，宽衣大袖，待他人割肉而后食，与尚左手之人何以异耶。[1]

此皇帝圣训严重了，甚至悉尊旧制可承江山社稷大业，垂训族人勿忘初心。事实上，整个清朝为了有效统治以汉文化为主流的广大疆域，从来就没有放弃过汉统褒衣博带的宗法礼制。

康熙二十四年，仁皇帝实录记载：

> 凡服饰等项，久经禁饬，近见习俗奢靡，服用僭滥者甚多，皆因该管各官，视为具文，并未实行稽察，以至不遵定例。嗣后必须着实奉行，时加申饬，务期返朴还淳，恪遵法制，以副朕敦本务实，崇尚节俭至意。[2]

其中“返朴还淳”“崇尚节俭”都是针对汉族服饰“宽袍大袖”所言。

[1] 李澍田主编．清实录 东北史料全辑 2[M]. 长春：吉林文史出版社，1990：72-73.

[2] 铁玉钦主编．清实录 教育科学文化史料辑要 [M]. 沈阳：辽沈书社，1991：602.

雍正五年正月，世宗宪皇帝圣训记载：

> 满洲风俗，原以淳朴俭约为尚，近渐染汉人习俗，互相仿效，以致诸凡用度皆涉侈糜，不识撙节之道……务使咸知朕意，各图俭约，以副朕轸恤优待旗人之至意。[1]

显然是汉人褒衣博带的习俗“用度皆涉侈糜”，为了复兴本族“撙节”之道，不惜“轸恤优待”。可见当时汉俗之盛，两百年后出现亦满亦汉的旗袍又有什么奇怪呢。

尽管清代诸皇悉遵满俗，钦定服制，拒汉式服装于宫阙之外，却未能延缓满汉服饰文化融合的步伐。嘉庆、道光以后，宽袍大袖成为主流，女袍装饰“镶滚嵌线”无所不用，遗留至今的传世标本作为实物史料提供了可靠的实证：

> 清同治、光绪时期，有关满族妇女衣袖宽大踰度问题再也无人议论。有学者认为，这与慈禧太后干政有着直接的关系。这种看法不无道理。简言之，坚炮利舰打开了大清王朝的封闭之门……[2]

“她们妇女的衣服，宽袍大袖，双镶阔滚”成为满族妇女的时尚。同时，汉式女装也一改自唐宋流传而来的“盘领”，改用满族特有的“圆领”，说明中华民族服饰文化的影响绝非是单向的（图 4-3）。

清朝官方不主满汉通婚，此事虽未列入大清律例，但满族入关后两百余年基本遵守，但历史上仍有诸多案例，且多发自八旗汉军。满蒙汉八旗内部通婚已成事实，皇室中也并不少有。例如，康熙帝生母佟佳氏，为正蓝旗汉军抬旗[3]

[1] 中国第一历史档案馆编. 雍正朝汉文谕旨汇编第 10 册 世宗圣训 [M]. 桂林：广西师范大学出版社，1999：399.

[2] 房宏俊. 清代后妃便服的发展演变及旗袍称谓的产生 [EB/OL].https：//www.douban.com/note/258618872/，2013-01-18/2018-7-9.

[3] 抬旗，指清朝旗人为了提高出身而抬升旗籍的制度。清朝建立后，正黄旗、正白旗、镶黄旗为上三旗，直属皇帝，其余五旗为下五旗。康熙朝后，皇后（包括被追封皇后）和贵妃，其母家在下五旗者，皆编入上三旗以提高身份。此外还有出旗，即愿意做普通百姓之旗人，可以脱离八旗组织，不再承担八旗的义务，但也不再享受八旗的福利，即出旗为民。

满族粉色纱绣蝶恋花纹衬衣
来源：王金华藏

汉族石青色缎绣八团花卉纹袄
来源：李雨来藏

图 4-3　晚清满汉女袍宽袍大袖形制渐成时尚

入满洲镶黄旗；嘉庆帝生母孝仪纯皇后魏佳氏，为正黄旗汉军抬旗入满洲镶黄旗。这种戒律的实质是为了避免大规模满汉通婚导致异族人口膨胀，动摇八旗制度，最终造成八旗旗民特权丧失的结果。因此满族女子服饰制度也藉由此举被限制在满蒙汉八旗贵族之内。[1]汉族命妇（除八旗汉军），不论官阶、品级亦不可着旗装；汉族官员（除八旗汉军），不论爵位、官阶、品级如何，其妻妾均不可着旗装。[2]然而，汉人在清朝满人统治下做官，汉制服饰怎么可能独善其身呢？因此在官服中像圆领大襟、马蹄袖、顶戴和补子制式是不分满汉的中华徽帜，大量传世服饰及祖先画像史料都真实地记录了这一社会现象（图 4-4）。可见病鹤说清朝入关满尚汉俗“只有贵族可穿，民间若要仿造，便犯大罪”。说明“满尚汉俗”并不是一种赶时髦的行为，而是继承了汉统的礼制。这是基于异族统治的必然结果，否则也不可能维系清朝近三百年的稳固统治。因此，旗装一开始就是一个民族融合的产物，这是符合历史事实的。

❶ 乾隆三十年：“军机大臣等议覆。锦州副都统常在奏称……蒙古、锡伯、巴尔虎。汉军包衣佐领下之女，照满洲例，禁止与汉人结亲。”这样除外八旗汉军之外形成了清代旗女不外嫁的政策。中华书局影印.清实录 高宗纯皇帝实录 卷七四八[M].北京：中华书局，1985：10.

❷ 清代凡汉族命妇，以凤冠、霞帔作为礼服。清康熙时期陈元龙编《格致镜原》引用明代周祈《名义考》中对命妇服装的解释，说明清代命妇服制仍然延续了明代的制度：“今命妇衣外以织文一幅，前后如其衣长，中分而前两开之，在肩背之间，谓之霞帔。”清代汉族命妇礼服，承袭明制用凤冠、霞帔，不同之处在于清代出现了流苏装饰，造型工艺也大为变化。霞帔成为清代汉族命妇专用的服饰，前中缀以补子，补子所绣图案纹样，一般都根据其丈夫或儿子的品级而定，唯独武官的母、妻不用兽纹而用鸟纹。

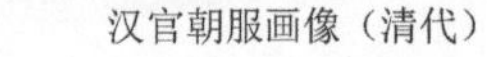

汉官朝服画像（清代）
来源：成都八益拍卖 2012 年春季拍卖会
钤印：渭南严氏，严桂生旧藏

汉族祖先画像（清代）
来源：北京保利国际拍卖有限公司 2014 年中国书画拍卖会

图 4-4　清代汉官妻穿汉式袄裙及霞帔，缀同品级补子

二、旗装在民间初兴的践行者

病鹤在《旗袍的来历和时髦》中说：

> “庚子”年联军入京，光绪逃难，宫中宝贵物品，流散在外，细毛皮货，到处拍卖，衣装店里，竟敢收买，现在还有挂在门前的。那时戏子和妓女，都效他们的服饰，以为可以出风头。❶

这是旗人服饰流入民间的一个重要事件❷。为什么是率先被戏曲演员和艺妓接纳❸，实际情况是怎样的？

时年，列强欺凌过甚，激起中国百姓普遍的愤恨，义和团运动兴起，以“扶清灭洋”为号召，拔电杆、毁铁路、烧教堂、杀洋人和排教民。清政府听信义和团能够刀枪不入，有杀光洋人之攻势，便于光绪二十六年五月二十五日对十一国宣战。为扑灭义和团的反帝斗争，英、美、法、俄、德、日、意、奥八国组成的联军，于 1900 年 6 月由英国海

❶ 病鹤画并注．旗袍的来历和时髦 [J]. 解放画报，1921（7）：6.

❷ 旗人服饰第二次大规模流入民间是 1924 年 10 月冯玉祥发动北京政变后，修改清室优待条件，包括溥仪在内的清室成员一概迁出紫禁城皇宫。

❸ 旗袍产生初期（20 世纪 20 年代）被精英社会广泛诟病也与此有关，病鹤就生活在那个年代，故其记述还是真实可靠的。

军中将西摩尔率领，从天津租界出发，向北京进犯，史称庚子国难。光绪、慈禧仓促西逃，宫中宝物、细软由此流散民间，或被收藏，或被改制，还有部分被外籍商人收购流散于海外。民间首次公开见识到清宫服饰的华美，而争相效仿，尤其是戏曲演员和妓女。所以就有了这样的说法：

> 戏子和妓女，都效他们的服饰，以为可以出风头。[1]

其着旗人服饰以招揽生意确有其事。1921年，上海《礼拜六》杂志刊文《旗袍〈调寄一半儿〉》诗词作品，记述了戏曲小旦与妓女着旗女袍服的场景，他们是最早穿着旗袍的两类主流群体。

这是《旗袍〈调寄一半儿〉》描绘旦角着旗装的情景：

> 错疑格格那边来，试话前朝已心灰，郎君若个四郎才，共登台，一半儿清朝，一半儿汉。着旗袍者，绝似南北和京戏中旦角。[2]

这是《旗袍〈调寄一半儿〉》描绘妓女着旗装的情景：

> 与郎安稳度良宵，立着灯前脱锦袍。不妨穿错在明朝，变娇娇。一半儿堂皇，一半儿俏。[3]

戏曲演员着旗装[4]成一时风尚。1914年上海《戏考》[5]、1928年《上海画报》[6]刊梅兰芳先生的旗装照（图4-5），1915年上海《小说新报》[7]刊天津第一名花旦贾玉文旗装照，1927年天津《京津画

[1] 病鹤画并注．旗袍的来历和时髦[J]. 解放画报，1921（7）：6.

[2] 朱鸳雏．旗袍《调寄一半儿》[J]. 礼拜六，1921（101）：34-35.

[3] 朱鸳雏．旗袍《调寄一半儿》[J]. 礼拜六，1921（101）：34-35.

[4] 旗装，成为当时流行的称谓，从称谓到形制都可以视为旗袍诞生的前身，即古典旗袍的前身。从影像上看为便袍、短马甲、旗头、高底鞋等系列服饰成为旗装的统称

[5] 佚名．名伶小影——旗装之梅兰芳[J]. 戏考，1914（5）：1.

[6] 佚名．梅兰芳之旗装[J]. 上海画报，1928（359）：1.

[7] 佚名．天津第一名花贾玉文旗装小影[J]. 小说新报，1915（4）：1.

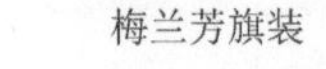

梅兰芳旗装　　　　孟小冬旗装

来源：《上海画报》(1928 年)　来源：《京津画报》(1927 年)

图 4-5　20 世纪初戏曲演员着旗装成一时风尚

报》[1]刊孟小冬旗装照（图 4-5）均如出一辙，此类影像史料流传甚多，可谓那个时期的一道风景（图 4-5）。

清代旗人服饰自此以后被传统戏曲收纳，成为京剧旦角，尤其是正旦、花旦和闺门旦的重要行头一直延续至今。1936 年《京戏杂志》第 3 期刊文《衣服》详细记载了京剧服装的品类，其中就有“旗衣”一项，并对旗衣款式、用料、纹样做出说明：

> 旗衣，专为扮满洲蒙古妇人所用。其样式，用绸缎，或绣花与否，均可。小领、大襟、纽绊、长及足，不带水袖。惟穿时，或再加马褂，或坎肩。其样式，与剧中之马褂坎肩略同，不过花样尺寸小于耳。按旗衣，乃清朝衣服。剧中百年以来，才有穿者，然纯自时装性质。在数十年前，纯系脚（角）色自备之衣。衣箱中，尚不预备。[2]

该描述结合梅兰芳、贾玉文先生旧照及同时期影像史料可以确定，此“旗衣”即“旗装”，其为“小领、大襟、纽绊、长及足”专指旗人便袍，故宫博

[1] 佚名 . 孟小冬旗装 [N]. 京津画报，1927-8-25（2）.

[2] 紫罗兰 . 衣服 [J]. 京戏杂志，1936（3）：27.

图 4-6 20 世纪初艺妓穿旗装成为时尚
来源：《北清大观》（1909 年）

物院藏大量清代传世实物显示，“便袍”称谓系当代学术界所认可的说法。[1] 文中谓“旗衣”在数十年前纯系角色自备，其时间节点正与“庚子国难”后清宫服饰流落民间，戏曲演员争相仿效的时代背景不谋而合，他们成为旗袍首倡人群也恰逢其时。

使旗袍初兴的另一个特殊群体是艺妓[2]。1909 年天津山本照相馆出版的《北清大观》就有明确注明“艺妓”的照片（图 4-6），其人物无头饰、身着长袍、脚踏高底鞋，是旗人妇女的典型装扮，但从其形象可知绝不可能为清代贵族。可见僭越礼制是国家体制混乱的写照，成为晚清灭亡的标志，但又为共和自由的民主精神带来了契机（图 4-6）。

与此同时，中华大地战事四起。南有兴中会杨衢云、孙中山等人领导的乙未广州起义[3]等革命运动，北有英、法、德等八国联军入侵[4]。八旗旗民特权阶层的地位岌岌可危，革命党、起义军、新兴买办、官僚资产阶级成为推动社会体制改革的多种势力，不变的是都以汉人为主导。外忧内患之中的

[1] 严勇，房宏俊，殷安妮主编. 清宫服饰图典 [M]. 北京：紫禁城出版社，2010：212. 从形制上看，宫廷中的便袍就是当时社会惯用的“旗衣”。

[2] 艺妓即舞女，虽与妓女有所区别，但在当时的中国社会，“艺妓”不像日本形成高雅艺术的特殊群体“歌舞伎”，而是更加偏重色情业。

[3] 1895 年农历九月初九重阳节由兴中会领导人杨衢云、孙中山、陆皓东、郑士良等人发动的乙未广州起义（乙未广州之役），即第一次广州起义。广州市越秀区人民政府地方志办公室，广州市越秀区政协学习和文史委员会主编. 越秀史稿 第 4 卷 清代 下 [M]. 广州：广东经济出版社，2015：92.

[4] 八国联军侵华战争指公元 1900 年 5 月 28 日，以当时的大英帝国、美利坚合众国、法兰西第三共和国、德意志帝国、俄罗斯帝国、日本帝国、意大利王国、奥匈帝国八个国家组成的对中国的武装侵略战争。

清政府，也许是为了向国际社会传达“改革”的决心，也许是为了拉拢“绿营”[1]“新军”[2]等汉军，也许是为了使旗人融入汉族，以避免未来汉族革命成功后被清算的命运，也许是恍悟戊戌变法中梁启超所倡《变法通议——论变法必自平满汉之界始》民族平权的重要性。不论出于何种政治目的，满汉不得通婚的“旧例”得以被解除，满汉文化沟通愈发加强，旗人服饰由此大量引入汉式元素，而这种征兆早在清朝灭亡前就开始了。

光绪二十七年，德宗景皇帝圣训：

> 朕钦奉慈禧端佑康颐昭豫庄诚寿恭钦献崇熙皇太后懿旨，我朝深仁厚泽，沦浃寰区。满汉臣民，朝廷从无歧视。惟旧例不通婚姻，原因入关之初，风俗、语言或多未喻，是以著为禁令。今则风同道一，已历二百余年，自应俯顺人情，开除此禁。所有满汉官民人等，著准其彼此结婚，毋庸拘泥。[3]

因此旗袍作为满汉联姻的标志从不缺少传统文化的基础，戏曲演员和艺妓便成为旗袍初兴的践行者。

三、民国初年排满时局与北洋《服制》

晚清清退民进，“排满”与民族运动空前高涨：

> “辛丑”革命，排满很烈，满洲妇人因为性命关系，大都改穿汉服，此种废物，久已无人过问。[4]

1901年9月7日，《辛丑条约》在北京签订。该条约是帝国主义列强强加给中国的又一奴役性条

[1] 绿营：清代军制，汉兵用绿旗，称绿营兵或绿旗兵。俞鹿年编.历代官制概略[M].哈尔滨：黑龙江人民出版社，1978：590.

[2] 清政府在《辛丑条约》后，以袁世凯的新建陆军为基础，设练兵处，办武备学堂、讲武堂，训练军官。1905年编成北洋新军六镇，每镇辖步、骑、炮、工、辎，共12512人。中华书局辞海编辑所修订.辞海试行本 第8分册 历史[M].中华书局辞海编辑所，1961：244.

[3] 上海商务印书馆编译所编纂.大清新法令 1901～1911 第1卷 点校本[M].北京：商务印书馆，2010：12.

[4] 病鹤画并注.旗袍的来历和时髦[J].解放画报，1921（7）：6.

约。它的签订进一步加强了帝国主义对中国的全面控制和掠夺，标志着中国已完全沦为半殖民地半封建社会。[1]1901 年，章太炎[2]在《国民报》发表《正仇满论》，明确地把“排满”与维护民族独立和争取社会进步三者联系到一起，这个排满宣言恰逢时机，得到包括革命派在内的广泛响应：

> 然则满洲弗逐，而欲士之争自濯磨，民之敌忾效死，以期至乎独立不羁之域，此必不可得之数也。浸微浸衰，亦终为欧美之奴隶而已矣。非种不锄，良种不滋，败群不除，善群不殖，自非躬执大彗以扫除其故家污俗，而望禹域之自完也，岂可得乎？[3]

以孙中山为首的革命派在 1894 年和 1905 年两次引用《谕中原檄》“驱逐胡虏，恢复中华，立纲陈纪，救济斯民”[4]的口号，提出了“驱除鞑虏”[5]为首纲的十六字政治纲领，以推翻由满族所建立封建王朝的清政府，恢复中国各民族文化传统，建立由汉族掌权的新政府为最终目标，将“排满”运动推向高潮。

若仅仅是在政策和舆论层面“排满”，病鹤文章中绝不会出现“满洲妇人因为性命关系，大都改穿汉服”的描述。事实上，由于满族及其八旗制度是清廷统治的堡垒和根基，自然成为打击的对象。太平天国的《奉天讨胡檄》中便有“誓屠八旗，以安九有”[6]的极端政策。太平天国占领金陵（今南京），檄文所述盖全成真。在此劫难之中，旗籍儿童与妇女也未幸免。当太平军得知旗人妇女穿上汉式女装，化装逃难之时，则“见所着大脚片者，悉

[1] 中华人民共和国国务院新闻办公室 中国网．辛丑条约 [EB/OL]. http：//www.china.com.cn/aboutchina/zhuanti/zg365/2009-09/04/content_18467115.htm，2009-9-4/2018-6.9.

[2] 章太炎（1869 ~ 1936 年），浙江余杭人。清末民初民主革命家、思想家、著名学者，研究范围涉及小学、历史、哲学、政治等，著述甚丰。

[3] 上海人民出版社编；徐复点校．太炎文录初编 [M]. 上海：上海人民出版社，2014：187-188.

[4] 《续修四库全书》编纂委员会编．续修四库全书 史部 诏令奏议类 [M]. 上海：上海古籍出版社，1996：29.

[5] “驱除鞑虏”是 1905 年 8 月中国同盟会成立之后确定的纲领之一，当年 10 月孙中山即将此口号改为“民族主义”。1906 年 10 月，孙中山与黄兴、章太炎制订《军政府宣言》，再次提出“驱除鞑虏”口号，但当年 12 月孙中山在《民报》创刊周年庆祝大会演说中不提“驱除鞑虏”，专述“民族主义”，还对民族复仇论进行了严厉的批判。从此以后，“驱除鞑虏”口号很少出现于革命派的言论之中。

[6] 杨松，邓力群辑；荣孟源重编．中国近代史资料选辑 [M]. 北京：生活•读书•新知三联书店，1954：117.

刃之”[1]。这便是“一个帝国的沉迷和另一个帝国的坠落”的原因：

> 洪秀全对城里他所谓的魔鬼[2]毫不仁慈……他们除了杀死可疑的满人……连女人和孩子都没有放过……在起义的12年中，一共有两万人被屠杀，尸体都被抛在长江里。[3]

经历种种磨难的满族妇女，虽有《清室优待条件》[4]作保，但恐“前车之鉴”，定不敢再着旗装，纷纷改着汉式女装。

1912年10月，成立不足一年的北洋政府急切地颁布了《服制》[5]，该法案的公布施行甚至早于《中华民国宪法草案》(《天坛宪法草案》)[6]。改元易服是朝代更迭的重要标志之一,《服制》或依《礼记·大传》记载：

> 立权度量，考文章，改正朔，易服色，殊徽号，异器械，别衣服，此其所得与民变革者也。[7]

这是指新政权确立需要进行一系列改革内容，易服便是其中之一。然而，国民政府虽主共和，但五千年“古制”影响又怎能顷刻消亡。

清帝逊位，民国建立，清代冠服制度除故宫小朝廷因《清室优待条件》局部残存外，均弃之不用。当时社会有两股强劲的势力在支配社会大众的服饰审美取向：一是西式服装，由西洋留学归国的留学生为代表的改良派所崇尚；二是清代便装，其已在民间流行了两百余年，成为约定俗成的习惯，被大多百姓所接纳。北洋《服制》(图4-7)正是在两方势力的博弈中发布了中国近代第一部服制法令，确

[1] 夏燮.粤氛纪事[M].北京：中华书局，2008：83.

[2] 即满族。

[3] (美)特拉维斯·黑尼斯三世,(美)弗兰克·萨奈罗.周辉荣译；杨立新校.鸦片战争：一个帝国的沉迷和另一个帝国的堕落[M].北京：生活·读书·新知三联书店，2005：192-193.

[4] 清末民初南京临时政府与清政府议和代表商定的有关清帝退位的条件。经过南北议和代表的磋商，南京临时政府方面于1912年2月9日向清政府致送有关清帝退位优待条件的修正案。12日隆裕太后代表清廷认可了这一条件，并于次日公布，宣布清帝退位。

[5] 商务印书馆编译所编.中华民国法令大全 第十四类(礼制服章)[M].上海：商务印书馆，1913：1.

[6] 中华民国建立时，一切法律制度都还没有健全，国家仍然处于动乱之中，在这个情况下，孙中山于1912年3月11日公布了《中华民国临时约法》作为国家的临时基本法。它在中国历史中第一次将“主权在民”的思想立入法规。1913年中华民国第一届国会提出了《中华民国宪法草案》(又称《天坛宪法草案》)。

[7] 陈戍国撰.礼记校注[M].长沙：岳麓书社，2004：244.

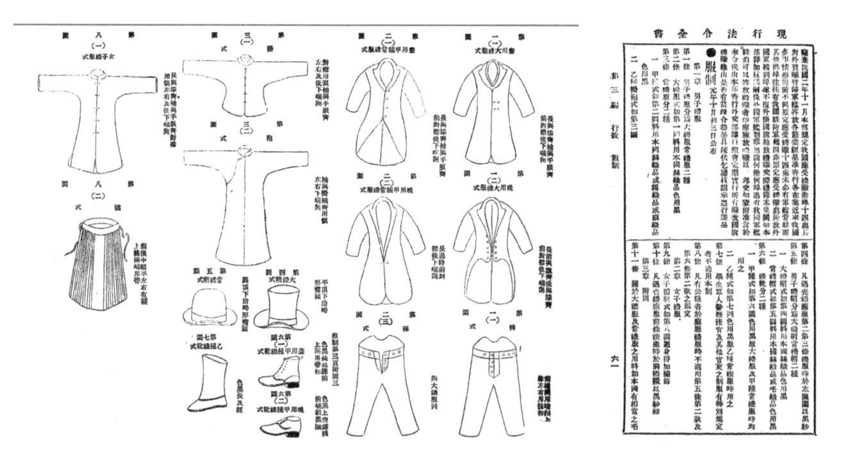

左起第一列第一图和第二图例为裙褂组合，系女子礼服；左起第二列第一图和第二图为马褂和长袍组合，系男子礼服；其余均为国际服制

图 4-7 北洋政府《服制》图例（1912 年 10 月发布）①

立了中国近代服饰的基本制度，以首次系统引进国际服制❶和恢复汉统称谓为最大特点。

与中国帝制改朝易服体制内改革不同的是，北洋《服制》的出现是中华文明受西方文明冲击后的应急反应，但却并没有形成绅士文化和绅士阶级的生搬硬套，而为旗袍和中山装的产生埋下了伏笔。因此，男子礼服出现了西式和中式两种选择，而女子只有中式，即上衣下裳（裙）制。男装西式礼服日间用晨礼服，晚间用燕尾服和塔式多礼服，并有严格的配服和配饰相对应。如此繁复且需要花费更多。故考虑到时下大部分民众的接受度，仍保留了清代满汉通用的长衫马褂作为传统礼服。这既是西文东渐背景下崇尚西学的表现，也是中华民族置身于世界格局之中学习先进文化的社会实践。而与前朝相同的是，北洋《服制》在女装部分采纳明太祖朱元璋在推翻元朝政权后执行“复衣冠如唐制”的做法，摒弃清代旗装，推行汉统衣冠，钦定汉式女装“裙褂”上衣下裳制为女子礼服❷（图 4-8）。《服

① 萧山，丁察龛编. 现行法令全书 [M]. 北京：中华书局，1922：61.

❶ 国际服制（The Dress Code）是以英国绅士文化为基础的西方社交伦理和惯例，形成一个完整的贵族服饰规范和形制系统。

❷ 文献原文：“第二章 第九条 女子礼服式如第八图周身得加绣饰。”

图 4-8　1912 年北洋《服制》中“裙褂”继承晚清（褂为民国，马面裙为晚清）
来源：王金华藏

制》由此摆脱帝制时代等级的区分，宣示平等民主共和之象征（图 4-9）。

不论是政府法令的规范与约束，还是满族妇女“自我保护”意识的表现，满汉服装间的区别已很模糊不清，在民国初年女性穿袍的情况亦被指“极不普遍”[1]，故病鹤文献称：

> 此种废物，久已无人过问。[2]

诚是当时社会广大旗人妇女对待传统旗装态度的真实写照。旗袍的浴火重生，与其说是旗装的复兴，不如说是涵盖科技文明的现代化伟大实践，创造了划时代的中华符号。

民国元年，北洋政府制定了以汉式裙褂为核心的女子礼服制式，但不足十年，汉式裙褂的主流地位就岌岌可危。1921 年前后，以上海为中心的多地着袍服的现象渐趋主流，当时大众纸媒都有相关记录，并以“旗袍”称之，这是旗袍称谓在中国近代史文献中的首次出现，也是近代以来旗袍最早的社

[1] 周锡保. 中国古代服饰史[M]. 北京：中国戏剧出版社，1984：534.

[2] 病鹤画并注. 旗袍的来历和时髦[J]. 解放画报，1921,（7）:6.

图 4-9　民国初年汉族婚礼场景是北洋《服制》规定的真实反映

来源：中国国家博物馆藏

会化流行。

正因为病鹤深陷其中，才写出了这篇《旗袍的来历和时髦》的文章：

> 不料上海妇女，现在大制旗袍，什么用意，实在解释不出。[1]

为什么会出现旗袍，按当时发表《旗袍〈调寄一半儿〉》的说法：

> 男降女不降一文，为丹翁[2]所作。谓清灭明后，有男降女不降之制。今民国灭清，而旗袍反盛行，亦男降女不降之识也。[3]

这明显是对北洋政府《服制》简单地恢复裙褂汉制的质疑。恢复汉制但不希望复古，人们渴望创造一个新的时代符号。因此旗袍的出现就不像恢复裙褂汉制那样昙花一现了。1928 年发表的《旗袍的美》说：

> 旗袍流行于春申江畔[4]不过三四年间的事……[5]

[1] 病鹤画并注．旗袍的来历和时髦 [J]. 解放画报，1921（7）：6.

[2] 张丹斧（1868 ～ 1937 年）男，江苏仪征人，近代文学家、报人、收藏家、书画家。原名扆，后名延礼，字丹斧，以字行，晚号丹翁、亦署后乐笑翁、无厄道人、张无为、丹叟、老丹等，斋名伏虎阁、环极馆、瞻麓斋。

[3] 朱鸳雏．旗袍《调寄一半儿》[J]. 礼拜六，1921（101）：34-35.

[4] 申江，指黄浦江，是上海的代称。

[5] 佚名．旗袍的美 [J]. 国货评论刊，1928（1）：2-4.

到了1935年潘怡庐发表《旗袍流行之由来》就说：

……以其似旗女服装，率称之曰“旗袍”，初见于沪滨，不旋踵而风行于内地，自流行以还不过十余年耳……[1]

它的风行与其说是旗装的劫后余生，不如说是中华妇女的新风貌，是汉族与满族服饰文化的一次同构。此举不但催生了民国时期第二次《服制条例》将旗袍作为女子主体礼服，还推动了中华传统女子服饰现代化的改良进程，更揭开了近现代旗袍发展史的篇章。

[1] 潘怡庐．纯孝堂漫记：旗袍流行之由来[J]. 绸缪月刊 第2卷，1935（2）：95.

第五章

女权思想催生的古典旗袍

多种文献出现“旗袍”称谓和相关记录的时间、地点均为1921年前后的上海，继而风行于全国，这点毋庸置疑。旗袍兴起的原因，与当时的政治时局和女权运动的兴起密不可分。

一、鼓说寒袍

单纯女权运动并不能让旗袍走得太远，一定有与生活更关系紧密的因素在推动，就是它比传统裙褂形式有更好的御寒作用且节俭，这个时机就发生在冬季，因此就有了旗袍御寒的说法。

“御寒说”相关的资料直接，多切入主题，描述简单明了，最早出现在1921年2月《礼拜六》周刊署名“小人”的作家所撰写的《世界小事记》中：

> 上海妇女入冬穿旗袍者，居十之二三，以藏青色者居多……[1]

这段文字提出了旗袍最早流行的时间应该是在

[1] 小人. 世界小事记 [J]. 礼拜六，1921（102）：23-24.

1920 年末至 1921 年初的冬季，以深色居多，至少有二成以上的妇女穿着，应该说已经是社会中时尚女子的装束。时尚女子主流人群，应该是艺人，也就是前文提到的“旗袍民间初兴的践行者”，旗袍作为新生事物更是如此。同时期的《旗袍的来历和时髦》一文披露了女子着袍的原因：

> 有人说：“她们看游戏场内唱大鼓书的披在身上，既美观，到冬天又可以御寒，故而爱穿。”[1]

对于女子穿旗袍以御寒始末，《十五年来妇女旗袍的演变》则有更为详细的记录：

> 我记得在民国八九年间[2]，女子的大衣还没有出世，大半的女子，都用斗篷代大衣，但是没有斗篷的人，就用这旗袍代斗篷，但是她们在室内亦多穿旗袍御寒，式样是宽大，颜色多深暗，这是旗袍用来御寒的时代。[3]

更多文章都有提到“冬天”“御寒”等关键词，其形制“宽大”，这便是改良旗袍的前夕，古典旗袍十字型平面结构的基本形态。

当时穿旗袍的主要人群是大鼓艺人，大鼓是发源于中国北方地区传统曲艺中的一个重要说唱曲种，尤以京韵大鼓最负盛名，由清末河北沧州、河间一带流行的木板大鼓经北京天桥艺人改良后发展而来。天桥位于北京宣武门以南，故被称作“宣南”，北京城内外的民俗艺人集聚在此表演，逐渐形成了独特的文化现象，即“宣南文化”。进京赶考的学子、卖货的商人都到这里的会馆住宿，于是形成了宣南特有的天桥民俗文化、大栅栏商

[1] 病鹤画并注．旗袍的来历和时髦 [J]. 解放画报，1921（7）：6.

[2] 即 1919 ～ 1920 年。

[3] 昌炎．十五年来妇女旗袍的演变 [J]. 现代家庭，1937（2）：51-53.

图 5-1 民国初年北京大鼓艺人着棉袍演出实录
来源：旧影馆

业文化和琉璃厂士人文化三位一体的京城风貌。大鼓在不同阶层的传播中由北方京韵大鼓、西河大鼓向南方各省发展，逐渐形成河洛大鼓（河南）、胶东大鼓（山东）、庐州大鼓（安徽）等区域曲种，其演员旗装棉袍的着装面貌也由此被大众所熟知并传播。

天桥地区表演京韵大鼓的艺人，演出场地多在户外，故常穿着棉袍御寒（图 5-1）。根据当时美国人拍摄的民国初年纪录片影像资料显示，大鼓艺人穿着的棉袍袍身宽大、厚重，明显有絮棉的痕迹，敞式袖口、袍长及踝、高领。

1922 年 1 月，上海《时报图画周刊》刊载的一幅《海上流行之旗袍》插图（图 5-2），其款式与民国初年大鼓艺人所穿棉袍款式类似，均为高领、长袖宽口、长袍式，且工艺材料更加精致，内缚裘皮，附注文字记载：

……身衣菊花，红（色）华丝葛旗袍，银鼠皮

图 5-2　1922 年冬季《海上流行之旗袍》

来源：全国报刊索引《时报图画周刊》

领及袖口反露……[1]

明显是在说御寒旗袍。在语境表述习惯上，汉语与西语不同，表示御寒的西语外套（coat）就是用“袍”来表示的，故袍有御寒的功能在其中，说明旗袍初现棉袍是有传统的。[2]

20 世纪 20 年代，女子旗袍的流行，很大程度上是因为冬季的时间节点和袍所具有的御寒功能与习惯称谓，迅速地被大鼓艺人传播，但这仅是表层的缘由，更深刻的原因是从涌动到运动的女权思想。

二、袍宣平权返本开新

张爱玲的《更衣记》在总结旗袍流行 20 年的原因中分析的弃“两截穿衣”，作为当事人的女作家，用旗袍宣誓女权的社会心理，在今天看来真实而生动：

[1] 陈映霞 . 海上流行之旗袍 [J]. 时报图画周刊，1922（10）：1.

[2] 台湾史学家王宇清对中华袍制有深入研究，认为“袍，即棉袍”，故有“不棉不袍”的传统。

> 五族共和之后，全国妇女突然一致采用旗袍，倒不是为了效忠于清朝，提倡复辟运动，而是因为女子蓄意要模仿男子。在中国，自古以来女人的代名词是“三绺梳头，两截穿衣”。一截穿衣与两截穿衣是很细微的区别，似乎没有什么不公平之处，可是一九二〇年的女人很容易地就多了心。她们初受西方文化的熏陶，醉心于男女平权之说，可是四周的实际情形与理想相差太远了，羞愤之下，她们排斥女性化的一切，恨不得将女人的根性斩尽杀绝。因此初兴的旗袍是严冷方正的，具有清教徒的风格。[1]

张爱玲的“羞愤”实在是妙笔，积淀五千年的文化怎么就一时“斩尽杀绝”？中国妇女三绺梳头确为古制，服饰实际上是上衣下裳（裙）与袍式[2]共存的。唐以前一般以袍式服装为礼服，如《汉武帝内传》[3]中对于西王母之女上元夫人人物形象描述就提及了袍和三绺头等关键词：

> 夫人年可二十余，天姿精耀，灵眸绝朗，服青霜之袍，云彩乱色，非锦非绣，不可名字。头作三角髻……[4]

唐前正史中有大量对于女子着袍式服装的记载，说明它在贵族服制中始终处在统治地位。如《后汉书·舆服志》记：

> 太皇太后、皇太后入庙服，绀上皁下，蚕，青上缥下，皆深衣制，隐领袖缘以绦。[5]

隋唐以后，服装虽多参考古制以袍式服装为礼服，但两件式上衣下裳（襦裙分属）的地位却得到提升。后妃服饰以袆衣[6]为袍制礼服，但明令裙装

❶ 张爱玲.更衣记[J].古今，1943（12）：25-29.

❷ 袍与深衣均为长身衣，深衣是上衣下裳分裁再相连的长衣，袍是上下通裁的长衣，两种形制自古便有，但历史上深衣等级一直高于袍，多用作礼服。后世根据两者均为长身的特点，以袍服泛指，鲜用深衣称谓。如湖南长沙马王堆汉墓出土的“信期绣褐罗绮绵袍”，其形制为上衣下裳分开裁剪再相连的深衣制，但在定名时仍使用了袍的称谓。

❸《汉武帝内传》又名《汉武内传》《汉武帝传》，中国神话志怪小说。《四库全书总目》云：“当为魏晋间士人所为。”《守山阁丛书》集辑者清钱熙祚推测是东晋后文士造作。

❹ 徐许编著.小说录要[M].台北：正中书局，1988：48.

❺《后汉书》是南朝宋时期历史学家范晔编撰记载东汉历史的纪传体史书。与《史记》《汉书》《三国志》合称“前四史”。（南朝宋）范晔，（晋）司马彪撰；李润英点校配图.后汉书[M].长沙：岳麓书社，2009：1222.

❻ 袆衣，周礼所记命妇六服之一，后妃、祭服朝服“三翟”中最隆重的一种。《周礼·天官·内司服》：“掌王后之六服：袆衣、揄狄、阙狄、鞠衣、襢衣、褖衣。”

图 5-3　莫高窟第 130 窟短襦长裙《都督夫人礼佛图》（原画唐天宝年间）

来源：《段文杰敦煌壁画临摹集》

作为宫廷女官常服。《旧唐书 • 舆服志》有：“女史则半袖、裙、襦。”[1]《新唐书 • 车服志》有：“半袖、襦、裙，女史常供奉之服也。”[2] 襦裙组配方便使用，便成为贵族的便装，《新唐书 • 卷二十四 • 五行志》就有杨贵妃着襦裙的记录：

> 天宝初，贵族及士民好为胡服胡帽，妇人则簪步摇钗，衿袖窄小。杨贵妃常以假鬓为首饰，而好服黄裙。[3]

上衣下裳两件式的着装自此风行于唐及两宋，在莫高窟第 130 窟《都督夫人礼佛图》短襦长裙成为品级的标志（图 5-3）。元入主中原百年，推行本族袍服制度，实际上其形制也分通袍和上衣下裳两制，如辫线袍。到了明代也有继承，如曳撒袍，只是将其归入汉统礼制。明太祖朱元璋建元之初就以“诏复衣冠如唐制”推行袍为礼服，上衣下裳的襦裙为常服的唐代古制。从当时图像文献来看，明代女子以上衣下裳为常服的现象很常见，可以说是今

❶（后晋）刘昫等撰．旧唐书 [M]. 北京：中华书局，1985：1331.

❷（宋）欧阳修，宋祁，薛居正撰．二十四史 附清史稿 第 6 卷 新唐书 旧五代史 新五代史 [M]. 郑州：中州古籍出版社，1998：93.

❸（宋）欧阳修，宋祁撰．新唐书 卷一～卷五八 [M]. 长春：吉林人民出版社，1995：519.

《明宪宗元宵行乐图卷》(局部)
女子均着上衣下裙(明成化)
来源:中国国家博物馆藏

驼色暗花缎织金团凤方补女上衣与驼色缠枝莲地凤襕妆花缎裙的组配是明代上衣下裙的典型
来源:首都博物馆藏

图 5-4 明代妇女襦裙图像史料与实物

天汉制妇女褂裙的始祖(图 5-4)。清朝入主中原,因"男降女不降"之制,未改女服制度,所以此后汉族女子不再着袍,礼服和常服均采上衣下裳、三绺梳头的典型装束,一直沿用至清末民初(图 5-5)。

民国初年满汉女子服饰,不论是旗人袍服还是汉式裙褂,无一例外都以宽袍大袖、繁缛工艺为特点,这深刻地反映了封建社会对于女性身体的规训。在层叠、繁复服饰的笼罩之下,女性的身体被遮掩、埋没。19 世纪以来,女权运动的领导者和参与者们意识到女性不再是封建社会的附属品,而是具备了独立意识和价值的、与国家命运息息相关的主体存在。女性作为男性附庸的柔弱形象被颠覆,反映在身体上就是"放足";反映在服装上就是弃"两截穿衣",用袍"拟男"以宣示男女平等。事实上,从中国服制历史上看,不过是返本开新,重要的是其为"袍"的改良带来了契机,因此改良旗袍女权民主思想的内涵是符合历史事实的。

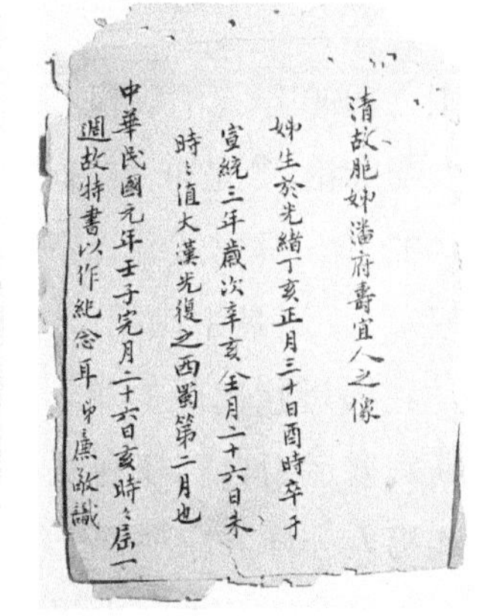

清故胞姊潘府壽宜人之像
姊生於光緒丁亥正月三十日酉時卒于
宣統三年歲次辛亥仝月二十六日未
時〻值大漢光復之西蜀第二月也
中華民國元年壬子完月二十六日亥時〻屆一
週故特書以作紀念耳 弟庶敬識

图 5-5 1912 年穿着长袄和马面裙为典型汉族女子装束（照片背注民国元年）

来源：私人收藏

三、革命裹挟的女权思想

男女平权思想萌发于 19 世纪中叶，历经太平天国运动、西方传教士和早期维新人士的传播，在不同程度上起到了除旧布新的作用。尤其是后者在推动男女平权思想时，产生了旗袍这种物化标志（进步妇女的标签）。

戊戌变法以康有为、梁启超、谭嗣同为代表的维新派都不同程度地接受了近代文明并对西方国体有所了解，从中吸收了欧洲“天赋人权”理念并领悟到解放妇女对社会进步的重大作用，并以此来观察和分析中国妇女问题，催生了近代中国初具理性的男女平等思想，其提出首要的任务就是中国广大妇女身心的解放。行动上掀起了放足运动和创设女子学堂活动，对近代女子独立运动和女权思想的萌发影响深远。

变法运动虽然失败，但传播资产阶级民主学说的热潮却蓬勃发展。西方女权学说开始大量输入中国，1900年《清议报》上译自日本福泽谕吉的《男女交际论》[1]是可考文献中最早提到"女权"的文章。1902年，马君武翻译了赫伯特·斯宾塞的著作《女权篇》，这是中国第一次刊行有关女权的译著，也是我国近代出版的第一部关于妇女问题的译著。[2]斯宾塞运用自然权利说和进化论观点论证了女人也和男人一样，应享有平等自由的权利。1903年，由金天翮[3]所著的《女界钟》[4]一直被认为是中国首部倡导女权主义的著作，第一次喊出了"女权万岁"的口号。其所提出一系列实行男女平等、妇女参政，以革命手段推翻清朝封建专制，建立民主共和政权，甚至主张妇女可以当选大总统的设想，不仅超越了康有为、梁启超等维新派当时提出关于妇女问题的主张，甚至比革命先驱孙中山先生关于妇女问题的主张还要激进和彻底。在这些女权先驱的推进下，戊戌以来的男女平等思想日趋成熟。

在西方男女平权思潮影响下的晚清社会，女性生活日趋开放和崇尚新潮是必然的，但是中华五千年传统男女观念又是个沉重的包袱，让上至政府下至市井百姓尚不能完全接纳。就妇女本身而言，即便是受过良好的教育，介于此种观念思维的惯性，也会心存顾虑。张爱玲的"羞愤"正是这种集体意识的时代反映。《北洋画报》刊图女师范学堂学生头梳单辫身穿长袍马甲绘作（图5-6）。或许是因为在当时世人眼中，读书毕竟是男人的事情，易装男子模糊性别或许更利于被接纳。然而，女着男装的现象对于晚清传统伦理仍形成了极大的挑战，故清政府在1908年公布《违警律》[5]，对女着男装在内

[1] 福泽谕吉．男女交际论（主编：梁启超）[N]．清议报，1900-3-11.

[2] 中华全国妇女联合会编．中国妇女运动百年大事记1901～2000[M]．北京：中国妇女出版社，2003：3.

[3] 金天翮（金天羽）（1874～1947年）中国近代诗人、革命家，兴中会会员。初名懋基，又名天翮，字松岑，改今名，号鹤望，别署有麒麟、爱自由者、金一等，吴江（今属江苏）人。

[4] 1903年8月金天翮著的《女界钟》由上海爱国女校发行。它是近代中国第一部论述妇女问题的专著，虽然只是一本不足百页的小册子，但却第一次喊出了"女权万岁"的口号，这在中国近代女权运动中有着标志性的意义。陆学艺，王处辉主编．中国社会思想史资料选辑 晚清卷[M]．南宁：广西人民出版社，2007：344.

[5] 佚名．大清法律汇编[M]．杭州：麟章书局，1910：479.

图 5-6 《北洋画报》刊女师范学堂学生易装男子绘作
来源：北洋画报（1926 年）

的有碍风化的“奇装异服”者予以“五元以下，一角以上”的处罚，女子要求进步的情绪被现实无情地蹂躏。

1911 年辛亥革命爆发，正值国家民族生死存亡的危难时刻，“拟男”成为新女性形象的一种时代符号。近代许多女革命家、女知识分子皆把着男装看成是“由外而内”实现由文弱到勇武、贞节到侠烈的新女性形象的重要手段。正言“斩取国仇头，写入英雄传”的女英雄秋瑾[1]生前就主张着男装、立壮志，她说：

> 我对男装有兴趣……在中国，通行着男子强女子弱的观念来压迫妇女，我实在想具有男子那样坚强意志。为此，我想首先把外形扮作男子，然后直到心灵都变成男子。[2]

她从遵礼教的大家闺秀到成为女儿身男儿志的革命者，可以说是妇女觉醒的标志性人物（图 5-7）。

有辛亥女杰、“女界梁启超”之称的女医生张

[1] 秋瑾（1875 ～ 1907 年），女，中国女权和女学思想的倡导者，近代民主革命志士。第一批为推翻满清政权和数千年封建统治而牺牲的革命先驱，为辛亥革命做出了巨大贡献；提倡女权女学，为妇女解放运动的发展起到了巨大的推动作用。1907 年 7 月 15 日凌晨，秋瑾从容就义于绍兴轩亭口，年仅 32 岁。

[2] 高大伦，范勇编译 . 中国女性史 [M]. 成都：四川大学出版社，1987：68.

秋瑾参加革命后多以男装示人

图 5-7 秋瑾参加革命前后着装的变化

来源：辛亥革命纪念馆

竹君[1]也常以男装示人，在广州行医时：

> 恒西装革履，乘四人肩扛之西式藤制肩舆，前呼后拥，意态凛然，路人为之侧目。[2]

辛亥革命时，她创立中国赤十字会，随辛亥革命军共赴战场，在战后发表演讲说：

> 我之制服是军装，是以欲将十字会脱离而改变我之方向也。[3]

这种弃医从戎的思想不仅是效仿像孙中山、鲁迅等革命者，也是形势逼迫。表现这些进步女性思想最直接有效的传播方式就是着男装，甚至连男人的嗜好也一起模仿，事实上这是从宣示进步思想变为了一种时尚（图 5-8、图 5-9）。

1919 年五四运动爆发，妇女解放运动更加高涨，文化女青年“剪发易服”成为热潮。1920 年，许地山在《新社会》刊文《女子的服饰》，指出女着男装的四重好处：

[1] 张竹君（1876 ～ 1964 年），广东番禺人，1899 年在广州博济医院医科班毕业。1904 年日俄战争爆发，张竹君组织救护队北上，甫至辽东，战事已停，乃折经上海，为友人挽留，设诊所于派克路登贤里。翌年，与李平书创立上海最早的一所女子中西医学堂，任校长，兼授西医课。同时，又协助李平书在三泰码头积谷仓外开办上海医院，任监院。1911 年辛亥革命爆发后，发起成立中国赤十字会，组织、率领救护队员前往武昌，并掩护革命党人黄兴、宋教仁随队同往。中华民国临时政府授予立国纪念勋章、赤金红十字军功勋章及中华民国忠裔纪念章，以旌其功。其后在上海疫病流行期间，张竹君募款集资开设时疫医院，施诊给药，救死济危。1964 年因病逝世。

[2] 王开林 . 民国女人：岁月深处的沉香 [M]. 北京：东方出版社，2013：363.

[3] 池子华，丁泽丽，傅亮主编 .《新闻报》上的红十字会 [M]. 合肥：合肥工业大学出版社，2014：34.

左图：辛亥革命中张竹君（前排右三包头巾者只有她一人为女性）与红十字会救护队队员在汉阳十里铺前线；右图：张竹君就任中国赤十字会会长着戎装标准照

图 5-8 辛亥革命中的张竹君

来源：辛亥革命纪念馆藏

> 一来可以泯灭性的区别，二来可以除掉等级服从底符号，三来可以节省许多无益的费用，四来可以得着许多有用的光阴。[1]

从物质条件上看，借用男袍[2]的“拿来主义”既是宣示男女平权，又是最经济的做法。旗袍初兴与男子长袍款式甚至连裁制方法都极为相似，因此在旗袍称谓诞生前夕称长袍或长衫不分男女。[3]加之一场场裹挟着女权思想的革命，旗袍就像宣言书一般昭示，且迅速升温，当它成为一种时代潮流时，会倒逼政府做出制度安排（民国每次服制条例的颁布都是如此）。

20 世纪 20 年代是中国历史上一段动荡不安的时期，军阀之间斗争不断，北洋政府与国民政府北南而治。女权运动进入高潮，女性开始将目光转向参政议政。纷乱的社会背景为重新塑造中华女性形象提供了时机，如果说妇女“夺袍”是借刀革命的话，剪发便是自我革命，甚至为国家制度的走向披上了一层曼妙的面纱，充满了不确定性。

[1] 许地山 . 女子的服饰 [J]. 新社会，1920（8）：5.

[2] 男袍和妇女裙袄，在晚清汉人中已成定制。满人妇女虽有穿袍习惯，亦承中华传统。因此，妇女易服崇袍在一个特定的时间节点是一个返本开新的伟大实践。

[3] 赵稼生 . 衣服裁法及材料计算法 [J]. 妇女杂志 第 11 卷，1925（9）：1450. 原文记：“大襟长衣就是现在通行的男衣……不过近来已有许多妇女穿大襟长衣（有人叫作旗袍）……尤其是在冬天……我只按照长短分类，不用男女的字样来区别。”

图 5-9　20 世纪初男人的一切都成为时尚女子模仿的对象
来源：《北清大观》（1909 年）

1922 年，法国作家维克多•玛格丽特（Victor Margueritte，1866 ～ 1942 年）出版了小说《拉•杰克逊奴》，人们便把穿短裙、留短发的职业女性称作杰克逊奴（La Garçonne）[1]，受之影响，崇尚女权主义的进步女性也开始剪短发。在她们看来，穿上旗袍、剪短头发，就可以摆脱女性化的裙子和柔弱的形象，提高女性的社会地位，甚至还可以净化社会风气：

> 还有一层，女子剪了发，着了长衫，便与男子没有什么分别，男子看不出是女子，就不起种种坏心思了。或者女子在社会上的位置，更高得多呢。[2]

当时妇女成为参政议政的官员并不多见，但有关妇女运动的议题渐成政府议题，甚至是国家意志。这为着旗袍、梳短发的新女性形象生发提供了政治土壤。

1926 年 1 月 16 日，中国国民党第二次全国代

[1] 法语 La Garçonne 音译为拉•杰克逊奴，意为女公子哥、假小子。Victor Margueritte. La Garçonne [M]. Paris：Groupe Flammarion，1922.

[2] 朱荣泉. 女子着长衫的好处 [N]. 民国日报，1920-3-30.

表大会通过了《妇女运动决议案》[1]，其中规定妇女参政议政的权利，甚至提倡女性要参加革命，同时致力于自我解放。在官方制度和社会舆论的推动下，一大批进步女性走上了国民革命的道路，作为进步女性形象的标志，着旗袍、梳短发这一行为真正在民众中得到了推广和普及。

令政府始料未及的是，1926年3月18日，震惊世界的"三一八"惨案在北京发生，数千名爱国学生、知识分子、群众在请愿途中遭段祺瑞执政府官兵开枪射击，致47人死亡，200余人受伤。《北京特别市执行委员会对于"三一八"惨案之经过呈报中央执行委员会书》中有如下记载：

> ……此次牺牲之巨大，全系段贼等承受帝国主义之意旨，预定围杀爱国民众之毒狠计划，记有数要点可以为证：……（十一）死者多为剪发女生，及手执旗帜人民，显系预有设计标准……[2]

从早先的戏曲演员到大鼓书艺人；从艺妓名媛再到摩登女子最后回归市井百姓，旗袍自出现以来，真正令其在思想上升华是由社会先进女性推动完成的，她们甚至付出了生命的代价。刘和珍[3]、杨德群[4]是"三一八"惨案中牺牲的女学生。事件发生不久，鲁迅先生就连续发表五篇檄文，热情歌颂刘和珍、杨德群等革命青年是敢于"直面惨淡人生，敢于正视淋漓鲜血"[5]的真正勇士，盛赞她们"沉勇而友爱"[6]的高贵品德。在她们存世不多的影像资料中，多是梳短发、着旗袍的形象，将革命女性的形象深刻地印在人们的脑海中（图5-10）。

此后，北伐战争彻底爆发，剪发与穿旗袍成为

[1] 中华全国妇女联合会妇女运动史研究室编．中国妇女运动历史资料 1921～1927[M]. 北京：人民出版社，1986：505.

[2] 江长仁编．三一八惨案资料汇编 [M]. 北京：北京出版社，1985：89-96.

[3] 刘和珍（1904～1926年），江西南昌人，先后就读于南昌女子师范学校、北京女子师范大学。在校期间刘和珍积极参加学潮运动。1926年，在"三一八"惨案中遇害，年仅22岁。

[4] 杨德群（1902～1926年），湖南湘阴人，北京女子师范大学国文系预科生。1926年在"三一八"惨案中为救护已中弹倒在血泊中的刘和珍、张静淑，自己亦不幸中弹牺牲。

[5] 鲁迅著；李宏主编．鲁迅经典全集 散文诗歌集 [M]. 北京：北京理工大学出版社，2016：197.

[6] 鲁迅著；李宏主编．鲁迅经典全集 散文诗歌集 [M]. 北京：北京理工大学出版社，2016：197.

刘和珍遗像

杨德群遗像

图 5-10　1926 年刘和珍和杨德群着旗袍、梳短发的形象成为进步女性标志

来源：《鲁迅读人》（2013 年）①

① 肖振鸣编．鲁迅读人 [M]. 桂林：漓江出版社，2013：151.

进步女性的标志。旗袍也在血与泪的洗礼中，彻底摆脱了旗人女子袍服的刻板印象，陈望道在《中国女子底觉醒》一文中说，此时：

> ……旗袍不足为旗人底标识，洋服不足为洋人底标识……❶

革命力量作为新的养料，推动着旗袍带有一种时代思潮在全国大范围地流行：

> ……追革命军占领扬州，随营工作之女同志，短发齐眉，旗袍革履，乘骏马，过长街，英姿奕奕，观者啧啧称羡，尤以妇女界为最。而剪发之心，亦基于此……❷

这段文字表达真实，字里行间充分反映了“新女性”的激情、健康以及对美好生活的向往。

旗袍作为新女性文化的标志被发扬光大。因为其带有革命的性质和对新文化的倡导，国民政府在北伐战争胜利后的次年，颁布了《服制条例》

❶ 陈望道．中国女子底觉醒 [J]. 新女性，1926（9）：12-16.

❷（日）石川祯浩主编；袁广泉译．二十世纪中国的社会与文化 [M]. 北京：社会科学文献出版社，2013：58. 原引蔚民《剪发潮》，刊于 1927 年 8 月 6 日《时报》。

服制條例　六七〇

，惟帽徽限用國徽。

第八條　公務員舉行典禮，適用本條例規定之何種服制，由主管機關長官臨時定之。

第九條　本條例自公布之日施行。

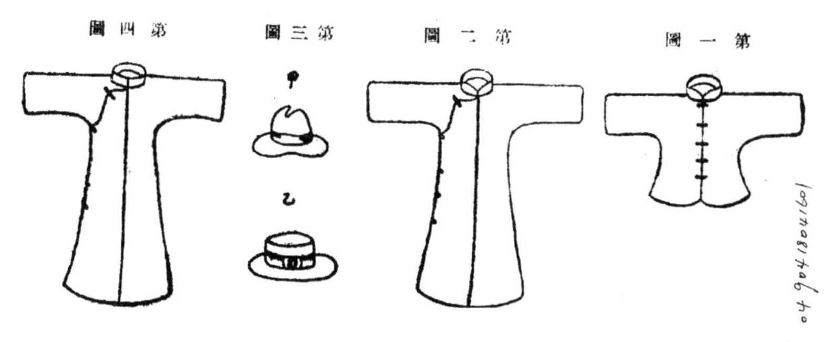

左起第四图为女甲种一衣（旗袍），第二图为男子长袍

图 5-11　1929 年《服制条例》的男女同袍图示

并将旗袍定为女子礼服，确定了它的官方身份。

第一章《礼服》第二条《甲种——衣》：

> 齐领前襟右掩长至膝与踝之中点与裤下端齐袖长过肘与手脉之中点质用丝麻棉毛织品色蓝钮扣六……

第二章《服制》第二条《一 衣》：

> 同第二条甲类一之规定惟色不拘……

从所载图例判断，男袍和女袍形制相同。由此反映出当时“男女同袍”（图 5-11）和在称谓上“有袍无旗”的官方文件表现出“政冷民热”的事实。

四、去“缠胸”的物质文明

旗袍初兴与历代改朝易服最大的不同，是自下而上废除了等级制，觉醒的意味明显。它一步步成长、壮大，说明适应了时代的潮流，才试图解除几千年封建礼教对于女子身体和心灵的禁锢。它的流行并非“女服更易”那么简单，也绝非官方推动可成的“民志”，它所体现出的妇女精神和思想的解放才是根本原因。因此，张爱玲将初兴的旗袍作为中华女性革命、独立与进步的重要标志。然而，如何在形制上呈现摆脱几千年封建礼教的面貌，无论在观念上还是在技术上都没有准备好。为改掉妇女“缠胸”的礼教习惯，古典旗袍形制又以收窄胸度的方式承接着“蔽体”的传统审美思想，却仍是以“束胸”为目的。但女权思想又不允许像“缠足”一样的“束胸”存在。

（一）从“缠胸”到束袍

清代旗人女子服饰经过二百多年的发展，在与汉族女子服饰的交融中不断发生着改变，从清初便于骑射的窄衣窄袖，发展到清中期八旗旗民适应都市的安逸生活而追求汉制宽袍大袖，而清末民初却一反常态开始收窄，这其中有满对汉礼教的深刻释怀。在故宫博物院 2010 年出版的《清宫服饰图典》中有一件光绪年间明黄色缎栀子花蝶夹衬衣。据相关数据记载，该衬衣身长[1]140 厘米，以清代袍服“身长掩足”的着装习惯分析[2]，这件服装的身长应与人体由颈至脚踝的长度相当，因此其主人应为身高在 160 厘米至 165 厘米之间的女性。根据当前执行的国家服装号型标准[3]所例现代女子体型的数据情况分析，这一身高的女性胸围应在 76 厘米至 88 厘米之间。而这件衬衣的胸围仅有 74 厘米，远远

❶ 身长：服装裁剪技术术语，指服装后颈点至下摆的总长。

❷ 严勇，房宏俊，殷安妮主编．清宫服饰图典 [M]. 北京：紫禁城出版社，2010：232.

❸ GB/T 1335.2-2008. 服装号型 [S].

图 5-12 明黄色缎栀子花蝶夹衬衣（清光绪）
来源：故宫博物院藏

小于一般人体的正常尺寸（图 5-12）。故宫博物院房宏俊研究员在《清代便服》一文中也称，故宫标有光绪、宣统年代的藏品：

> 甚至许多衣服的胸围、腰围、臀围和袖口宽度，开始大比例收缩，将优美的女性线条展现在世人面前。[1]

这种实测情况与《清宫服饰图典》出现的衬衣形态一致，但和人们一般印象中清末女子服饰宽袍大袖的印象完全相悖。学界一种观点认为，中国近代女子服饰窄化是在 19 世纪末至 20 世纪初开始流行的女性之美，也往往与旗袍追求的曲线之美挂钩。然而，事实是这种超越人体极限的“窄衣”正是传统礼教惯性在妇女身上的真实反映，并不是为了衬托人体、突出其曲线，而是通过收紧尺寸压迫胸、臀等妇女性状以达到“蔽体”的目的，这与同期欧洲洛可可时期妇女“束胸”（隆胸术）的动机刚好相反。

[1] 房宏俊．清代便服 [M]// 严勇，房宏俊主编．天朝衣冠：故宫博物院藏清代宫廷服饰精品展．北京：紫禁城出版社，2008：115.

众所周知，中国传统妇女缠足至少在明代就已经流行，到清代越缠越小，“三寸金莲”便成为了审美标志，然而它只是在汉人中传承。事实上，还有一种“缠胸”的陋习却因为不如缠足那么极端和露骨，一直以来没有引起学界的重视，更不必说将其与初兴的旗袍联系起来，而它恰恰是近代旗袍由“蔽体”向“舒体”[1]转变的重要内因，那便是由收紧外衣（袍）尺寸取代“缠胸”（内衣），这样总会使体形有所显露。

中国古代妇女一直有“缠胸”的习惯，在明代以前就已普遍，再加上宽袍大袖的外衣，最大可能地掩蔽形体是传统妇女最基本的礼教伦常。“缠胸”就是在女童第二性征开始发育的时候，由母亲用一个长长的白布条一圈一圈地紧紧缠住女童胸部，文献称“束奶帕”[2]。它比起缠足持续的时间更长。因为胸部和脚部的发育有所不同，会随着年龄的增长、生育活动的进行而二次发育。因此，即便女儿出嫁之后，缠胸的任务仍然会交由其丈夫来完成。晚清西文东渐的女权思想自然也会使这一传统得到挑战，这就是收紧外衣取代“缠胸”的结果，旗袍便是在这种博弈中出现的抗拒礼教的产物。从传世实物胸围尺寸骤缩的情况分析，并不是因为服装向合体发展，而是为了满足这个原本不缠胸的少数民族在与汉族文化交流中逐渐“吸纳”了这一习惯的需求，这便是清光绪至宣统年间出现胸围尺寸远远小于实际人体尺寸的束袍时期。而初兴的旗袍正是在这种“束袍”式服装的基础之上演变而来的，这种带有潜在的“蔽体”意识，却为“显体”的发展

[1] 舒体：与蔽体相对，即表现人体，突出女性自然曲线美。

[2] 张竞生 . 张竞生文集 上 [M]. 广州：广州出版社，1998：38-42.

创造了条件，这就是为什么后来会出现改良旗袍和定型旗袍的结构机制，也是旗袍技术史研究的重要内容。

（二）古典旗袍形制的“缠胸”痕迹

20世纪20年代中叶，流行于上海的旗袍为古典形制，对于新事物人们总希望能留下一些它的痕迹，报纸、杂志纷纷刊载穿着旗袍的妇女照片或新式旗袍款式的图样。形制特征无论是官方还是民间记述大体一致，1929年的国民《服制条例》可谓最权威，其款式为：立领、衣长及小腿至踝中点、袖长及肘、袖口宽大（图5-11）。实景照片拍摄的场合多样，室内室外均有，且无一例外都是将旗袍直接穿着，并不搭配任何外衣，也就是说旗袍从初兴到流行始终是作为外衣的。1937年《沙乐美》杂志刊文《旗袍的发展成功史》这样记载：

> 什么是旗袍，可说是民国纪元后适合新时代中华女子经变后演出来的一种新产物，也可说是中国女子仿制以前满清旗女衣着式样的一件曾经改进的外衣。[1]

通过相当多的实景图像文献观察，发现此时的旗袍有两个特征：其一，胸部紧缩，下摆宽大，具有明显的“束乳”目的，这显然是晚清汉女“缠胸”传统的惯性使然，通过束乳阔摆在视觉上达到减弱性状的目的（图5-13），就是当时追求平权的进步女学生也不能独善其身（见5-10）。其二，通过多角度影像史料观察，初兴旗袍为无衩结构，这是阔

[1] 佚名.旗袍的发展成功史[J].沙乐美，1937（2）：1.

图 5-13　束乳阔摆减弱性状成为 20 世纪 20 年代古典旗袍的典型特征
来源：《图画时报》(1926 年)

摆所致。但大襟一侧最后一粒扣位于下摆线以上，留有一段开闭空间（图 5-14）。

伴随着妇女更多地参与社会，旗袍开衩结构的出现，更多地关系到她们从礼教转到自身生存权益、安全、方便与功能性的需求上。无疑开衩的出现是从礼教到人权的标志性符号，而下摆收窄的趋势（同时伴随着放胸）又加速了开衩的产生，不过这是 20 世纪 30 年代改良旗袍的任务。1928 年天津《妇女》杂志刊文《穿旗袍的危险》有所记录：

> 海上有个人穿旗袍的少妇，一天从电车上跳下，因为旗袍的下摆没有开衩的关系，并且用揿扣扣住跨不开才跌了一跤，把膝上和手上擦得很重的伤……[1]

更直接的证据是比对同时期的旗袍实物，实物右侧里襟与大襟下摆齐整，大襟最后一粒纽扣距下摆 32 厘米，虽有一定开闭空间，形成了事实的单衩功能，但非常不利于行动（图 5-15）。

[1] 颜波光. 穿旗袍的危险 [J]. 妇女，1928（1）：9.

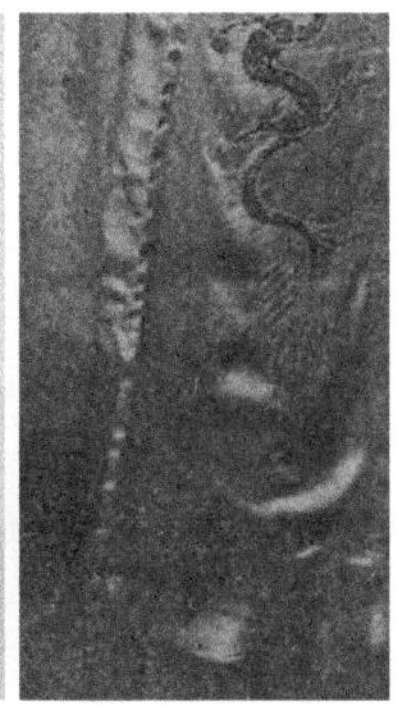

女子背视和左侧缝未开衩情况
来源：《图画时报》（1926年）

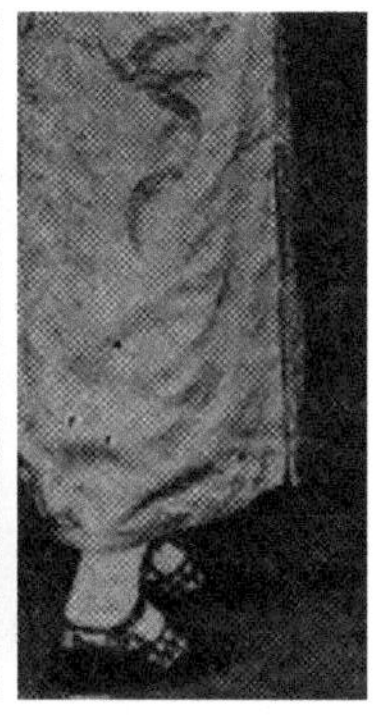

女子背视和右侧与大襟可见开闭结构
来源：《良友》（1926年）

图5-14　古典旗袍多角度结构形态

以初兴旗袍具有外衣属性、胸部收窄和无开衩三个形制要素为依据所构成的十字型直线平面结构（技术文献有专章讨论），为旗袍的古典时期：在形制上具有旗袍的基本特征，但在结构上仍未脱离十字型平面结构的中华系统，为旗袍的改良留下了空间。

在十字型平面结构的中华系统中，清代女子服饰共分礼服、吉服、常服和便服四大类，不过它们都是通过纹饰系统和材料加以区分的，结构相对不变，这是中国古代服制一贯的传统，如十二章制、官补章制等。古典旗袍主要继承了便服的形制。

礼服是清代贵族遇重大典礼和祭祀活动时穿用的配套服装，在清代冠服制度中，贵族礼服分类庞杂、功用繁复，也是清代宫廷服装种类中规格等级最高的。吉服为准礼服，又称彩服、花衣，主要用于重大吉庆节日、筵宴以及祭祀主体活动前后的序幕和尾声。常服用于非重大的典礼、祭祀、吉庆的亚正式场合，如先皇忌辰、夕月坛斋戒等。以上

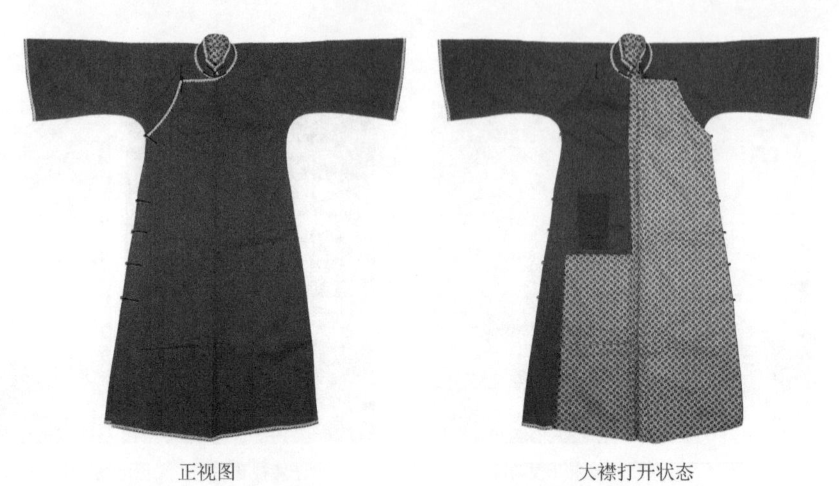

图 5-15　20 世纪 20 年代倒大袖古典旗袍实物的基本结构
来源：隐尘居藏

三类因为都属于制式服装，其款式、形制和规制在《清会典》中都有明确记载，是皇权的象征，不可僭越。

便服是清代贵族燕居时穿用的服装，常见的有便袍、马褂、氅衣、衬衣、坎肩、袄子、斗篷、裤子八种类型。便服在清代宫廷服饰中所占比例最大，其形式繁复多样、颜色纹饰丰富多彩，具有穿着舒适宜人的特点。[1] 由于其未列入典章，最具标志性的形制（立领、右衽、大襟、阔袖长袍）便成为便服的识别符号，不论品级、官爵均可穿着，是旗贵穿着最普遍的服装（图 5-16）。民国初年大量流入民间的旗装便是此类，戏曲旦角和鼓书艺人普遍穿着旗女便服演出，在民众中迅速产生巨大的示范作用（类似今天的明星效应），并确立了初始旗袍的认知地位，其中最为独特的"蔽体"造型（缠胸遗韵）所呈现的中华传统妇女之美，在改良和定型两次重大旗袍变革中也挥之不去。

在清代便服中，属于袍类的有三种，分别

[1] 严勇，房宏俊主编．天朝衣冠：故宫博物院藏清代宫廷服饰精品展 [M]. 北京：紫禁城出版社，2008：115.

图 5-16　清末旗人居家便服充满着深厚的中华传统意味

来源：《北清大观》（1909 年）

是便袍、衬衣和氅衣，据故宫博物院研究员房宏俊《清代后妃便服的发展演变及旗袍称谓的产生》记述：

> 便袍，圆领、大襟右衽、窄平袖、身长掩足、袖长及腕，裾不开，直身式袍，这种服装穿着较随意，即可内用也能外穿；衬衣，圆领、大襟右衽、平阔袖、身长掩足、袖长及肘，袖口多层间作可翻下状，裾不开，直身式袍，这种服装多做为内衣使用；氅衣，圆领、大襟右衽、平阔袖、身长掩足、袖长及肘，袖口多层间作可翻下状，裾左右开，直身式袍，这种服装只做为外衣使用。[1]

以上三种服装中，便袍可以内穿也可以外穿，并依内穿规制不设开衩；衬衣没有开衩是因为它只作为内衣穿着，不作为外衣；氅衣类似今天的罩衣仅作外衣穿着，必设开衩，而且衩高普遍在 50 厘米以上。由此推断，唯有“便袍”同时满足可内用也可外穿和无开衩结构两个要素。与初兴旗袍的款式、形制、装饰手法几乎一致。因此可以断定，初

[1] 房宏俊. 清代后妃便服的发展演变及旗袍称谓的产生 [EB/OL].https：//www.douban.com/note/258618872/，2013-01-18/2018-7-9.

光绪时期的便袍
来源：故宫博物院藏

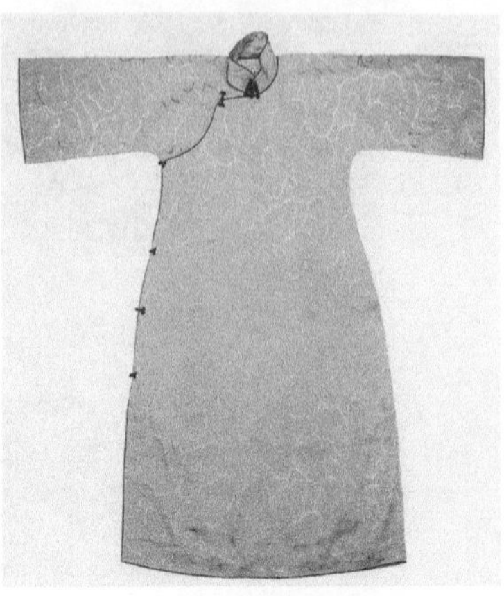

20世纪20年代倒大袖旗袍（古典旗袍）
来源：中国丝绸博物馆藏

图 5-17　清末便袍与古典旗袍的传承性

始旗袍是在清末女子便袍基础上收窄胸度、阔宽袖口形成的，俗称倒大袖旗袍（图 5-17）。由于它摒弃了传统礼教的等级制，也为其创建新的伦理文化提供了空间，只是从女权觉醒到改良行动还需要时间。

第六章

从天乳运动、胸衣革命到旗袍改良

在中华民族命运多舛的时代，旗袍的形成“是最惊艳的一笔糊涂账”[1]，不过当我们离它越远的时候越会看得清晰，如果对它产生的意识形态、物质形态和技术形态作综合研究的话，就可以理性地划出它的史学分期：1930年以前为旗袍的古典时期，即古典旗袍；20世纪30年代至20世纪50年代为旗袍的改良时期，即改良旗袍；20世纪50年代至20世纪70年代为旗袍的定型期，即定型旗袍。其中最具动荡也最具史学价值的就是改良时期。旗袍从御寒的实用主义到妇女挣脱礼教的觉醒，再到女权运动的推波助澜，旗袍由旗人特有的装束转化为民主时代的文化符号，引领着中华妇女服饰开始了从古典向现代转变的步伐，此为意识形态的必然。就物质形态而言，在整个20世纪30年代十年的时间里，旗袍虽然进入了改良时期，但一直没有摆脱连身连袖十字型平面结构的中华系统。虽然从意识形态上有改良的思想欲望，但在物质形态（迫于传统的压力）上仍心有余悸，因此未曾从本质上脱离

[1] 周松芳《民国衣裳》“驱逐鞑虏，恢复旗袍”的首语。周松芳编著．民国衣裳：旧制度与新时尚[M]．广州：南方日报出版社，2014：1-2.

古典服饰在结构上对女性身体的束缚。

当代女性对旗袍审美的倾向主要来源于对三围尺度的彰显，尤其是突出胸、腰和臀的差量表达所塑造的曲线特征，这是当代旗袍（定型旗袍）与改良旗袍最大的区别。显然，这种对人性美的追求在20世纪30年代前的传统着装观念中是不可能被接受的，要想改变它还需要一段从思想觉醒到身体革命的过程。

一、从“蔽体”到“舒体”：改良思想的觉醒

揭开旗袍改良形态特征的时间、动因和流行的过程，是解读旗袍发展历史不可回避的重要内容，这其中的核心问题就是由“蔽体”到“舒体”着装意识的改变，而这种改变的深层原因是从挣脱封建礼教开始的，才有了后来的女权运动，这是旗袍改良的思想基础。

“蔽体”即遮盖人体，削弱性状，是东方文化历来尊崇的古训，《仪礼·丧服·子夏传》载：

> 妇人有三从之义，无专用之道。故未嫁从父，既嫁从夫，夫死从子。[1]

《周礼·天官·九嫔》载：

> 九嫔，掌妇学之法，以教九御妇德、妇言、妇容、妇功，各帅其属，而以时御叙于王所。[2]

“蔽体”的实质就是封建礼教对妇女思想、行

[1] 李曰刚等编．中华文汇 先秦文汇 下册 [M]. 台北：中华丛书编审委员会，1963：1345.

[2] （西周）姬旦著；钱玄等注译．周礼 [M]. 长沙：岳麓书社，2001：67.

为、举止的约束，过渡到服饰上就要最大可能地遮蔽身体。“蔽体”的观念自东周至晚清，贯穿了整个封建社会，主宰着中国妇女着装的一切事项，晚清的西文东渐改变了传统蔽体观念，甚至比坚船利炮的作用更大且意义深远。

“舒体”即舒放人体，强调性状，是近代西方资本主义人性解放受古希腊罗马反禁欲主义的人本思想影响和继承，对于身体和第二性征表达和崇尚达到了古希腊之后的又一次高峰，并成为严肃艺术的重要特征之一。罗素在《西方哲学史》中《斯巴达的影响》一文写道：

> 尽管少女们确乎这样公开地赤裸身体，然而其间却绝看不到，也绝感不到有什么不正当的地方……并没有任何的春情或淫荡。[1]

西方文明自古以来就有表达人体美学的传统，这几乎构成了与东方完全背道而驰的西方哲学，成为女权思想的摇篮。1791 年 9 月法国大革命后期，奥兰普·德古热发表《女权与女公民权宣言》[2]倡导女权运动，虽然结局是失败的，却为女性独立埋下了希望的种子。随后，新古典主义艺术盛兴，进而刺激了西方妇女“本我”[3]意识的崛起。“舒体”渐渐成为 19 世纪以后西方女性独立思想支配下追求个性风格的时尚主流。正是这种思想成为中国妇女挣脱封建礼教前夕的播火者，只是要等待一个时机。

20 世纪以前，东西方女性的着装思想反差强烈，在缺乏文化交流的背景下相安无事，并行不悖。伴随着东西方文化交流的加剧，这一平衡被打

[1] （英）罗素著；何兆武，李约瑟译．西方哲学史 上卷 [M]. 北京：商务印书馆，1963：133.

[2] 1791 年 9 月，奥兰普·德古热发表了《女权宣言》，或称《女权与女公民权宣言》，提出了 17 条要求，它是法国历史上也是世界上第一份要求妇女权利的宣言，表现了一种独特的、完整的女权思想。

[3] 弗洛伊德于 1923 年在《自我与本我》中提出的心理学名词。它与自我，超我共同组成人格。弗洛伊德认为，本我是人格中最早，也是最原始的部分，是生物性冲动和欲望的贮存库。本我是按“唯乐原则”活动的，它不顾一切地要寻求满足和快感，这种快乐特别指性、生理和情感快乐。

19 世纪中国女性形象强调“蔽体”
来源：故宫博物院藏
《元机诗艺图》（清）

新古典主义时期女装强调“舒体”
来源：法国卡纳瓦雷博物馆藏
《雷卡米埃夫人像》（1803 年）

图 6-1　东西方同时代的女性形象

破了（图 6-1）。

在氏族社会早期，食物来源从狩猎采集过渡到原始农业及家畜驯养，女性起着主导作用，部落的状态主要靠人丁繁衍，女性相比男性有着得天独厚的优势，以女性为主导的母系社会制度由此建立。氏族社会晚期，随着人口增多、生活环境的恶化，生存压力逐渐增加，部落之间战争频发，产生了由国王统治的政权和军队的父系社会，父系社会制度建立，标志着漫长的男权社会的开始，男尊女卑观念的形成。女性逐渐成为男性的附庸，其生活方式受到严格的制约，这种情况一直持续到 18 世纪末。

不同的是 19 世纪以后，西方工业革命引发了人类生产生活方式的巨大改变，女性在参与产业劳动和社会活动的同时，也开始了男女平权的抗争运动，妇女社会地位逐步提升。20 世纪初期，西方女权思想在西文东渐的浪潮下进入中国，并被中国社会进步的精英阶层所接受。在秋瑾、张竹君、刘和珍等进步女性的引领下，强调女性革命与独立的女权思想成为推动社会进步的重要力量，服装以挣脱传统礼教为核心的改革也顺应潮流进入了人们的视野。

然而，女装改良的初次实践并不顺利，特别是对着装观念的改变，完全是对传统文化的颠覆，且又是在没有理论指导的情况下摸索进行的。娼妓成了“第一个吃螃蟹的人”，以“时尚”做幌子，为求标新立异而盲目将西式洋装与中装混搭穿着，成为当时的潮流“时装”。1918 年 5 月，《新闻报》刊文《劝导女界改良服装动议》对此事进行批评：

> 妇女新流行一种滛[1]妖之时下衣服，实为不成体统，不堪寓目者，女衫手臂则露出一尺左右，女裤则吊高至一尺有余，乃至暑天则穿一粉红洋纱背心而外罩一有眼纱之纱衫，几至肌肉尽露，此等妖服始行于妓女，夫妓女以色事人，本不足为责，乃上海各大家闺秀，均效学妓女之时下流行恶习妖服……[2]

妓女着装过分暴露肌肤的特征，与《礼记·深衣》所记“短无见肤，长无被土”的古典着装的境界有着巨大的反差，强烈地冲击了当时社会大众尚不具备的成熟穿衣观。在西方文化的背景下，妇女暴露身体可以成为高雅艺术，在东方文化背景下，妇女暴露身体便成为淫色行为，最适宜解释的就是“女体为万恶之源”，最好的办法就是遮蔽。而在西方却是“万美之源”，人体之美是古希腊的“最高法律”。这种观念的反差怎么可以在一朝一夕改变。当时女青年在不明所以的情况下纷纷借鉴学习，一定会受到社会舆论的强烈诟病，致使原本进步女性

[1] 注：“淫”的讹字。

[2] 佚名. 劝导女界改良服装动议 [N]. 新闻报，1918-5-24（7）.

的形象完全变了味道。流行于湖北汉口租界的英文报纸《字林西报》刊文 Sartorial Reform（《服装改良》）对这一现象也有记录：

> The Chinese authorities have issued the following interesting official notice… In recent days, women of questionable character have been seen talking and laughing in the streets and public houses of the Wuhan cities clad in extraordinary clothes and trousers which are neither foreign nor Chinese… in their dress there is no difference between the women and girls of respectable and good families and the demi monde… The female dresses, which were generally adopted by Chinese gentler sex previous to the first revolution in 1911 and are better suited for young women because they are not too short or narrow, should been instructed.[1]

妓女以出风头、标新立异为目标穿着露骨的装束，其目的无外乎吸引眼球、招揽嫖客，此举无可厚非。但年少懵懂的少女并不具备分辨是非的能力，实为不能分辨女权为何物，以为这样就是“革命”，实属大错，乃是自贬身价。

1918年6月，《顺天时报》刊文《中国女子服装改良》，呼吁女性以“健康”的心态进行服装改良：

> 女子服装之改良同时摒弃男子对于女装之趣味如何，旧男子趣味实为支配女子流行服装之重要原因之一……[2]

文章的核心立意是希望妇女今后的着装不要再刻意迎合男性的审美趣味，因为只有这样才能真正

[1] Sartorial Reform[N].The North-China Daily News（Wuchang），1919-12-29. 译：中国当局发布了一条有趣的公告……近来，一些穿戴新奇的妇女在公开场合谈笑风生，她们的着装既不是中式的，也不是西式的……她们的衣服，也无法分辨是良家妇女还是娼妓……女子裙装（注：即上身穿褂，下身穿裙子）在1911年首次革命就已经被广泛使用，它既没有太短，也没有太窄小，因而更加适合年轻女性，应该被提倡。

[2] 佚名．中国女子服装改良[N]. 顺天时报，1918-6-30.

在思想上独立，但收效甚微。

1918年至1920年，对于娼妓着装的盲目跟风一直在持续，并有愈演愈烈的趋势。媒体多次刊文希望以正视听，但女子着装混乱的现象并未因此好转。刊载于《顺天时报》的文章《对于妇女服装问题之管见》强调良家妇女应当自重：

> 凡良家妇女外出时，自十四岁以上者，宜勒令着裙以示区别，至于娼妓，原是倚门卖笑，竞尚时装本不奇怪……[1]

《妇女服装问题之商榷》一文批判商家为了牟取暴利，无视民俗，邀请娼妓站台推销服装，实则损害妇女形象，造成恶劣的社会影响：

> 店家为招揽生意起见，往往注重形式与门面之点缀，必求美丽娼妓劳神……不责备店家之装饰门面，而责妓女之炫耀服装……[2]

此外还有《法教会取缔妇女服装》等文章，均对年轻女子仿效妓女穿衣暴露的现象提出批评，发言倡导青年女子提高着装的觉悟和认知。刊载于《时报》的文章《改良服装与俗尚》言语虽不及《顺天时报》激烈，但也清晰地表明了女子服装改良应提倡中装，反对西装的立场：

> 今日中国正处于新旧过渡的时代，然究竟用何法为是，余意服装一事项，应需土货，而适于日常卫生者为度，不必用西装……[3]

诚然，娼妓所引导的“时装”“洋装”在今天看来并非真的像文章所说的那样是“淫妖之服”。

❶ 佚名.对于妇女服装问题之管见 [N]. 顺天时报，1919-8-6.

❷ 佚名.妇女服装问题之商榷 [N]. 顺天时报，1918-8-2.

❸ 佚名.改良服装与俗尚 [N]. 时报，1920-1-1.

但对于数千年来一直禁锢在男尊女卑的女德教化思想下的国人，这种突如其来的女装变化，绝不可能被接受。尤其是这种变化还是在娼妓的引导下流行起来的。女子服装改良的第一步迈得太大、太急，以至于忽视了社会发展进程的接受度。

混乱无序的模仿，不知不觉持续了数年之久，女子服装到底该何去何从，被舆论推上了风口浪尖，最终唤起了全国女性对于着装问题的重新审视与思考。1921 年，上海《妇女杂志》举办了一次名为“女子服装改良”的全国性征文活动，引起了全社会的广泛关注，各地有识之士纷纷投稿。最终，来自香港、成都、贵阳等地的 7 篇文章被录用，并于同年 9 月见刊。这些文章分别从中西服饰文化、性别、道德伦理等方面，就衣、裙、冠、履等服饰品类该如何穿着、如何改良分别进行了讨论，形成了提倡节俭、反对复杂装饰、宜用国货等主要观点。同年 11 月，《妇女杂志》刊登了署名黄泽的文章《女子服装改良的讨论》，其对征文活动后续的影响进行了总结：

> 现在社会上一般女子的服装，光怪陆离，争奇斗艳，矫正实为必要，改良更是要图。妇女杂志有见及此，对症发药，就大征文，这是何等可喜的事！如今第九号妇女杂志上，征文当选的，都发表了。我就愉悦的，热诚的，从头至尾详细读了一遍。觉得这当选的七篇大作，实在好极了；尤其于庄开伯、黑士二君，绘图立说，有具体的设计，这种文字，不宜多得。[1]

这次征文活动，在着装混乱的社会环境下，从

[1] 黄泽 . 女子服装改良的讨论 [J]. 妇女杂志，1921（11）：106-108.

现象到本质深入剖析了女子服装改良的内涵和动因，言简意赅地提出中、西式服装的改良与着装意见，对女子服装的改良起到了“正风”的作用。由于此时穿着旗袍的现象并没有大范围流行，因此文中没有涉及。但不论如何，这种中国近代史上第一次以妇女为主导的自发性服装改良思想的觉醒，为旗袍改良奠定了思想基础。

1921年以后，旗袍逐渐开始流行于市井，固然与当时争取女权思想的潮流有关，但这种思想并不能塑造全民对于旗袍精神形象的认知，那么旗袍的流行必然需要物质形态和技术形态的跟进。剖析1918年至1920年妇女着装混乱的历史与早期旗袍（古典旗袍）封闭无衩的结构形态，为这一猜想找到了证据，体现为初兴的旗袍采取了与时装过分暴露躯体完全不同的“保守”形态，更利于民众的接受。旗袍在普通百姓中流行并不仅仅是因为精英阶层所赋予的“挣脱礼教的女权精神”，更是因为照顾了普通百姓心中慢慢从“蔽体”到“舒体”的诉求。

1926年6月《民国日报》副刊《民国向话》中刊发的文章《袍而不旗》，强调了坚守旗袍“蔽体”功能的重要性：

> 然而旗袍脱，裤子出，单衩裤，使不得……

不论是为了遮盖袍内的裤装（内衣属私处，不可显露），还是受“短无见肤，长无被土”的传统思想制约，坚持相当一段时间旗袍无衩的侧缝和宽大的下摆，都满足了妇女在改良思想尚不成熟阶段对于服装“蔽体”功能的依赖。旗袍初兴的时间节点与改良思想萌芽产生的时间完全一致，绝非偶然，更像是新旧思想博弈的结果。

时至1927年，伴随着北伐战争的胜利，妇女运动迎来了新的高潮。一篇名为《禁止妇女束胸》的提案出现，“身体解放”成为社会女界讨论的热门话题，并与时下流行的旗袍、改良风潮，三股力量合而为一，开启了以改良旗袍为载体的中国妇女着装意识由“蔽体”到“舒体”的物质形态改变，催生了天乳运动，并由此使旗袍产生了优美的东方曲线。

二、天乳运动

“缠足”和“缠胸”是中国礼教传统“女性美”的重要标准，这种扭曲的审美标准是以摧残女性的身体为代价的。民国成立伊始，时任中华民国临时大总统的孙中山下令内务部《通饬各省劝禁缠足文》。法令称“其有故违禁令者，予其家属以相当之罚”[1]，延续近千年的缠足陋习自此逐渐消失。“放足”这一近代女性身体解放是在法规的引导下完成的，与女权觉醒的时代潮流契合而取得了良好的成效。而与缠足并行的“缠胸”现象，因为它可以直接削弱性状，人们不宜也忌讳触及，但研究礼教的“蔽体”现象却不能绕开“缠胸”，因为它是实现“蔽体”最有效的物理手段。然而，缠胸的情况并没有随着社会制度的改变而好转，或许是没有针对它而制定一个法律，给社会提供一个道德建构的命题。

缠胸在清末民初仍是妇女实现“平乳”的传

[1] 全称《大总统令内务部通饬各省劝禁缠足文》，1912年3月11日刊发。通常称作“劝禁缠足令”，是辛亥革命后南京临时政府颁布的一项社会改革的重要法令。

统手段，一般形式为抹胸或肚兜，以白棉布为材料围裹胸部称抹胸，主要流行于北方；以丝绸为材料缀以刺绣装饰的肚兜，多用于南方或两者共用。两种缠胸均以布带系扎，通过压迫和束缚使胸形趋平，再与宽博的外衣配合达到彻底掩盖胸部的目的。清末以后，女子缠胸的力度和强度都在增加，是通过外衣（袍）和缠胸共同在胸部收紧来达到效果。故宫博物院收藏的多件清末宫廷衬衣尺寸已经远小于正常人胸围。这是因为以纽扣系扎的新式胸衣取代了缠胸，这是否来源于西洋的胸罩还有待研究，重要的是外衣极度收窄不仅不能平乳，反而使性状显现，这便是“无心插柳”的效应，激发了启蒙当中的人性之美，伴随它的就是当时流行的马甲胸衣。

1927年6月，《北洋画报》刊登了一篇署名绾香阁主的文章《中国小衫沿革图说》，介绍了古今女子胸衣的变化，其中提到当下流行的“小马甲”胸衣，相比传统的抹胸和肚兜，对于人体的束缚更大：

> 此所谓小马甲者是也，为“南方人”（江浙等省）之名词，在北方统称小坎肩，在粤人则称为背心仔……盖此类束乳之小马甲，发明不过二十余年已。其始用之者，仅属一般上流妇女，今则上行下效，几已普遍全国妇女之各阶级矣。此物制法与普通背心同，只胸前钮扣甚密，俾能紧束胸部……[1]

文中描述“二十余年”前正是光绪末年，与故宫出现窄袍的时间吻合。上行下效的情况也说明此后民间女子服装胸部收窄的现象流行而成为时尚，

[1] 绾香阁主．中国小衫沿革图说[J]．北洋画报，1927（99）：3.

甚至一度将大乳阔臀者讥为粗俗村妇，“平乳”成为都市女性的标签，不束胸则被视为“村下婆”。1927年《广州民国日报》刊文《只得由她束吧》记载广州大沙头一位先生带着他“不事渲染，没有时髦病”的妻子上街，迎面走来的路人惊呼“咦，村下婆”，这位先生的妻子因为没有束胸被嘲笑，其妻：

> 不愿意佩这个“村下婆”的徽号。[1]

借了一件小衫，依葫芦画瓢，居然也束起胸来。1921年前后，初兴旗袍正是在这种收窄胸部的衬托下，放弃缠胸的传统样式（抹胸和肚兜），取代它的便是西洋胸衣，这意味着放乳运动的到来，因为胸罩的目的并不是为了平乳，而是为了隆胸，故赋予了它一个优雅的名称“文胸”。

缠胸在清末民初作为女性着装的审美标准，对女性身体健康影响很大。不少社会进步人士认识到缠胸的危害，纷纷从生理卫生、民族繁衍等角度提出批评。1915年《妇女杂志》创刊号上，近代著名教育家沈维桢[2]先生就曾撰文《论小半臂与女子体育》，批评当时女校学生缠胸的习气，称其“有碍发育而害生理”，文中记：

> 小半臂者，何物也？女学界新发明之物，小背心是也！即束缚胸乳之物，以为美观也……此即阻人天然之发育，而害生理之甚者也……旧弊仅伤之足，今弊更伤人之胸及肺。伤足为人将来生产子，女身之害尤小，而以伤胸及肺为人身之害更大而深也……虽有乳汁必不畅旺，胎儿身体必不健全，甚至传染肺病，流毒骨髓，虽有神医亦难救治！[3]

[1] 旅人.只得由她束吧[N].广州民国日报，1927-8-26.

[2] 沈维桢（1889～1966年）男，近代教育家，上海崇明县人，又名沈同一，毕业于上海私立城东女学师范（上海龙门师范学校），撰文时时任舍监职务。1927年，任私立南洋模范中学校校长。1951年，加入中国民主促进会，被选为中央候补委员。

[3] 沈维桢.论小半臂与女子体育[J].妇女杂志，1915（创刊号）：1-2.

1921年8月2日，胡适于安庆第一中学演讲《女子问题》[1]也提到：

女子解放。解放必定先有束缚。这有两种讲法：一是形体的，一是精神的。先讲形体的解放。在从前男子拿玩物看待女子，女子便也以玩物自居；许多不自由的刑具，女子都取而加在自己身上，现在算是比较的少了。如缠足、穿耳朵、束胸……等等都是，可以算得形体上已解放了……再谈束胸，起初因为美观起见，并不问合卫生与否。我的一个朋友曾经对我说，假使个个女子都束胸，以后都不可以做人的母亲了！[2]

1926年张竞生[3]在《新文化》创刊号发表《裸体研究》，对束胸更是严厉批评：

把美的奶部用内窄衣压束到平胸才为美丽！这样使女子变为男人，而使男人不会见奶部而冲动，虽说礼教的成功，但其结果的恶劣则不堪言说，这不但是丑的，而且不卫生，女人因此不能行肺腹呼吸，仅能用肩式呼吸而因此多罹肺病而死亡。又压奶者常缺奶汁以养所生的子女，其影响于种族甚大……[4]

禁止"束胸"的倡议先后持续了十数年之久，逐渐引起社会各界的注意。1926年8月14日《北洋画报》刊文《粧（妆）束杂谈》记：

今年上流妇女之内衣，均用西式而略事变通……今夏妇人胸部已略加放松，不若前此之紧缚，但胆小守旧之流，仍未敢显然解放耳。吾知北京有某夫人，实为主张解放最力者。夫人不论冬夏，家居与外出，玉峰常高耸，颇有西妇之风，堪称真美……[5]

[1] 该文刊发于1922年．由张友鸾，陈东原据胡适演讲整理。胡适．女子问题[J]．妇女杂志，1922（5）：6-9.

[2] 何卓恩编．胡适文集 人生卷[M]．长春：长春出版社，2013：65-66.

[3] 张竞生(1888～1970年)，男，原名张江流、张公室，广东饶平人，民国第一批留洋（法国）博士。20世纪20年代至30年代中国思想文化界的风云人物，是哲学家、美学家、性学家、文学家和教育家。

[4] 张竞生．裸体研究[J]．新文化，1926（创刊号）：63.

[5] T.粧（妆）束杂谈[J]．北洋画报，1926（12）：2.

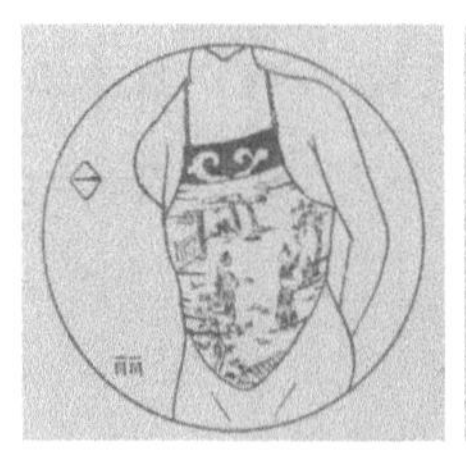
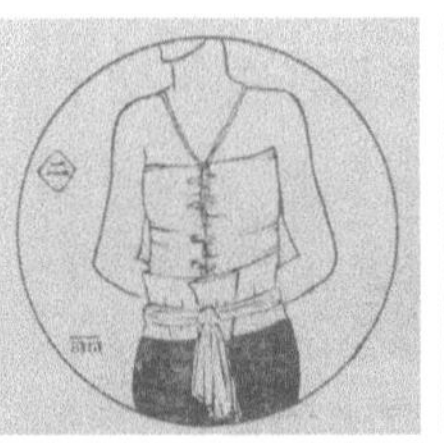
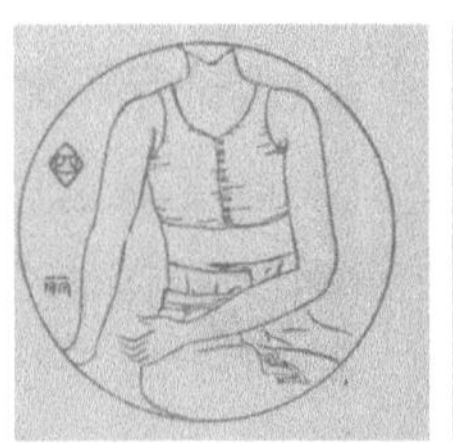
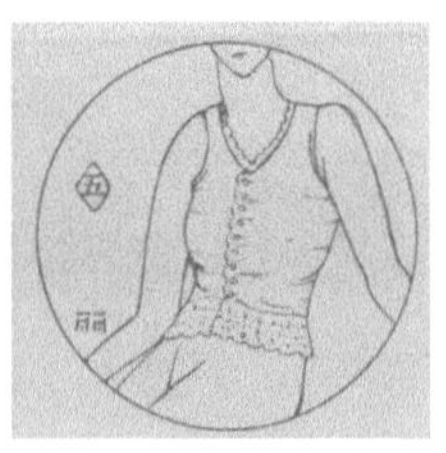

旧式的肚兜和抹胸　　　　新式的胸衣“小马甲”

图 6-2　清末民初新式胸衣“小马甲”缠胸到文胸的一次人体革命

来源：《北洋画报》（1927 年连载第 93 期、第 98 期、第 99 期）

在舆论的影响下，北京、天津等地也已经有人逐渐实行“放乳”的举动，并引入西式胸罩，范围仅限于部分上流女性（图 6-2）。

1927 年 4 月，南京国民政府成立，立法工作亟待完成，迫于舆论压力和在女权运动情绪高涨的契机之下，《禁止妇女束胸》一案正式提交广东省政府，开启了近代以来第一次社会化的女性身体解放运动，即“天乳运动”进入到制度的层面。

1927 年 7 月，时任代理广东民政厅厅长、中山大学校长的朱家骅向国民党广东省政府委员会第三十三次会议提交禁革妇女束胸的议案，建议由政府公告，禁止女子束胸：

> 拟请由省政府布告，通行遵照，自布告日起，限三个月内，所有全省女子，一律禁止束胸，并通行本省各妇女机关及各县长设法宣传，务期依限禁绝。倘逾限仍有束胸，一经查确，即处以五十元以上之罚金。如犯者年在二十岁以下，则责其家长，庶几互相警惕，协力铲除，使此种不良习惯，永无

> 存在之余地将来由粤省而推行全国，不特为我女界同胞之幸福。[1]

提案一经公布，迅速议决通过，先于广东全省境内试行，尤其是在青年女子中反响热烈，甚至有人自发组织“天乳运动执行委员会”，发布六言打油诗昭示推行放乳：

> 妇女胸部解放，本奉明令使然。
> 从前南安腊鸭，一概不准束缠。
> 务求恢复天乳，曲线何等美妍。
> 嗣后玉峰高耸，索友毋得垂涎。
> 严禁禄山利爪，不许稍近胸前。
> 倘有非礼举动，何止重罚金钱。
> 胆敢摸身摸世，必定当众笞臀。
> 为此示谕索众，幸勿河汉斯言。[2]

随即，天乳运动以广东为中心，迅速辐射全国，引起各地的热议。1928 年 8 月，《北洋画报》刊文《妇女装束上的一个大问题——小衫应如何改良》称：

> 不见南方也厉行“天乳运动”了么？我们在北方也应该奋斗为是……[3]

其声势之大，震动全国，上海、广西南宁、湖南等省市纷纷响应，各地政府也陆续颁布禁止女子束胸的条例，并开始在女校中查禁缠胸行为。社会各界积极踊跃，抨击缠胸行为，并普及健康知识，探讨革除这一陋习的方案。报纸、杂志纷纷发表天乳美图，这在平乳蔽体统治尚存的时代，是不可想象的。倡扬天乳美图的早期时尚画报多以欧美妇女

[1] 朱家骅．提议禁革妇女束胸[N]．广州民国日报，1927-7-8.

[2] 天乳运动执行委员会．六言昭示[N]．广州民国日报，1928-8-27.

[3] 绾香阁主．妇女装束上的一个大问题——小衫应如何改良[J]．北洋画报，1927（114）：3.

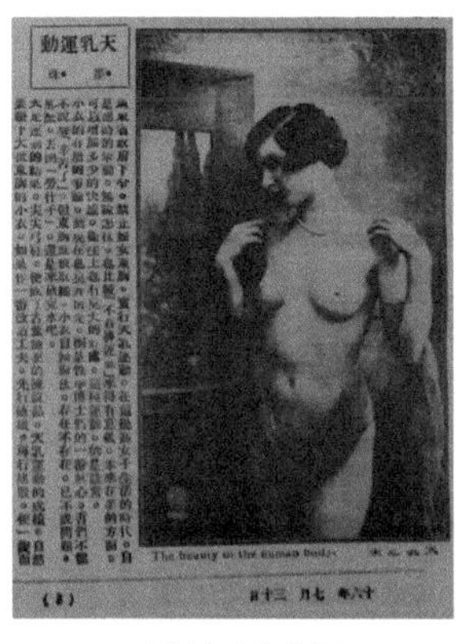

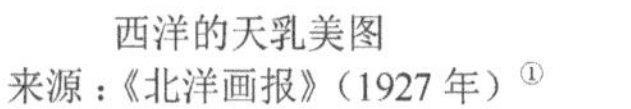

西洋的天乳美图
来源：《北洋画报》（1927 年）[①]

东方的天乳美图
来源：《大亚画报》（1929 年）[②]

图 6-3　天乳运动从天乳美图的旁观者到参与者的转变
（以往此类刊物以西洋人形象为主，后转为东方面孔）

① 墨珠．天乳运动 [J]. 北洋画报，1927（108）：2.

② 张建文．中国人体美之一 [N]. 大亚画报，1929-9-10（2）.

为之，它山之石（西方人裸美早已成为高雅艺术的潮流），可以攻玉，到了 20 世纪 30 年代初天乳之美被社会广泛接受，时尚画报的天乳美图也换成了东方女子，这就是“绝感不到……任何的春情或淫荡”逐渐觉醒的“中华礼物”（图 6-3）。天乳运动在全国蔓延开来，女性自然的身体形态特征逐渐得到社会的正视和肯定。这给旗袍放任妇女之美的结构改良提供了绝佳的机会，准备了科学的理由。

三、从胸衣革命到旗袍曲线的改良

天乳运动让人们开始审视和接受西方崇尚女体之美和淫荡无关的观念，甚至舆论公开讨论女性“丰隆之美”。1927 民 8 月《民国日报》刊载公开讨论《女子束胸与胸部曲线》的文章：

> 胸部曲线，也要丰隆突起才是美观，故西洋妇女多束腰装乳，务求胸曲线之丰隆……[❶]

❶ 观我生．女子束胸与胸部曲线 [N]. 民国日报，1927-8-12.

收录于《张竞生文集》中的文章《性美》可以说是初试探讨人体美学的专题论文：

> 奶部发达，则胸部也发展，两粒奶头高耸于酥胸之上，其姿势为向前突出而与其臀部的后突成为女身的曲线形，这是女性之美处……[1]

这给物质形态的胸衣变革提供了强大的理论基础和“西化”理由。

1928年《大公报》刊文《胸部解放与衣服改良的问题》称：

> 现在有许多欲放胸的妇女，因为平胸式衣服阻碍，不便立即解放。衣服的样式，本以适体为主，身体上既有发展或更变，所以衣服也必须立刻改良。[2]

这种从女权思想的觉醒到服装改良的结果就是引进西式胸衣（民国文献称“乳罩”）。这种从放乳（放弃缠胸）到塑乳（胸罩隆胸）是对传统礼教的彻底颠覆，但作为外衣的旗袍却不那么直接，而变得羞羞答答。成为事实的胸衣革命，为旗袍的变革，无论是在精神层面还是物质层面都做好了准备，只是等待时机。

1927年《北洋画报》刊文《胸衣构造说明》介绍了西式胸衣的结构、功能（图6-4），实则伴随天乳运动的胸衣革命指引：

> 此为新式胸衣之反面图，图中双指所示之两窝，为藏乳之处，故乳受托住束住而不被压迫。衣之中间，并有带可以收缩放宽。衣上有两带，慰藉肩上。衣之后面，有扣可以扣紧。此其构造

[1] 张竞生.张竞生文集 上[M].广州：广州出版社，1998：276.作于1927年10月，刊载于《新文化》月刊第一卷第六期。

[2] 张相会.胸部解放与衣服改良的问题[N].大公报，1928-11-8.

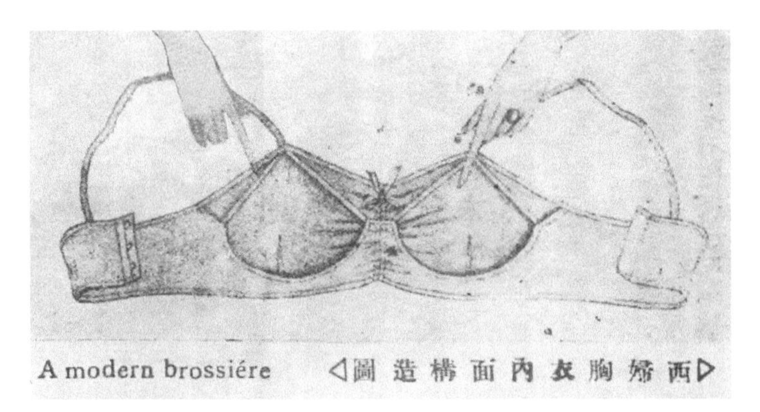

图 6-4 西式胸衣构造图指引

来源：《北洋画报》（1927 年）

> 大概也。此物有拖持双乳之利，而无压迫胸部之弊，似可仿用。❶

明示天乳运动必须引入物质文明的利好手段才可以走得更远，改良旗袍便是它的衍生品。

1930 年，南京国民政府内政部为提倡天乳运动发布政令，敦促女性的足、腰、耳、胸的解放：

> 查妇女缠足束腰穿耳束胸诸恶习，既伤身体，复碍卫生，废种弱国，贻害无穷，迭经内部查禁备案，兹准前由，除分别咨令外，相应咨请查照，并希转饬所属确实查禁为荷……❷

天乳运动的制度化，并伴随政令催促，自古以来束缚女性生活的缠胸布亟须替代方案，西式胸衣应运而生，成为放乳后“小马甲”最好的替代品，因为它不会像小马甲那样压迫胸部。因此不仅要提供这种替代品的指引，还要宣传它的科学道理。当时《北洋画报》中载文《妇女装束上的一个大问题——小衫应如何改良》就有详细记述：

❶ 绾香阁主．胸衣构造说明 [J]. 北洋画报，1927（130）：3.

❷ 佚名．查禁女子束胸案 [N]. 广东省政府公报，1930-1-2.

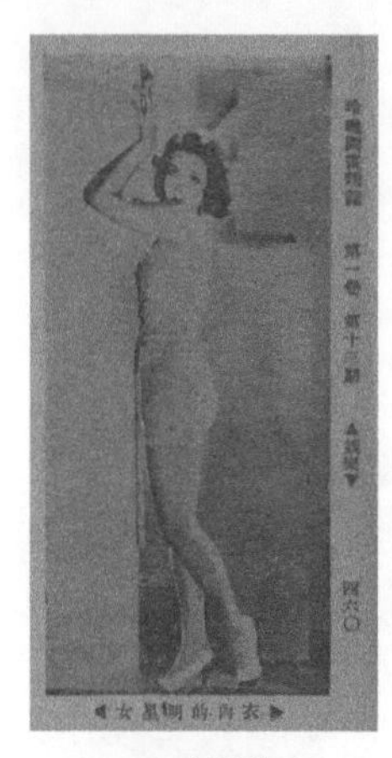

1931 年的胸衣
来源：《玲珑》

1937 年的胸衣
来源：《知识画报》

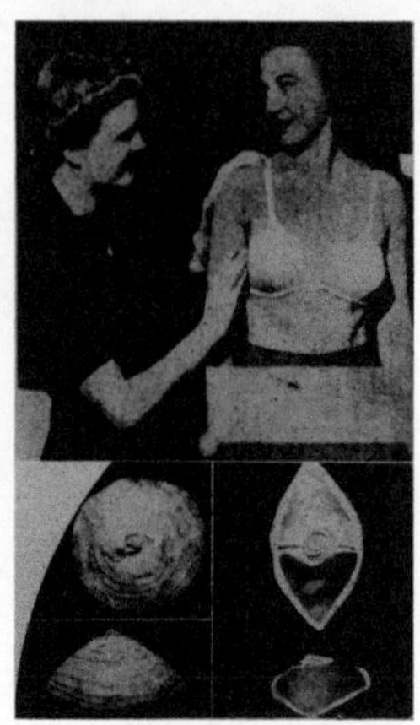

1939 年的胸衣及罩杯模型
来源：《都会》

图 6-5　20 世纪 30 年代的西式胸衣

> 说一句痛快的，就是小衫❶本身并无废除的理由，因为他不过是一件衣服罢了，我们所要打倒的不是他，是“压乳”的行为。我的意见，以为乳仍须束，但不可压；所以请读者认明束乳与压乳为两事。❷

文章主张借鉴西洋胸衣解决问题：

> 现代西妇所用抹胸❸的理由，不是压乳，去损坏她们的曲线美，正是要把美烘托出来，所以我们进一步主张中国女子仿用西洋抹胸（可名为乳衣，抹胸稍欠妥）。

1932 年《玲珑》杂志刊文《妇女必需的乳罩》则更进一步讲述西式胸衣的功能和作用，尤其提出可以解决大龄妇女放乳后的一些现实疑难问题，使得西式胸衣的受用人群进一步扩大，就其功能设计，西方已经有了人体工学理论，当时只能理解为世俗概念：

> 欧美各国的妇女，差不多都用乳罩。因为它对于个人的身体，既可增加美点，并且有种便利。譬

❶ “小衫”为胸衣通称。

❷ 绾香阁主. 妇女装束上的一个大问题——小衫应如何改良[J]. 北洋画报，1927（114）：3.

❸ 借用传统叫法实为胸罩。

图 6-6　上海名媛薛锦国着改良旗袍旧照

来源：《中华》（1930 年）

如年纪老了，乳部自然不及年少时地美，如果有了乳罩的帮助，便好看得多。[1]

由 1931 年《玲珑》杂志刊图《女明星的内衣》[2]、1937 年《知识画报》刊图《内衣展览》[3] 及 1939 年《都会》杂志刊图《乳罩篇》[4] 所示乳罩模型等图像资料（图 6-5）可以确定，此胸衣的功能、形制甚至材料均与今天文胸无异。

可见，旗袍的改良是由内至外的，它经历了从蔽体到舒体改良思想的觉醒，从天乳运动到胸衣革命，才换来了从宽袍大袖的直线造型到窄衣窄袖的曲线造型。然而在结构上也只是从十字型直线平面结构变成了十字型曲线平面结构，或许人们还不能完全接受作为外衣的旗袍像胸衣一样对妇女身体表现得一览无余。尽管如此，只是从“直线”到“曲线”一字之差却有划时代的意义，因此它脱离传统礼制，成为新时代中华妇女面貌的标志。1930 年，在上海《中华》杂志刊登名媛薛锦国所穿旗袍时装照片（图 6-6）中，可以看到旗袍袖口下摆开始收

❶ 徐吴兰英 . 妇女必需的乳罩 [J]. 玲珑，1932（63）：580-581.

❷ 佚名 . 女明星的内衣 [J]. 玲珑，1931（13）：460.

❸ 佚名 . 内衣展览 [J]. 知识画报，1937（6）：2.

❹ 佚名 . 乳罩篇 [J]. 都会，1939（7）：2.

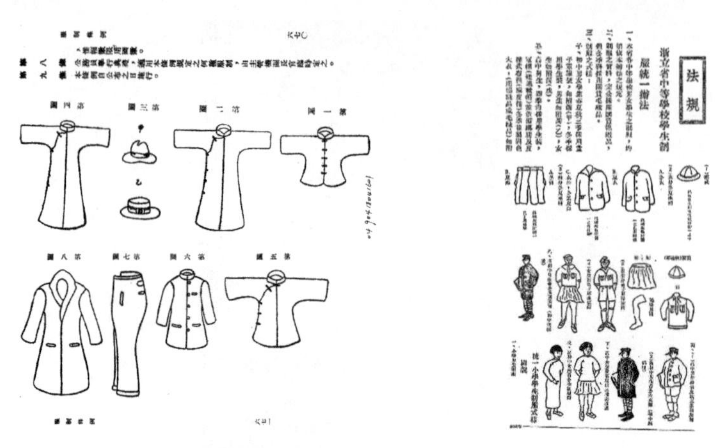

1929 年《服制条例》的古典旗袍（左上角）　1931 年浙江省学生制服的改良旗袍（左下角）

图 6-7　1929 年《服制条例》与 1931 年《浙立省中等学校学生制服统一办法》记载古典旗袍和改良旗袍的标准形制

窄，出现明显的胸腰曲线结构，与改良前的古典旗袍形成一个清晰的时代界线。

政府方面也有所动作，从 1927 年 6 月天乳运动到 7 月国民广州省政府“禁止妇女束胸案”公告，以修身美腰为标志的旗袍改良成为妇女自由解放的划时代文化符号，无意中被政府的法令定格在历史中。1931 年，浙江省发布《浙立省中等学校学生制服统一办法》，初现改良旗袍的标准形制，对比 1929 年南京国民政府与 1931 年浙江省政府的两份服制条例的官方文件，相隔不足三年，从传统旗袍到改良旗袍的改变（图 6-7），成为认识旗袍史学三个分期[1]中第一个分期“物质形态”的时间节点，也是旗袍“意识形态”和“技术形态”两种抽象形态的物化反应和呈现。

结合当时图像资料相互印证，会得到更全面的认识。1935 年，当红明星阮玲玉出演电影《神女》，其所穿的旗袍可明显看到胸腰曲线结构，可以说是 20 世纪 30 年代改良旗袍标志性造型，但这是在没

[1] 旗袍史学三个分期是从意识形态、物质形态到技术形态的考证和综合分析得到的。20 世纪 30 年代以前为古典时期，即古典旗袍或前旗袍时代；20 世纪 30 年代至 50 年代为改良时期，即改良旗袍，综合考证证明这个时期很可能延续到 20 世纪 60 年代初才结束；20 世纪 60 年代后为定型期，即定型旗袍，它是以分身分袖施省的立体结构呈现，并形成社会、制度和学术共识，而这一切发生在中国的香港和台湾地区。

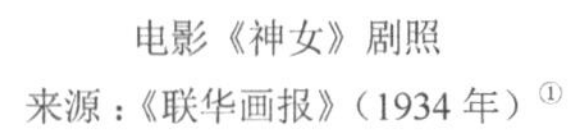
电影《神女》剧照
来源：《联华画报》（1934 年）[①]

阮玲玉饰演的神女
来源：《影迷周报》（1934 年）[②]

图 6-8　电影《神女》中阮玲玉所穿改良旗袍成为 20 世纪 30 年代主流妇女穿衣标志

有西式胸衣修正胸形的情况下，靠人体胸部自身的支撑力和收紧旗袍尺寸的反作用力形成的，成为当时主流社会妇女独特的穿衣方式，也是天乳运动和改良旗袍博弈的结果（图 6-8）。这种情况在上层社会流行并成为标志性生活方式，使此成为一个特定历史时期的文化符号，对旗袍的发展产生了巨大的推动作用。最伟大的实践者就是宋氏三姐妹，她们是从古典旗袍到 20 世纪 30 年代的改良旗袍亲身实践者，让人们将代表中华新女性的形象和旗袍联系起来。

旗袍自 20 世纪 20 年代初兴至 20 世纪 30 年代改良成功，经历了十余年的坎坷与磨难，伴随着中国近代代表妇女独立的标志性事件——天乳运动和胸衣革命，最终完成了旗袍由直线向曲线的华丽转身，成为代表近代中国妇女形象最成功的国家名片。然而它的使命并没有结束，或者它更深层的价值并没有被挖掘出来，如技术形态更深层的意义并没有被揭示。如今的旗袍为什么没有沿用古典旗袍

① 佚名．艺人阮玲玉一生的贡献[J]. 联华画报，1934（7）：26.

② 佚名．“神女”中之邢少梅·阮玲玉 [J]. 影迷周报，1934（7）：18.

和最具历史文化意义、有时代标志的改良旗袍，而最终确定为定型旗袍并被世界公认？定型旗袍是怎样从改良旗袍演变而来的？演变的时间、空间和社会背景是怎样的？这些都是作为“旗袍史稿”需要揭示的。

第七章
旗袍改良的“辛路”历程

天乳运动催生了旗袍改良，标志性的改变就是对女性身体曲线的表达，形式也在适应社会背景和流行趋势的不断变化，这个过程从 20 世纪 30 年代到 50 年代长达 20 余年，有足够的时间上演这样那样的故事，其中最精彩的就是 20 世纪 30 年代到 40 年代这段时期。改良旗袍在流行初期因为与清代旗人相关的称谓在社会中引起了争议，但最终还是因为其形态表征对人体美学具有的普世价值，而逐渐发展成为表达多元中华民族的文化符号和引领中国近代妇女服饰审美的风向标。这一过程在民国时期的报纸、杂志以及文学作品中都有着翔实而生动的记录和描述，是官方文献所不能及的。

一、改良旗袍图像文献的记述

20 世纪 20 年代末的图画杂志最先出现了曲线造型改良旗袍的记载。[1]1927 年《上海画报》刊发

[1] 以文字记载的“改良旗袍”要早于图像，且有观点的描述。

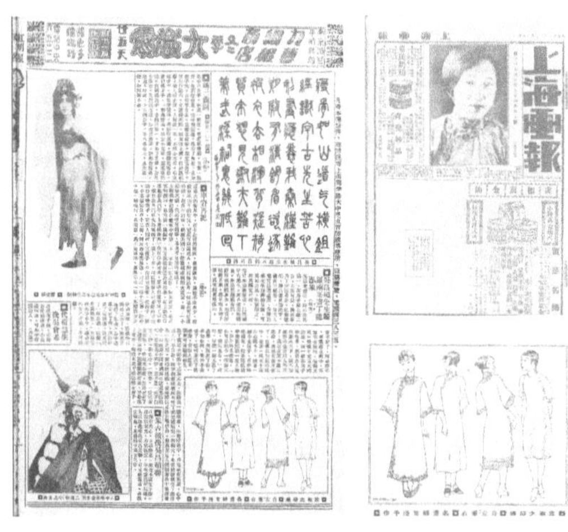

图 7-1　名画师叶浅予作《旗袍之变迁》

来源：《上海画报》（1927 年）

名画师叶浅予作品《旗袍之变迁》[1]，描绘了旗袍从 1920 年初兴到 1927 年的发展过程。虽仅记录了七年的变迁，但它具有非常重要的文献价值，因为它刚好真实地描绘了从古典旗袍到改良旗袍的演变轨迹（图 7-1）。图中自左至右用精准的线稿形式绘制了四位着旗袍的女子，最左侧女子的旗袍侧缝呈直线型，袖长过肘、袖口宽博，衣长及踝，领口、袖口和下摆装饰有边饰。左二和左三女子的旗袍衣长缩短至膝与踝之间，领口、袖口等边饰向简约化发展，衣身造型出现向人体靠拢的收身趋势，此三图与前文梳理的实物古典旗袍特征完全吻合（见图 5-17）。最右侧女子的旗袍与前三者有明显不同，不仅衣长缩短至膝，下摆收窄、袖口收紧，并在腰部出现明显的曲线，左侧下摆可见有较低的开衩，如此描绘的正是改良旗袍初现的形态。此四个人物绘本生动记录了改良旗袍演化的图谱，属当时主流时尚杂志，很有史料价值。

1928 年《上海漫画》对此时的旗袍记录更具专

[1] 叶浅予 . 旗袍之变迁 [J]. 上海画报，1927（304）：2.

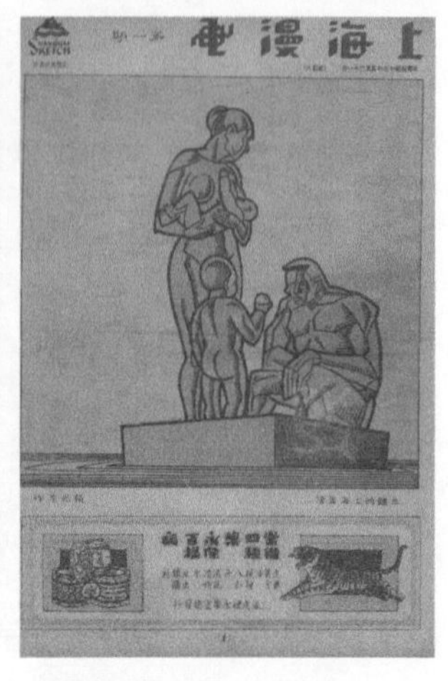

图 7-2　1928 年流行旗袍的最新式样曲线结构成为主流
来源：《上海漫画》（1928 年）

业和艺术美学的阐释：

> 旗袍在今日之妇女界，其流行有意想不到的普遍。在从前，记得她之受“批评”，似乎全都以为她是埋没女性体态美的一种过于直线性的服装，想不到经过几度的变迁，反而超过短袄长裙的势力。她之显然的优点，即在充分的呈露出女性的曲线美……[1]

图绘的表达技法和艺术品位亦均属上乘，作品体现出分离主义新装饰风格[2]。这段文字明确了改良旗袍和古典旗袍最大的不同就在于曲线结构的出现，同时也将旗袍流行的主因归功于其强调人体曲线的表达。文中所提到的“埋没女性体态美”，实际上就是旗袍由古典时期向改良旗袍转变过程中所遗留的“蔽体”现象，即此时女子尚存束胸的习俗，正因如此成就了改良旗袍“含敛之美”[3]，就是今天盛行的定型旗袍也不能与之媲美（图 7-2）。

表现人体曲线结构是改良旗袍最重要的特征，在改良旗袍流行的社会背景下，理论界开始了对于

[1] 佚名 . 旗袍画图 [J]. 上海漫画，1928（1）：4.

[2] 1890 年至 1910 年在欧美流行的装饰艺术运动，是作为反对 19 世纪华而不实、浅薄浮夸装饰风格而兴起的一种新装饰风格，主要应用在建筑、室内装潢、家居设计、珠宝设计等方面。最初产生于英国伦敦，很快风行欧洲各国，但在各国名称不同，如德国叫青年风格，奥地利叫分离主义，西班牙叫现代风格。宋耀良主编 . 世界现代文学艺术辞典 [M]. 长沙：湖南文艺出版社，1988：206.

[3] 含敛之美：既符合时机又符合无为而治的中庸传统，用“改良”而不用“革命”表现出中华文化的智慧。

服装造型的思考，认识到这种现象背后的学术价值，也预示着旗袍成为中华服饰的标志并不是偶然的，它背后的理论建构更值得进行深入研究。1928年，《国货评论刊》刊文《衣之研究》针对古典服装和改良服装的不同，提出了“曲线造型”的概念：

> 最近之新超向，则侧重于线条之抽象意味。衣之外影，如通常之式，身腰与肩阔，股围三处，同一宽度者，则为直线形。其比贴于体处，而使腰细股大，见有弯曲之线者，则为曲线形。其不如经常之式。[1]

理论界基于改良旗袍流行的社会现象快速形成了理论指导，以《衣之研究》为代表的文章，为以曲线为标志的改良旗袍的推行提供了理论基础。

1930年，《中国大观》图画年鉴专辑《旗袍之流行》对时下旗袍的现状和流行情况进行了阐述：

> 旗袍为清朝服式之变相。现经相当之改良，已为目下我国妇女通常之服式，若裁剪得宜，长短适度，则简洁轻便，大方美观。[2]

原文配影像发布，六种影像虽有类型提示，但影像中女子穿着的均为有曲线特征的改良旗袍。就文献研究而言，这是针对旗袍结构变革过程中较早使用“改良”文字描述的主流文献之一，当代学术界“改良旗袍”称谓的使用也由此而来（图7-3）。

1937年，《现代家庭》刊文《十五年来妇女旗袍的演变》对旗袍产生曲线化改良的时间节点有明确记录：

[1] 佚名．衣之研究[J]. 国货评论刊，1928（1）：2.

[2] 佚名．旗袍之流行[J]. 中国大观（图画年鉴），1930：229.

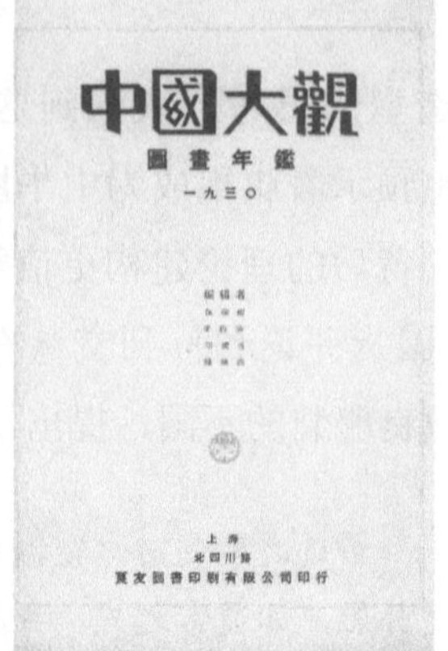

图 7-3　1930 年流行的“改良旗袍”被《中国大观》（图画年鉴）以图文形式记录下来

来源：《中国大观》（图画年鉴）（1930 年）

> 中国女子的旗袍式样是短旗袍，这是一九二九年的短旗袍时代。随后因静安寺路大陆饭店开盛大的舞会。这一班新时代摩登的仕女，总觉得我中华民国的女子的衣服无论如何华丽，可是她的式样不及西洋女子的美丽。于是新奇的适合身材欧化[1]的新式旗袍出现了。这是曲线美旗袍的产生时代。[2]

该文的记述明确了曲线旗袍产生的时间是在 1929 年前后，结合当时的影像史料，这个时间节点是可以确信的。

1927 年至 1930 年是旗袍进入结构改良阶段的分水岭，此后衣长缩短、收腰的曲线等特征成为改良旗袍的标志，并逐渐被社会主流接纳。以上这些物质形态的图像文献真实客观地记录了旗袍出现曲线结构的时间节点，是旗袍史三个发展阶段分期中古典旗袍到改良旗袍的重要文献依据。

[1] 欧化表明旗袍出现西式的合体化的服装审美倾向，同时也引入了西方的服装装饰工艺，特别是蕾丝的应用。

[2] 昌炎．十五年来妇女旗袍的演变（附图）[J]. 现代家庭，1937（2）：51-53.

二、改良重提易名，“无如风愆，旗袍如故”

1929年，南京国民政府《服制条例》颁布，以官方的名义确立旗袍为法定女子礼服，但并没有使用“旗袍”的称谓；社会虽普遍使用，但争议不断，正是改良的思潮和一系列的物质、技术手段才使“旗袍”的称谓稳定下来。进步女性追求独立的思想催生了天乳运动，旗袍便成为承载这项运动最佳的物质形态，它很快取代了汉族袄裙（裙褂）的传统习惯，在某种意义上是汉人摆脱传统礼教的自觉。而这对于那些受传统礼教思想禁锢和怀揣“排满”情绪的人来说，旗袍成为这个汉人统治的时代符号当然难以接受。社会上立刻有非议发出，直指旗袍的形制和称谓承继满族旗人，有复辟之嫌。

事实上，早在1921年旗袍初兴之时就有不断的争论。根据前文史料引述，社会上曾流传，穿旗袍女子是清朝遗民的说法，但一方面因为与实际情况不符，另一方面因为此时旗袍并没有广泛流行，因此非议并没有引起社会的普遍关注，也就不了了之了。

1927年，从天乳运动到胸衣革命，强调曲线结构改良赋予了旗袍新时代和进步女性的内涵，这其中会有两种解释：一是旗袍内涵的满人文化变得微不足道，只是名称而已，且习惯用之；二是旗袍名称和内涵反差变大，应该易名。由此再次因其与满人的关联而引起人们的关注，尤其是“排满”人士的非议。这也从侧面说明改良旗袍在此时社会上的影响力和广泛的关注度，但历史发展趋势、潮流的走向总是眷顾变革者而不是保守者。

1928年，《北平画报》署名乐天的文章《旗袍》最先对改良旗袍的流行提出质疑：

> 旗袍——是满清妇女的服装。我们打倒帝国主义的新女子，如何反穿着去工作革命事业……[1]

其后，1933年《女子月刊》发表的署名徐青宇的文章《妇女问题讲座——为什么要叫做旗袍呢》则认为穿着旗袍是投降旗人的先兆：

> 前两年，我到上海去，有人劝我做两件"旗袍"穿穿。我问："什么叫做旗袍呢？"她就指着马路上妇女们穿着的花花绿绿的长衣说："这就是旗袍呀"……后来才知道那是八旗妇女的袍式，所以才叫做旗袍。这又使我更加糊涂了。我们不是汉人吗？……为什么就要穿着旗袍呢？汉人偏偏欢喜旗袍，这是汉人投降旗人的先兆，多么可怕的事体啊呀！[2]

上述观点一经发表，立刻引起社会议论，但并没有得到民众响应，原因是1928年《国货评论刊》早有刊文《旗袍的美》对此类观点进行过驳斥：

> 旗袍确系旗人的服式，不过现在男子所穿的西装，非但是西人的服式，而且是异国人民的服式，如要禁穿旗袍，应先禁穿西装。[3]

还发言支持妇女穿着旗袍，提出穿旗袍可以使女性看起来更加得体：

> 现在一般成年女子多不穿裙[4]，甚不雅观。与其不穿裙而穿短衣，还是穿旗袍较为得体……[5]

[1] 乐天.旗袍[J].北平画报，1928（1）：3.

[2] 徐青宇.妇女问题讲座——为什么要叫做旗袍呢[J].女子月刊，1933（3）：37-38.

[3] 佚名.旗袍的美[J].国货评论刊，1928（1）：2-4.

[4] 汉人妇女传统"裙褂"习惯与时代格格不入。

[5] 佚名.旗袍的美[J].国货评论刊，1928（1）：2-4.

支持者较为客观中立的观点，与反对者出于“民粹”思想盲目抵制的观点形成了鲜明的对比，因而得到广泛的认同。孰料1935年旗袍改良成功已成定局之时再次有人对旗袍重提“脱满入汉”的主张，提出以“颀”代“旗”的易名方案，以避讳“旗”字使用。但此时对于旗袍与清代旗人关系的非议已经多方商榷而呈民族大义的共识，“旗袍”的称谓已被社会普遍接受，更名的倡议并未被采纳，社会仍然普遍使用“旗袍”称谓。《绸缪月刊》刊文《纯孝堂漫记：旗袍流行之由来》对这一过程有所记录，也深刻揭示了这种民族大义是一种历史的必然：

> 今岁元旦，湖社举行国产丝织品礼服运动，主张定旗袍之旗字为“颀”字，盖取诗经“硕人其颀”之旨，意至善也。无如风愆已成，积重难过，湖社虽作登高之呼，社会间犹通作旗袍如故焉。[1]

此文甚是精辟且客观，旗袍从1921年初兴到20世纪30年代之盛，并没有昙花一现，又经历了从天乳运动、胸衣革命到以表达妇女体形曲线为主导的改良运动，旗袍已成经典（旗袍如故焉），何况它一开始就没有什么过失（无如风愆）。

三、旗袍改良“技术形态”的探索

旗袍改良初期所追求的曲线令人耳目一新，但由于没有更多经验的积累，也没有形成一套应对改良的技术方案，因此出现了一些有悖常理的现象。改良旗袍的裁制，为了追求曲线甚至违背人体结构

[1] 潘怡庐.纯孝堂漫记：旗袍流行之由来[J].绸缪月刊，1935（2）：95.

规律和基本生理需求，改良初期并不顺利，险些令改良旗袍成为笑柄。

1928 年，《妇女》杂志刊文《对于女子旗袍的小贡献》记录了旗袍改良之初过分追求人体曲线致使胸臀不设松量，这或许是把传统"缠胸"私衣不自觉地外衣化或变革传统手法用之（直接用平面结构去塑造立体）。但无论如何，结果都不理想：

> 还有女子旗袍的身里，往往做的很小，把乳部紧紧的裹住，臀部高高的耸起，竟能瞧见那条屁股缝哩！她们以为是曲线美，我以一些也不美……[1]

1929 年，《联益之友》杂志刊文《淮扬琐闻：打倒旗袍之扬州》，记录了两则案例，描述了两位青年女子因为穿的旗袍紧窄，不能迈大步进而跌倒丧命的事故：

> 此间福运轮船公司之第二号轮船，内有一乘船之女客因身着旗袍，下船时跨步太大，稍不经意，乃被旗袍绊跌落水，致香消玉殒于波臣之中……时未及周，而此间某领袖之夫人，往镇江，在汽车站乘火车时，又因被旗袍绊跌坠车致命。某领袖既哭之恸，于是女界打倒旗袍之创议，遂随之而起。[2]

同年，《上海漫画》发表《最近的旗袍》[3]漫画，直接点明了此时旗袍的一些问题：

> 紧窄的下摆似乎有不许人行动的意思……高领子真是浑身最痛苦的部分……电车里若使大意一点，那就容易给人注目[4]。这么一来，她觉得她的薄纱旗袍出了毛病了（图 7-4）。[5]

以上描述事件的文献所提到的案例虽是极端

[1] 胡尧昌. 对于女子旗袍的小贡献 [J]. 妇女月刊，1928（5）：10.

[2] 树春. 淮扬琐闻：打倒旗袍之扬州 [J]. 联益之友，1929（135）：4.

[3] 叶浅予. 最近的旗袍 [J]. 上海漫画，1929（68）：4.

[4] 配图女子所穿旗袍过短，致使坐下时稍不注意便会走光。

[5] 配图女子所穿旗袍臀部过紧，因此坐下时会撕裂开。

图 7-4　旗袍改良出现的一系列问题刊登在《上海漫画》中

来源：《上海漫画》（1929 年）

个案，但却真实地反映出当时旗袍改良所出现的问题：其一，下摆过窄、侧缝不设开衩或开衩低致使行走不便；其二，衣长过短容易走光，缺乏新时代礼仪考虑；其三，领子过高影响颈部活动；其四，过分强调曲线，在胸、腰、臀处不预留松量致使蹲坐时旗袍撕裂或过度体露。在这些问题中，第三个是款型问题，但与国际礼制有关，就领子而言，高领社交礼仪总是高于低领，且多用在礼服。第四个是结构问题，裁剪时没有考虑到为人体活动预留松量，因为合体的裁剪和技术不是中国裁缝的传统。第一和第二个最为特殊，它们既是结构问题，也是形式问题，同时还是东渐的国际礼制和传统礼教博弈的伦理问题，它们的修正代表着旗袍改良进入了技术形态的建成阶段。

然而，旗袍改良的技术形态建成是不能无视古典旗袍这个物质形态基础和传统的，因为初兴时期的旗袍是以清代女子便服为蓝本进而完成它的改良的。古典旗袍（清代便袍）侧缝无衩、下摆宽大，这是因为在传统礼制中，袍最初是作为内衣出现的，不开衩可以有效地包裹和遮掩身体。古典旗袍完全继承了这些传统，保留宽大下摆（不设开衩）一方面是保守思想作祟，另一方面也是为了方便行走和活动，只是胸围尺寸有所收窄，但裁剪手法没有根本改变，结构形制仍保留十字型直线平面结构，这是它成为古典旗袍的关键依据。1928年，《旗袍的美》一文指出：

> 在短裙将成强弩之末，长裙重行代兴的当儿，旗袍就渐露头角了。不过那时候的样子委实不很高明，知板板地只是一股笨气。因为不开叉而又要便于行走的缘故，所以下边异常阔大袖子承袭大袖的遗风，所以也很阔大，又因为习见于男子的袍子的宽大，所以腰身亦不小，因此就是身材瘦小的人穿上去，也觉得十分板。[1]

文中将旗袍的宽大下摆描述为“知板板地只是一股笨气”，说明大众的审美已经开始向曲线化偏移。

此后改良旗袍逐渐流行，收紧腰臀和下摆以突出人体曲线，这源于天乳运动所提倡的人性解放。但此时穿旗袍的人还是“笨气”的，因为表面上看似追求用曲线表达人性之美，但内心深处仍在固守礼教的最后一点余威，在形式上收腰以塑造曲线的同时又不愿意开衩（或开衩低矮）。旗袍在这种一半接纳一半固守的情绪下进行改良出现的种种问题，就不奇怪了。

旗袍总是和长衣相伴相生的，“长袍”便由此而来。为显现胸腰曲线，紧窄的衣身和下摆又带来

[1] 佚名. 旗袍的美 [J]. 国货评论刊，1928（1）：2-4.

了人体行动不便与松量不足的问题。松量控制和开衩结构是个很强的技术问题，需要积累经验。剩下的就是最简单的改进，变长袍为短袍也可以解决行动不便的问题，也便于在大众中普及，因为无论是出于国际礼制还是中华传统，“短袍”都可以作为便服使用。因此开始流行将衣长缩短至膝处以上的旗袍，以减小服装对于人体活动的影响。改良旗袍最初短至膝处的原因一方面像1937年《沙美乐》刊文《旗袍的发展成功史》中所说，是西方流行元素的借鉴，另一方面是为了方便行动：

> 因为当外国女子的衣服多行短，所以那年（大约在一九二九年的那一年）中国女子的旗袍的式样是短旗袍，这是一九二九年的短旗袍时代。[1]

随着高跟鞋的流行，开衩的结构到了不得不改的地步。1942年，《吾友》杂志刊文《旗袍与女人》记录了此时旗袍开衩的变化：

> 从现在往前推，大概也不算太久，那时的女人的旗袍是长长的瘦瘦的，领子又是高高的。“开气”却不大，穿平底鞋倒还没有什么关系，一到后来着上高跟鞋，那时算苦透了她们，即使能走路，衣服也不允许，那样不得不设法了，才又改了长的“开气”。[2]

为了平衡功能、礼仪和时尚三者之间的关系，旗袍开始了新一阶段“科学化”的结构改良，双侧均出现较高开衩，衣长也可以逐渐加长、胸腰臀施加适当松量。

旗袍结构的深入变革是人性解放思想与守旧思

[1] 佚名. 旗袍的发展成功史 [J]. 沙乐美，1937（2）：1.

[2] 蒲风. 旗袍与女人 [J]. 吾友杂志，1942（49）：9.

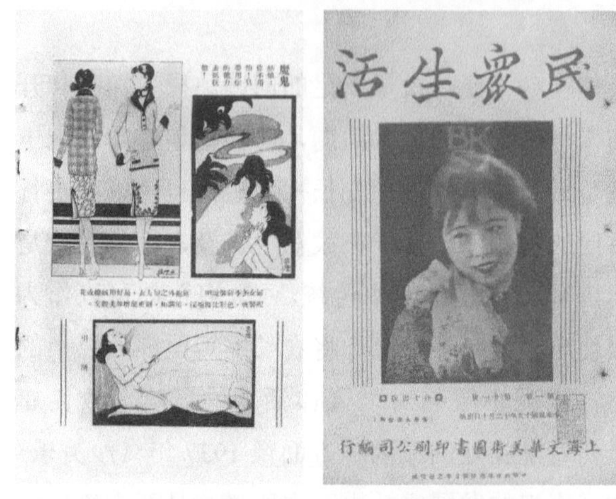

图 7-5 《妇女冬季新装说明》所示旗袍双侧均有开衩
来源：《民众生活》（1930 年）

想博弈的结果。时至 1930 年,《民众生活》刊图《妇女冬季新装说明》[1] 出现的旗袍，开衩长度提高至臀下（与中指尖齐），松量适中，没有完全紧裹身体，相较于此前改良不彻底的无开衩（或低开衩）、无松量旗袍，无疑完成了一项重要的结构“修正”（图 7-5）。

如果说曲线结构改良是外形的改变，那么加入合理松量和配合不同长度设计不同的开衩就是内在改良的技术探索，标志着旗袍真正打破了传统礼教的禁锢，成为民主共和新时代语境下妇女身心解放的标志物。这无疑是因改良旗袍为大众穿衣文化带来愉悦而得到社会的普遍认可。1931 年，《循环》刊文《评“长旗袍”：复古思想之又一面》，对于改良旗袍评价道：

> 我们不能不承认，现代欧美的男女服装，比之封建时代是有一个很大的进步。这种进步的特点便是（一）短小轻便，便于作事；（二）式样新颖，有活泼进取的精神；（三）击破封建制度思想，能

[1] 忠澄 . 妇女冬季新装说明 [J]. 民众生活，1930（21）：4.

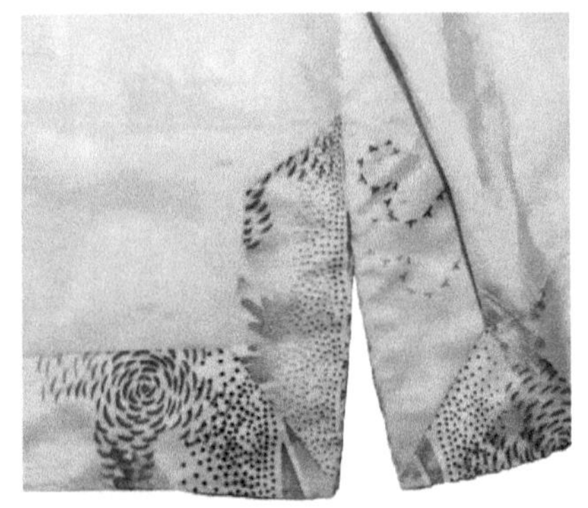

图 7-6　旗袍初试改良腰线下摆微收短小开衩的标本（20 世纪 20 年代末）

来源：私人收藏

> 充分表现人体美—即肉体美（自然，西装有些麻烦还是不好的）。这是经济进展于社会变革的结果。而这种条件，我们不能不承认他真正是美，是美时必具的条件。
>
> 近年来中国妇女创造了一种非常优美的服装，那就是现在还在风行的长不过膝的短旗袍。这种短旗袍的好处，完全包括了上面三个条件，并且还有三个条件好的就是：布料不多，非常省钱；制造便捷；省去了一条裙子。所以我们该承认这种旗袍……[1]

此后，短小轻便、便于行事、式样新颖、表现曲线之美便成为改良旗袍的赞美之词。

在对传世的古典旗袍和改良旗袍标本研究中，从物质形态到技术形态也生动真实地记录了这个技术的探索过程。旗袍产生初始根本谈不上改良，可以说是直接从清代妇女便袍的“拿来主义”，仍保持着倒大袖无开裾（开衩）的基本形制，只是胸围有所收窄而显微妙曲线，且全部去掉所有缘饰工艺。到了初试改良旗袍，下摆有所收窄，两侧开衩

[1] 伊凡. 评“长旗袍”：复古思想之又一面 [J]. 循环，1931（6）：107.

图 7-7 20 世纪 30 年代经典改良旗袍的标本
来源：北京服装学院民族服饰博物馆藏

便应运而生，但很短，这便是“求人性之美又碍礼教余威”的物态写照（图 7-6）。到了 20 世纪 30 年代，旗袍完成了包括完美曲线、高衩、窄袖的改良（图 7-7），并创造了整布幅裁剪（无中缝）与挖大襟工艺这种独一无二的技术，这意味着它进入全盛期并成为经典之作，而这一切都与节俭动机有关，成为实践中华“俭以养德”传统的里程碑。[1]

[1] 参阅有关“改良旗袍的技术文献”的章节，阐释和建立了一整套基于节俭目的独幅布料裁剪配合挖大襟技术，是独特且具有标志性的时代技艺。

第八章

改良旗袍流行：从旧礼制到新礼制的建构

1929年南京国民政府颁布的《服制条例》中曾明确规定礼服旗袍的形制是“齐领，前襟右掩，长至膝与踝至中点与裤下端齐，袖长过肘与手脉之中点，质用丝棉毛织品，色蓝，纽扣六”[1]。说明当时的官方《服制条例》就是基于国民的社交礼仪制定的。如款式的长短、质地选择都有礼仪级别的提示，只是还需要在流行文化的实践中形成社会共识。当20世纪30年代改良旗袍的结构基本确定后，旗袍受潮流与时尚影响衍生出了不同的款式，时而衣长至足面，时而短至膝上，在官定法令之外，形成了适应不同场合的流行风尚。这便误打误撞地使旗袍渐成体系并适应强劲的国际社交礼制的进入，交织着改良和流行理念打造了一个东方式的中华礼服系统[2]。

一、长旗袍的流行与新社交伦理的实践

旗袍经过改良后开衩得以提高，松量控制也变

[1] 内政部总务司第二科编. 内政法规汇编 礼俗类 [M]. 重庆：商务日报馆，1930：64-65.

[2] 中华礼服系统，有两层意思，第一，以旗袍为标志，但并不是单一独立的样式，而是根据不同社交场合形成不同的要素组合产生不同的社交级别，通常根据国际社会惯例，长款和华丽的丝绸面料级别更高，短款和朴素面料的级别会低。这就是通过当时的流行体验和实践总结的。第二，旗袍成为大中华礼服，是因为影响深远。包括少数民族和周边国家，在形制上完全相同，如少数民族的汉化旗袍、东南亚国家的旗袍化礼服。因此旗袍是大中华一统多元特质的标志性文化符号。

得灵活有度。此时西方女性的着装社交风尚不断地冲击着中国女性的审美取向，由此长至脚踝长旗袍成为新的潮流，在同一时期既有长款又有短款旗袍流行去适应不同的社交要求，并慢慢在意识中形成社交伦理。1937年，《十五年来妇女旗袍的演变》对于长旗袍的流行有这样记录：

> 近数年间欧美女子的衣服，尤其是礼服，多行长及足背的式样。吾国女子的短旗袍，一面由短式的渐渐变长。一面由宽式的渐渐切身……目下有一班爱好摩登的姑娘，竟然把袖子切掉了，把两臂显露。这是非是脱胎于外国女子的夜礼服……[1]

此时的长旗袍与流行市井的常服短旗袍不同，这种"长及足背……把两臂显露"，是针对西式礼服（低胸长裙形制）为比较对象衍生的同等级礼服，重要的是它还夹杂着传统礼教的顾及。长旗袍流行伊始，由于开衩较高，为避免走光，往往搭配裤子穿着（图8-1）。随着长旗袍只用在正式社交场合的习惯形成，高开衩也被接受（适应社交级别越高越追求暴露的惯例），衬裤也慢慢被去掉了。

然而，长旗袍毕竟不方便且又多在灯红酒绿中的贵妇身上穿着，使当时的社会产生了一股强烈的反抗势力，至于社交伦理的学术讨论认为其不合时宜。1931年，《循环》刊文《评"长旗袍"：复古思想之又一面》认为此时流行的长旗袍是富人和资产阶级的新宠，不能提倡：

> 但是不知何故，最近几个月忽然发现一种长旗袍，长到掩盖了脚踝骨，我们仔细分析一下，这简直就是一种文化的反动。这种服装的特点在那

[1] 昌炎．十五年来妇女旗袍的演变[J]．现代家庭，1937（2）：51-53.

1931 年流行长至“足背”的旗袍 通常内穿长裤

来源：《玲珑》（1931 年）①

图注：“长旗袍衬长裤是一九三二年的流行”

来源：《玲珑》（1932 年）②

图 8-1　20 世纪 30 年代长旗袍衬长裤的流行以适应上层社会社交的接受度

里呢？

第一：这样长的衣服，跑路做事都不方便，一般饱食终日无所事事的太太小姐们——即是说社会的寄生虫们倒不妨穿来出出风头，但一般平民及劳动妇女是没有这个福气的。

第二：像古代皇后贵妃式的拖着这么长的一件衣服，又累赘又不自然，活泼进取的精神一点也没有了。封建的土劣❶与资本家们或者会高兴，稍有革命思想的人便必会反对。

第三：这种衣服穿来，把人体美淹没了一大半。穿起来只像戏台上的老太婆，一点时代认神也没有了。封建社会是最所满意，但稍稍认识社会进化与革命的史的规律的人，就能明白它的反动性。

第四：小而言之，即令在金的钱花费上与人工的制造上讲来，这样都是要浪费许多……所以长的旗袍，无论在那一方面讲，都是不好的……我们是应该反对的。❷

文中对于长旗袍的态度代表了平民阶层和市井百姓的普遍情绪。“太太小姐”“资本家”“出风头”等词语的出现，实际上表明了长旗袍开始了精英

① 叶浅予 . 围巾与长旗袍 [J]. 玲珑，1931（35）：1390.

② 佚名 . 长旗袍衬长裤是一九三二年的流行 [J] 玲珑，1932（49）：1.

❶ 土豪劣绅的含义，也指品行恶劣的人、专门在地方上做坏事的人。

❷ 伊凡 . 评“长旗袍”：复古思想之又一面 [J]. 循环，1931（6）：107.

图 8-2 《良友》刊载的长旗袍影响深远
来源：《良友》[①]（1935 年）

① 佚名 . 夏季时装 旗袍式 [J]. 良友，1935（106）：41.

化、贵族化、社交化的实践。正因为有着社会上层人士的引领，促使长旗袍形成了像汉代《乐府诗集城中谣》说的那样：

> 城中好高髻，四方高一尺。城中好广眉，四方且半额。城中好大袖，四方全匹帛。[❶]

如此上行下效的风尚推动着社会进步，长旗袍的流行成为社交规则且总会被社会接受，因为维系社会秩序和前进的规则总是自上而下的。重要的是有无先进性，包括物质的和精神的。在当时中国社会旧礼制被打破、新礼制又没有建立的情况下，迷惘的社会需要指引，作为礼服的长旗袍出现得正合时宜，因此它的出现很快就成为可持续性的经典，到今天它作为中华礼服仍具有强大的生命力（图 8-2）。

与此同时，与传统文化的博弈的确产生了一些对社交伦理的建设性探讨，这就是社会上对于长旗袍流行的一种观点——“遮蔽天足”的说法。1931

❶（南朝宋）范晔撰；（唐）李贤注 . 后汉书 第 3 册 [M]. 北京：中华书局，1965：853.

年，《红玫瑰》周报刊文《高跟鞋和长旗袍考》：

> 苏州地方，有个望族……他所生一女名唤丽英，前年已有二十五岁了，尚未出阁。其所以没有出阁的原因，因为她的脚腿生的异常粗大，而身材又十分矮小，真是教人一见，即要退避三舍的；所以，没有人向她求婚过。因此她终日忧愁不堪；而她的父亲也是闷闷不乐……左思右想，忽给他想出了一个方法，即雇了一个裁缝来，又互相商酌上了一阵。结果做了与男子长衫相仿佛，非牛非马的一件女长衫，这便是长旗袍！丽英穿了出去，少见多怪的人们因为从未见过这样的装束，于是便以时髦目之了！[1]

这篇文章所述故事的真实性无从考证，但民国初年推行“放足令”之后，社会对小脚迅速变大脚在审美上积习难改确是事实。至于因为都变成了大脚，尽量让旗袍长些“遮羞”倒不一定是事实。重要的是，加长的旗袍确是很美，尤其当长度加到使足似隐似现的时候，真是美轮美奂。通过对时俗经典标本的研究，都会接受这种流行美学的事实。旗袍曲线的改良发展到20世纪30年代已经炉火纯青，或者是到了尽头，长裙的流行在旗袍中复现，像是涅槃重生。最美妙的是，旗袍加长到足踝位置，下摆不放而作微收[2]，这是“独幅旗袍料”裁剪的工艺美学所创造的经典[3]，传世标本研究得到了很好的实证。通过对标本（图8-3）结构信息采集可知，衣长为139.5厘米，以着装者身高165厘米计算，袍摆正好盖住脚面。标本运用了典型的“独幅旗袍料”和“挖大襟”技术，是利用面料有限的弹性和“归拔”工艺巧妙地将大小襟的缝份处理得恰到好

[1] 向明昇. 高跟鞋和长旗袍考[J]. 红玫瑰，1931（28）：4.

[2] 根据人体工学要求，衣服越长，下摆越阔，以给腿部活动更大空间。长旗袍不放而收，下摆保持初试曲线改良的S形美学传统，更重要的是这样仍然可以坚守以“独幅旗袍料”为特征的技术与工艺。

[3] 程乃珊. 上海百年旗袍[J]. 档案春秋，2007(12)：32-36. 程乃珊，上海人，祖籍浙江桐乡。农工党党员。1965年毕业于上海教育学院英语专业。任上海市惠民中学英语教师，上海作家协会专业作家，中国农工民主党上海市委委员，上海基督教女青年会董事，上海市政协第六、七届委员，上海市文学发展基金会理事。1979年开始发表作品。1985年加入中国作家协会。

图8-3　20世纪30年代运用“独幅旗袍料”和“挖大襟”技术完成的长旗袍经典

来源：私人收藏

处，不仅有效地保证了布料的完整，还使大襟接缝隐藏得天衣无缝，长旗袍的流行越发使这种独特的技术与工艺强化了东方风韵，这或许是成为中华妇女华服经典的原因所在。

1937年，《现代家庭》刊载《十五年来妇女旗袍的演变》，对流行于20世纪30年代的长旗袍进行了总结性的阐述：

> 这旗袍何以能把三百年来衣裤裙全部淘汰呢，以我所见，是有三种原因。
>
> 一是经济。以前女子的一套的衣服包括衣裤或者是衣裙而言，它的原料是要一丈二尺，现在一件旗袍只要八尺。以前要出两件衣服的做工，现在改为一件。以前是纱、单、夹、棉、皮的分别，还有纱的明暗、单的罗绸、夹的纱缎、棉的厚薄，皮的轻重，种种的分别，现在种类却大大的减少了。只要你有一件旗袍，一件大衣，至多加了一件绒线衫，你就可以称为衣衫齐备了。这是在经济上的胜利。
>
> 二是美丽。大约因为高跟鞋盛行，这与以前旗下女子高心鞋[1]相吻合。因为鞋下高了些，就加添

[1] 清代旗人女子所穿的高底鞋，也称花盆底。

了不少美丽的姿态。还有曲线美的发明与利用。把这旗袍无形中提高了女子衣服的程度，是合乎艺术家所公认的美的条件。这是以艺术上的胜利。

三是便利。以前要穿长裤、着衣袄、加上裙子是三件事。目下可以很迅速的，仅仅穿这一件衣服，的确是合于现时代的需要——简便。这是在便利上的胜利。

所以目下的旗袍，当时可以认为中华女子的衣着。恐怕要比任何时代女子衣着的来得“实惠”。但是它也有它的缺点，就是走路不大方便。所以我主张，（一）旗袍至少要有四种的大分类，就是冬令夏令着的应有分别。日间夜间穿的，也应有分别。冬令可用长袖，夏令用短袖，日间的尺寸要短些，夜间的尺寸不妨长些。（二）还有对于这衣服的三大要素——质、色、式——不可不致意。因为要得到服装上的满意，那末对质料轻厚的判明、颜色花样的选择、以及式样做法的变化，必须要有充分知识的培养（图 8-4）。[1]

这篇文章确实是不同于帝制时代改朝易服遵循的等级教化，而转为强调功效的自然科学和艺术，但这并不意味着没有社会礼制。这种礼制是建立在功效学和公共社交文化基础之上的，这就是旧礼制和新礼制的根本区别。这篇文章正是那个时期的社会对新礼制社交伦理探索的反映，长旗袍的流行便是这种探索的产物。虽说 1929 年的南京国民政府《服制条例》就已经将旗袍规定为“礼服”，但直到 20 世纪 30 年代长旗袍的流行，才真正完成了旗袍由常服向礼服的升格。重要的是长旗袍的流行并不是为了让短旗袍进入历史，而是通过流行文化认识了它的社交定位，进而完善了旗袍系统的社会功

[1] 昌炎. 十五年来妇女旗袍的演变 [J]. 现代家庭，1937（2）：51-53.

現代家庭

我記得在民國八九年間。女子的大衣。還沒有出世。大半的女子。都用斗篷代大衣。但是沒有斗篷的人。就用這旗袍代斗篷。但是她們在室內亦多穿旗袍禦寒。式樣是寬大。顏色多深暗。這是旗袍用來禦寒的時代。

後來這冬令的旗袍就應用到春令。更從春令到夏令。再從夏令到秋令。而還到冬令。遂為一年四季可以穿着的一件普通的女子衣服。因為當外國女子的衣服多行短。所以那年（大約在一九二九年的那一年）中國女子的旗袍的式樣是短旗袍。這是一九二九年的短旗袍時代。

隨後因靜安寺路大陸飯店開盛大的舞會。這一班新時代摩登的仕女。總覺得我中華民國的女子的衣服無論如何華麗。可是牠的式樣不及西洋女子的美麗。於是新奇的適合身材歐化的新式旗袍出現了。這是曲線美旗袍的產生時代。

近數年間歐美女子的衣服。尤其是禮服。多行長及足背的式樣。吾國女子的短旗袍。一面由短式的漸漸變長。一面由寬式的漸漸切身。成為當令稱為最美麗的一件衣服。不但風行到國內各處。牠的魔力竟攻入到巴黎的時裝領區域與好萊塢明星的腦閣了。這是旗袍的成功時代。

目下有一班愛好摩登的姑娘。竟把袖子砍掉了。把兩臂顯露。這是非是脫胎於外國女子的夜禮服。這是無袖旗袍的發現時代。這是旗袍最

五二

图 8-4 《十五年来妇女旗袍的演变》（时间指 1920 ～ 1936 年）

来源：《现代家庭》（1937 年）

能，并形成了春夏浅色、纱质、短袖，春秋深色、丝绵、长袖；日间常服用短装、夜间礼服用长装的着装系统。这一最终放弃封建等级制为标目的伟大实践与发端英国、发迹欧美、理论化于日本的国际着装惯例（The Dress Code）有着异曲同工之妙。接下来，马甲的加入让践行的新礼制中有了一个名副其实的国际化中华礼服经典。

二、奉为圭臬的黄金组合

当代的旗袍史研究有一种观点认为，改良旗袍是从长马甲演变而来的，通过综合考证研究，这种观点很难立足。1940 年,《良友》刊载《旗袍的旋律》专文，描述旗袍产生过程的同时提到了一种与旗袍相关名为“旗袍马甲”的配服：

> 中国旧式女子所穿的短袄长裙，北伐前一年便起了革命，最初是以旗袍马甲的形式出现的，短袄

> 依旧，长马甲替代了原有的围裙……长马甲到十五年（注：1926 年）把短袄和马甲合并，就成为风行至今的旗袍了……[1]

文中提到“风行至今的旗袍”（即改良旗袍）是在旧式长马甲和短袄合并的基础之上形成的。当今的旗袍史研究中有关旗袍的起源大多引述了这一说法作为初兴旗袍形制来源的依据[2]，但通过文献、影像史料和标本研究发现，长马甲与旗袍的流行是并行的。马甲作为袍的附属品，袍的产生一定先于马甲，袍无论在结构、形制还是技术上都比马甲完备得多，没有必要在马甲的基础上改造成袍，马甲的产生一定有它不同于袍的功能，所以它们并行行使各自的功能是符合事实的。对于改良旗袍进入盛期的系统性，马甲或作为小外罩的加入也是重要的标志。就马甲本身而言，旗袍马甲的称谓就证明了它是在旗袍称谓流行之后才出现的，依据历史的时间逻辑，两者的因果关系正好相反，却为马甲的适时加入提供了证据。因此这段描述（1940 年《良友》载《旗袍的旋律》）对于历史的记录并不准确。

袍与马甲的组合本来就是旗人的传统装束，这与北方的寒冷气候和骑射民族的生活方式有关。旗人统治的清代又推行满汉文化融合的基本国策，因此长马甲在汉人生活中也很常见，何况还有汉人的传统马甲褙子[3]。长马甲是自清末以来汉满女子日常皆用的便装，一般穿在袍或袄之外用于保暖，因其是非礼服的属性，所以没有被列入历次服制条例，但在生活中作为袍的增暖配服很普遍，标本存世也很多（图 8-5）。

[1] 佚名. 旗袍的旋律 [J]. 良友，1940（1）：65-66.

[2] 旗袍马甲：一种款式类似无袖旗袍的过膝长马甲。《论旗袍的流行起源》发表于《装饰》第 127 期（2013 年），文章认可“旗袍”称谓是由“旗袍马甲”发展而来。

[3] 褙子：隋唐妇女的一般服饰中就有褙子，发展到宋代类似的服饰就有褙子、半臂、背心、裲裆四种，且男女都穿。清代汉满文化融合，其发展成为男女通用的常服，一个很独特的类型马甲（背心），因此改良旗袍进入成熟期加入马甲是有传统的。

图 8-5　清末民初汉满妇女皆用长马甲套穿短袄的习惯

来源：中国妇女儿童博物馆藏

图 8-6　品月缎绣百蝶团寿字对襟女夹褂襕（清光绪）

来源：故宫博物院藏

长马甲的形制源于清代贵族妇女的“褂襕”，故宫博物院出版的《清宫服饰图典》对褂襕有这样的描述：

> 褂襕，又称为大坎肩，为后妃在春秋或早晚穿用，圆领、无袖、衣长及足面。襟分为对襟和大襟，左右开裾至腋下，并装饰如意云头。对襟褂襕也有后开裾的形式，前襟也装饰如意云头，并在两侧开裾处装饰两条飘带（图 8-6）。

民国初年流行的长马甲保留了清代褂襕的基本形制，并进行了一定的改良。通过比较晚清与民国初年长马甲的传世标本和实录影像资料发现，除了装饰手法向简约化转变外，也沿袭着对襟大襟的基本形制。最大的不同，甚至可以作为判断晚清和民国初年长马甲的重要依据，就是民国初年长马甲通常和初兴的旗袍一样有立领，而晚清旗人长马甲一般无领（图 8-7）。

晚清大襟褂襕标本

民国初年汉制大襟长马甲标本

来源：北京服装学院民族服饰博物馆藏

民国初年汉制长马甲（1916年）

来源：Genealogy in Silk

图8-7　晚清褂襕与民国初年长马甲

1928年，《国货评论刊》刊载《旗袍的美》，明确记载了“旗袍马甲”称谓的出现是在旗袍之后，它的出现比《旗袍的旋律》要早12年，具有史实和文献价值：

> 当时有一般姊妹们，看着旗袍确已成为风头了，但是以前所做的许多短衣服搁置着不穿，或者罩在旗袍里面，都很可惜，因此旗袍马甲就应运而生。旗袍马甲既具旗袍的体裁，又可将短衣服的袖子露出来，娉娉婷婷很觉得美观，这真是一个再巧妙也没有的折衷办法，所以旗袍马甲就立刻风行起来了。它的变化也随着旗袍的变化而变化……[1]

今天保存有大量的实录影像资料，也提供了两者流行于同一时期的实证。可见，长马甲并不是这一时期出现的新式服装，而是在旗袍流行风潮下复兴的另一种旧式服装（图8-8）。重要的是它秉承着旗袍强劲的潮流，以组配的方式唤起了比肩于西方高雅晚装（低胸长裙配小罩衣的经典组合）的中华风雅，这种组合甚至发展成小外罩与旗袍套装升格

[1] 佚名．旗袍的美[J]．国货评论刊，1928（1）：2-4.

来源：《良友》（1926 年）

来源：北京服装学院民族服饰博物馆藏

图 8-8 20 世纪 20 年代中后期旗袍马甲与旗袍同时流行

为礼服旗袍的黄金组合。

长马甲的发展正迎合了抗衡西式盛装礼服的走势。随着旗袍系统化的形成，马甲的款式也随势发生变化，长旗袍马甲逐渐演变为短至腰间的短马甲。它的主要作用是适应气候的变化和对应不同的社交场合，显然是一次个性彰显的实践，慢慢变成备受关注的风格焦点。1928 年，《妇女新装特刊》刊载《新式旗袍》[1]图样，介绍了一种下摆与腹股沟平行呈尖形的西式马甲，这是最先出现与旗袍配搭的短马甲（图 8-9）。1932 年，《玲珑》刊图《旗袍外之背心》，介绍了西式短马甲的替代方案：

> 盛行短旗袍时，常常罩一件马甲，式样极多，但大半是对襟袒胸的，现在却早不见了。这里所拟是纯东方式的背心及旗袍。襟开在左右胸周围，配以阔回纹饰边，如果是黑的衣料，就应配金或银色的边。[2]

上文描述的“纯东方式的背心”变为小外罩，替代了西式马甲（图 8-10）。

[1] 佚名. 新式旗袍 [J]. 妇女新装特刊，1928（1）：48.

[2] 叶浅予. 旗袍外之背心 [J]. 玲珑，1932（51）：21.

图 8-9　1928 年的西式马甲

来源：《妇女新装特刊》（1928 年）

图 8-10　“旗袍外之背心”成为礼服标配

来源：《玲珑》（1932 年）

1933 年，《玲珑》又刊文《旗袍与小马甲》：

> 此件旗袍，纯粹我国本色，御以交际之用，极称贵丽，身用燕黄色料做“须絮而而无光”而滚边利用发亮的玄色缎，照图上的月牙滚法，又并不甚高，外面的小背心实在正面之布侧主底处开小叉，是一件极秀美的旗袍。❶

文章特别提到“御以交际之用”，说明长旗袍与短马甲组合，已逐渐成为礼服旗袍的标准搭配，这在今天也未下经典神坛，仍被奉为圭臬。

三、抗战短旗袍流行的“科学”和“文明”的社会思考

短旗袍的流行并不单单是因为战争，旗袍形制从古典时期的“中缝接袖旗袍”到改良时期的“无缝独幅旗袍”，再到定型时期的“分身分袖施省独幅旗袍”都是因为节俭动机，其中改良旗袍对布料

❶ 佚名. 旗袍与小马甲 [J]. 玲珑，1933（45）：1.

的经营达到了顶峰，造就了一个时代的经典工艺设计，“挖大襟”技术成为标志。旗袍虽然都有明显的三个分期形制特征，不变的是它们都秉承着“布幅决定结构形态”的敬物尚俭理念，去诠释“俭以养德”的中华哲学，可谓分（有中缝）也节俭，合（无中缝）也节俭，这正是旗袍的精髓。战事下的物资短缺让旗袍剪短，并不意味着不需要长旗袍，而是它在提醒人们对上层社交要有所节制，并使服装形制变得更加纯粹而理性。现代国际礼制的绅士服经典系统正是在二战时期形成的。美国社会学家保罗·福塞尔在他的《格调：社会等级与生活品味》中说，判断你眼前的男人是不是准绅士，是要看他像不像二战时期的味道。[1]言外之意就是看他是不是内敛俭持。旗袍也是如此，经历战争的洗礼成为添之不得、去之不得的经典。

1937 年 7 月 7 日，“卢沟桥事变”拉开了全国抗战的序幕。为了应对战争局势下物资短缺的问题，全社会自发地展开了节约运动，广大妇女积极响应，促使了短旗袍的兴起，对社交伦理系统进行理性推动并使之国际化，完善了应对不同社交的旗袍系统。短旗袍的便装化特点，使其加速大众化并普及，这是践行改朝易服无等级的重大实践。

1938 年，《光华》杂志创刊号刊载的文章《节约中的新产物——足以节省歌女们大部支出的短旗袍值得提倡》提出：

> 倘若上海所有全部歌女们，都将节省下来的衣料的代价，统统捐助难民，那么今冬难民们的寒衣

[1] （美）保罗·福塞尔著；梁丽真等译．格调：社会等级与生活品味 [M]. 北京：中国社会科学出版社，1998：2.

棉被，当不必担忧了。

文中针对旗袍分析道：

近几年来，旗袍的尺寸，总是拖到脚背的，而且后幅因为高跟鞋关系，更加拖长到脚底，非但毫无特殊美点，而且行动不便，徒耗衣料，不过大家沿用罢了。现在衣料昂贵，她们在购买时，对于这诺长的尺寸，觉得有点肉疼，于是触动灵机，就有人穿起短旗袍来了。这未始不是节约运动中值得提倡的一项……[1]

市面上的杂志纷纷宣传短旗袍式样，更加带动了短旗袍的流行（图 8-11）。

战争期间，全国妇女都不约而同穿上了短旗袍，这是广大妇女同胞在战争的危难面前爱国思想的具体表现，引发了全社会的广泛讨论。1938 年，《上海妇女》刊文《短旗袍》，阐述了短旗袍流行的内在因素：

旗袍便一天一天地长，长，长到高跟鞋底以下。然而今年短了，短到了小腿的当中。人们也许以为这是节约省布的表现，然而未必尽然。这是抗战时期的妇女，在生活上不再适用那种拖地的长袍，而在意识上也不再爱好那种婀娜窈窕，斯文间雅。短旗袍是我们妇女在抗战时期的一段进化！但我们不能以这点进化而自满。凡是足以增高我们的品行的还需努力追求。[2]

这里没有用“进步”而是用了“进化”，是笔误？是那个时代的习惯？还是强调某些主张？“进化”具有自然科学的普世价值，而“进步”更强调社会习俗的改进。或者对科学和社会文明的思考都

[1] 佚名. 节约中的新产物——足以节省歌女们大部分支出的短旗袍值得提倡 [J]. 光华，1938（1）：25.

[2] 碧遥. 短旗袍 [J]. 上海妇女，1938（12）：13.

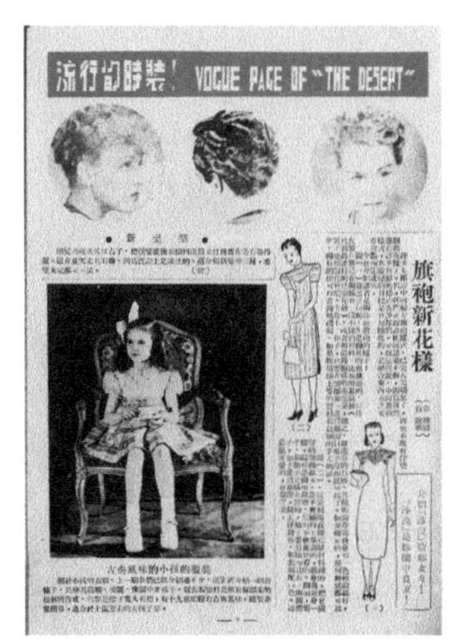

图 8-11 抗战期间流行短旗袍样式的信息

来源：《沙漠画报》（1939 年）①

① 蓉. 流行的服装 旗袍新花样 [J]. 沙漠画报，1939（28-29）：8.

有，而特别强调了着装的转变与意识形态的关系。同年，《现代家庭》刊文《节约与短旗袍》对短旗袍的流行给出了较为理性的评价，认为不论短旗袍流行的初衷如何，只要结果是好的就应该被提倡和宣传，在语境中也对理论研究有所提醒：

> 旗袍短了，其便于动作是事实，其减少材料也是事实，妇女界的穿着由长旗袍而变为短旗袍，去掉理论而言事实，到底在无形中因动作的便利而节省好多的物质，在这国难时期，时间精力与物质能在事实上省一点总是好一点，预备着节省时间精力与物质而换穿短旗袍的妇女，固然使我们钦佩，不预备节省时间精力与物质的妇女，换穿了短旗袍，我们看在短旗袍的本身，能够节省时间精力物质的份上，也应当加以奖励。日本因为要节约皮革的缘故，曾奖励办公人员穿木屐上办公厅，我们不用法令来限制，适逢其会有这样一个风气的转变，当然要好好来利用她，岂可以说这件事是不该引起兴趣而加以放任，让这个风气去自生自灭呢。我们不愿意一脚踢开理论，但我们至少一双手要把握住现实，而加以利用。❶

❶ 一知. 节约与短旗袍 [J]. 现代家庭，1938（5）：7.

这段文字很耐人寻味，“节俭”本来就是我们的传统，历史的沉酣应该成为民族的自觉，因此“我们不用法令来限制”，但要靠社会风气来推动；“我们不愿意一脚踢开理论”，但社会伦理（新机制）的建构仅靠社会风气是不够的，还是要有理论指导。

短旗袍在1937年至1945年的流行是受战争影响的一次关于科学和文明的社会思考，但它并不是孤立的。旗袍在改良过程中不断吸纳西方时尚文化的审美观念，1930年至1946年欧洲收紧、短小、简持的女装流行也与二战有着直接关系，现代国际社交主流的绅士经典及其形成的时间节点正是以此为标准，无形中促成了旗袍第一次走向国际化的时机。当然，它被国际社会接受必须符合两个条件：其一，科学和文明自建，核心是“无等级性”；其二，是否被以欧美为代表的主流时尚认可。

四、旗袍被国际化的20世纪40年代

北伐战争胜利后，南京国民政府结束了军阀混战的局面，相对稳定的时局促进了文化、教育和经济的发展。以旗袍为标志的中国妇女形象，也随着中外文化交流的日益频繁，逐渐在世界时尚舞台引起关注。尤其是20世纪30年代以后的旗袍已经完成了几次重大的改良，已成为事实的巾帼经典，与以西方绅士文化为核心的社交惯例和着装礼制相得益彰，因此很快被日本及欧美国家的主流社会所接纳。

首先受到影响的是日本。日本政府发动侵华战争之前的三五年间，中日民间、学界甚至官方的交流都很积极正面，如国民政府两次服制条例都借鉴了日本的“定番”[1]制度（公务员制服规制源于英国绅士的番制文化）。民间更显亲善，旗袍日趋名噪，成为日本时尚界谈论中国的话题，甚至产生一批“时髦云”。1934年，《玲珑》刊文《日本盛行中国旗袍》，报道了日本风行中国旗袍的新闻：

> 日本的衣服，本为我国唐宋时代的遗风，既费料，又不便，并且还抹煞了女子的曲线美。近来彼邦鉴于我国女装之简洁苗条，盛行服用旗袍，从艺妓而明星而贵妇小姐，均誉为时髦云。[2]

抗战全面爆发这种交流也就终止了。

随后是旗袍在美国的流行，这不仅是中华新女性在世界最发达国家的亮相，也是在这个国难的特殊时期树立了一个不屈而美丽的国际形象，甚至为国家濒临崩溃的经济给予了巨大支持。身在美国的华裔妇女们身着标志性的旗袍在纽约组织大规模的抗日募捐游行，对美国甚至国际社会影响巨大，以这种正义行动的方式被国际化，就是在世界时尚文化史中也是绝无仅有的（图8-12）。1936年，《女性特写》杂志刊载了外国人穿旗袍的照片（图8-13）并批注：

> 中国人爱穿洋装，外国人却爱穿旗袍。[3]

1939年，《都会》刊文《旗袍风行美国》，记录了旗袍在美国流行的实况：

[1] 定番：指很少受流行趋势所左右的，长期售卖的，比较基本、经典款型的衣服鞋子之类的商品，亦指不会随着季节的变化而改变的东西。意思的来源是指由番号固定的形制，即衣服代码编号之类的。由此也可以衍生为常备的、不可或缺的东西的意思，但是多指服装类和日用品类。

[2] 佚名.日本盛行中国旗袍[J].玲珑，1934（15）：909.

[3] 世芳.中国人爱穿洋装，外国人却爱穿旗袍[J].女性特写，1936（1）：13.

图 8-12　抗战时期美国华裔妇女以旗袍作为中华标志在纽约组织抗日募捐游行

来源：《文化快报》（2016 年）

> 近年以来，美国的妇女都喜欢穿着中国的旗袍算是美观，所以国产的丝织品，在美的销路很好，可惜美国的进口税太高，像丝织及湘绣等这一类东西，抽税竟达百分之百。因着这一个原因，国产丝织品，输美很困难，最好希望国内厂商，能够减低成本，才好在国外市场竞争一番。在目前一切都洋化的时代里，西洋妇女竟就效东方女子穿起古老的服装来。[1]

文中倡议丝绸厂商降低成本以利于出口竞争，说明此时欧美流行旗袍的态势已经有了规模。另外，报道就是利用民间的力量和旗袍的影响力共度国难。同年，中国第一位女飞行员、著名演员李霞卿[2]赴美为抗战募捐，受派拉蒙影业公司邀请参与电影 Disputed Passage 的拍摄，与好莱坞女明星桃乐珊·拉摩在试装时所穿的就是此时在美国盛兴的旗袍。1939 年，《良友》刊文《中国女飞行家在美国》，专门对此事进行了报道，可见此时旗袍在美国社会

[1] 佚名. 旗袍风行美国 [J]. 都会，1939（10）：171.

[2] 李霞卿（1912 ～ 1998 年），广东省海丰县人，其父李应生是位爱国志士，曾在上海法国租界巡捕房中担任高级翻译，后与他人共同组建上海民新影片公司。童年时，她随父到过欧洲，学过法语，14 岁便以李旦旦的艺名从影。先后在多部影片中出演角色，成为影星。1929 年，民新影片公司并入华联影片公司后，她结束影星生涯，和新婚丈夫一道去欧洲，先在英国一间私立学校读书，后入瑞士日内瓦康塔纳飞行学校学飞行，被誉为“中国第一位女飞行员”。一生共经历了三次婚姻，1998 年因病在美国去世，终年 86 岁。

女性特寫

13

黃柳霜與辱華影片

图 8-13　穿旗袍的外国女子成为时尚

来源：《女性特写》（1936 年）

受关注的程度：

> 最近（李霞卿）道经好莱坞，派拉蒙影片公司震其名，特聘李女士在新片《路不通行》❶中担任要角，图为李与该剧女主角桃乐珊·拉摩❷合影，桃衣中国锦缎旗袍（图 8-14），正为李女士试穿马来土人之短裙。❸

在以莱坞影星为代表的美国时尚界的带动下，旗袍在美国持续流行，至 20 世纪 40 年代已经被好莱坞视为中华新女性的标签并被国际化，并多次登上国际电影荧幕。1946 年，《周播》刊文《旗袍风行好莱坞》称：

> 旗袍，在满清时代，原是旗人特具的服装，汉人不能穿，也不想穿，然以形式大方美观，式样千变万化，裁制简易便利，便在中国风行起来。现已流传到了欧美。外国的小姐太太们，也引起了极大的兴趣，认为是一种最摩登的女人服装。尤其在美国，时髦的小姐已经有很多穿在身上，而世界电影之都的“好莱坞”，一般电影红明星，更不肯落于

❶ 路不通行是民国时期译名，现通用译名：争议通道 (Disputed Passage)。

❷ 桃乐珊·拉摩是民国时期译名，现通用译名：多萝西·拉莫尔（Dorothy Lamour）。多萝西·拉莫尔 (1914 ～ 1996 年)，出生于路易斯安那州新奥尔良，美国女演员，代表作《丛林公主》《争议通道》《热带假日》《香港之旅》等。

❸ 佚名 . 中国女飞行家在美国 [J]. 良友，1939（149）：30.

图 8-14　美国好莱坞影星多萝西·拉莫尔穿着旗袍表示对中国抗战的支持

来源：《良友》（1939 年）

> 人后，竞相采用，而且别出心裁，式样各殊。同图所示，便是狄安娜窦萍在《一见倾心》片中穿了旗袍的一个妩媚镜头（图 8-15）。[1]

1946 年抗战已经结束，意味着一个新时代的开始，旗袍被好莱坞明星所接纳，是其进入国际化的标志，这一幕在欧洲也同样上演了。

1941 年，《良友》刊载了名为《比京学歌记》的文章，介绍了中国学生郎毓秀赴比利时首都布鲁塞尔皇家音乐学院[2]求学的情况，文中附上多幅外国人穿着旗袍的照片，可见旗袍在欧洲被接受的程度。要知道这不是一篇有关旗袍的专题报道，其中有一张照片还标注了“音乐院同学多喜穿中国旗袍”的文字。旗袍在布鲁塞尔皇家音乐学院学生中的流行，不仅代表了比利时流行旗袍的风潮，更是旗袍在欧洲流行的缩影（图 8-16）。1946 年，《精华》刊文《巴黎风行中国旗袍》，介绍了旗袍在法国的流行情况：

[1] 李美．旗袍风行好莱坞 [N]. 周播，1946-3-31（1）.

[2] 布鲁塞尔皇家音乐学院始建于 1813 年，是当今欧洲规模最大、历史最悠久的音乐学院之一，有来自欧洲多国的留学生到此学习。

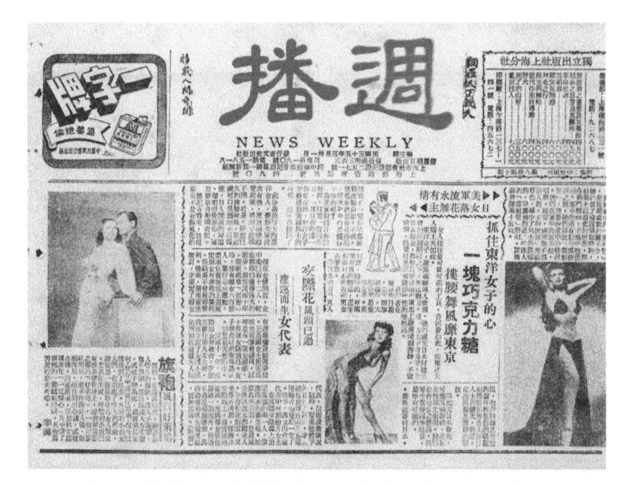

週播

NEWS WEEKLY

一字牌

美軍流水有情 日女落花無主

抓住東洋女子的心 一塊巧克力糖

摟腰舞風靡東京

交際花風頭已過 應運而生女代表

旗袍風行好萊塢

图 8-15　美国好莱坞影星狄安娜窦萍穿着旗袍使其成为国际化标志

来源：《周播》（1946 年）

巴黎女子的爱好服饰，早已闻名世界，战后，他们仍是一贯作风，而且积极改良各种服饰，以前轰传一时的玻璃衣服，现已不常见到，但中国小姐的旗袍，却很风行一时，长及足踝，领圈装置钮扣，而尤以中国“第一夫人”宋美玲女士的衣着作为他们的蓝本，做成新装了。因为她们公认富具有东方的美，且非常简便朴素、美观和大方……[1]

这一时期有一个重要的史实就是 1943 年 2 月 18 日穿着一袭黑色旗袍的宋美龄在美国国会发表历史性的抗日演说：

这篇演说只许成功，不许失败。因为它不仅会影响到中美关系的现状和前景，亦将左右美国人民对中国的看法。更要紧的是，她必须把中国人民奋力抗战的情况生动地介绍给美国国会和美国人民……最大的目的仍是希望得到美国政府和人民的“有形援助”……宋美龄为了这篇著名的演讲词曾经数易其稿，而她在这次活动中的仪态与讲演，让美国民众如痴如醉……众议员以及在收音机旁聆听宋美龄演讲的美国人民，立刻同声一致要求美国政

[1] 佚名 . 巴黎风行中国旗袍 [J]. 精华，1946（2）：5.

图 8-16　布鲁塞尔皇家音乐学院学生穿着旗袍成为一道亮丽风景

来源：《良友》（1941 年）

府加速援华，而民众亦慷慨大度地乐捐助华抗战，即连罗斯福总统亦不得不公开表示将加快军援中国的速度。[1]

而隐藏在那一袭黑色旗袍背后的悠久的中华文明积淀在这一时刻爆发。

[1] 林博文，师永刚编著 . 宋美龄画传 [M]. 北京：作家出版社，2008：95.

第九章

定型旗袍在港台的一段辉煌历史

经历了20世纪20年代至40年代的发展，旗袍已经风行全国，其代表中国现代女性服饰的地位已经在事实上成立。尤其是1945年以后，中国作为第二次世界大战的战胜国开始逐渐走向世界舞台[1]，其以深厚而独特的文化积淀和官方与社会的积极推动，而成为国际社交礼仪的中国符号。更重要的是在后旗袍时代里（20世纪60年代至70年代），完全立体化的结构变革却表现出十足的东方女性风韵，征服了西方主流社会，开始向更加广阔的国际舞台发声，这一切主要发生在港台地区。

1949年以后，旗袍流行的主场由上海转向了香港和台湾，这意味着旗袍改良的继续。特别是香港作为国际化自由港，中西服饰文化交流融合日趋频繁。与推陈出新的西式礼服相比，旗袍保持改良时期简约的曲线平面结构，效果远远无法与西式礼服充分塑造女人曲线的立体结构效果相媲美。旗袍只有彻底引入立体结构，才有机会继续发展。历史的车轮将旗袍推向了变革的十字路口，这个契机就是

❶ 1945年6月26日，旧金山制宪会议圆满结束，《联合国宪章》正式签署。宪章第23条明确规定：安理会的五个常任理事国为：美、俄、中、英、法。五大常任理事国的地位从此被正式确立。

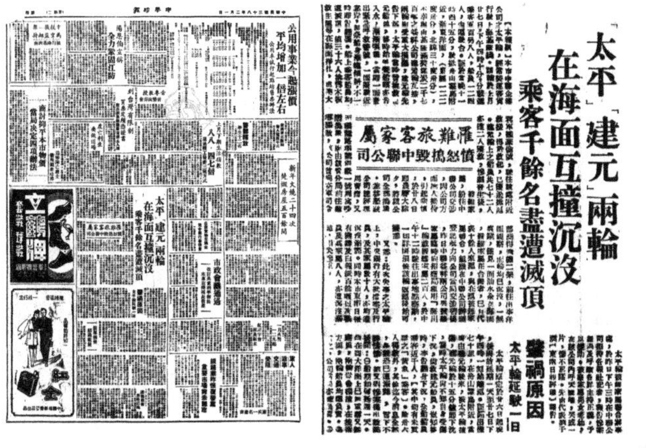

「太平」「建元」兩輪在海面互撞沉没
乘客千餘名盡遭滅頂

罹難旅客家屬憤怒搗毀中聯公司

肇禍原因
太平輪延誤一日

图 9-1　1949 年 2 月 1 日，《中华时报》关于“太平轮事件”报道①

旗袍精英们一下子汇集到了港台地区。

一、旗袍精英由沪转港（台）

1949 年 2 月 1 日，《中华时报》刊载了一条题为《“太平”“建元”两轮在海面互撞沉没，乘客千余名尽遭灭顶》的消息，这就是震惊世界的太平轮事件❶，它背后所代表的是历史上最大规模沪人南迁香港、台湾地区的历史，这一事件的发生预示着旗袍精英以各种方式转向了香港和台湾地区（图 9-1）。

上海作为当时中国最发达的工商业城市，从 1947 年至 1949 年连续遭遇前所未有的危机，经济急速衰落，富商纷纷撤资。香港作为经济开放的国际港口具有良好的商业氛围和地缘优势，受到了大批资本家的青睐。大量海内外资金流向变动直接导致了这场居民大规模南迁。1949 年，《华侨日报》《工商日报》等主流媒体几乎每天都会刊载相关新

① 佚名．“太平”“建元”两轮在海面互撞沉没，乘客千余名尽遭灭顶 [N]. 中华时报，1949-2-1.

❶ 太平轮是中联轮船公司的豪华客轮，排水量 2489 吨，由周曹裔在上海所经营。上海解放前夕，大批人迫切逃离大陆。1949 年 1 月 27 日（农历除夕前一天）太平轮搭载“最后一批乘客”，总共近 1000 人（有票乘客 508 人，船员 124 名，无票者约 300 人），另载有沉重货物，包括 600 吨钢条、东南日报印刷器材与白报纸 100 多吨、中央银行重要文件 1000 多箱、国民党档案、迪化街订购的南北货等。太平轮从上海开往基隆的途中，于夜间航行，为逃避宵禁，没开航行灯，晚间 23 时 45 分在舟山群岛海域的白节山附近（北纬 30°25'，东经 122°）与一艘载着 2700 吨煤炭及木材由基隆出发的建元轮相撞，拦腰被撞的建元轮立刻沉没，船上 72 人溺毙，有 3 人被救至太平轮；而太平轮在 15 分钟后却跟着沉没，船上有超过 900 人罹难，有 38 人（包括 6 名船员）被澳大利亚军舰救起。死者中不乏有名望之人物，包括赴台为音乐学院寻觅校地的音乐家吴伯超、前辽宁省政府主席徐箴、名球评张昭雄之父张生和刑事鉴定专家李昌钰之父李浩民等。

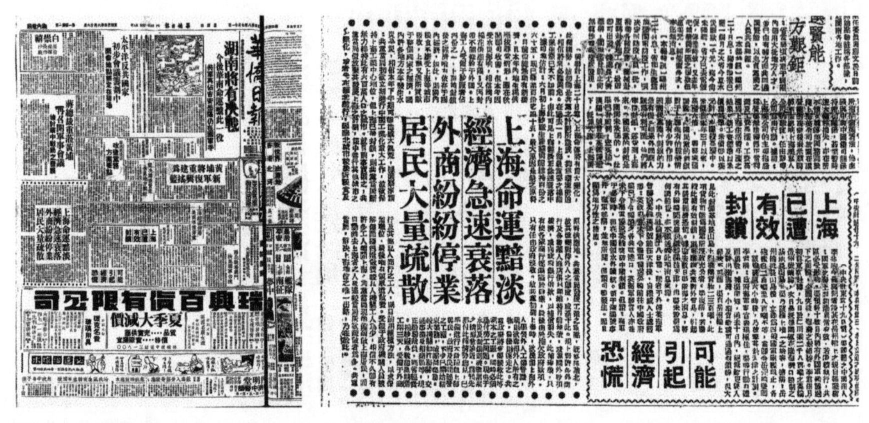
瑞興百貨有限公司
夏季大減價
上海命運黯淡
經濟急速衰落
外商紛紛停業
居民大量疏散
上海已遭有效封鎖
可能引起經濟恐慌

图 9-2　1949 年 7 月 21 日，《华侨日报》刊登上海外商、居民大量疏散的信息

闻报道南迁的进展情况，可见当时事态的严重性[1]（图 9-2）。

纵观中国近代历史，每逢战乱纷争，香港人口必定发生大规模的变动，而 1949 年前后的人口流动却是史无前例的，流动路线主要是从上海到港台地区，旗袍人才的流动也正是在这次人口大迁徙中发生的。据 2005 年国务院人口普查办公室出版的资料《世纪之交的中国人口 香港卷》记载，1938 年抗日战争爆发前就有大批难民涌入香港逃避战火，使得香港人口从 1938 年的 103 万急剧增加到 144 万。[2]1945 年抗战胜利后，香港的人口因 1942 年日军占领时的强制疏散剩余已不足 60 万，随后又再次急速增长：

> 1946—1947 年间……香港人口从 1945 年的 60 万人猛增到 1947 年的 175 万人……（1949 年）中国大陆解放，再次发生了人口迁移的高峰，1950 年香港的人口迁移增长率为 20.5%。[3]

[1] 佚名. 上海命运暗淡经济急速衰落 [N]. 华侨日报，1949-7-21.

[2] 朱向东主编；国务院人口普查办公室编. 世纪之交的中国人口 香港卷 [M]. 北京：中国统计出版社，2005：140.

[3] 朱向东主编；国务院人口普查办公室编. 世纪之交的中国人口 香港卷 [M]. 北京：中国统计出版社，2005：140.

据《简明当代香港经济》记录：

> 时至1950年，香港总人口为223.7万人。[1]

也就是说香港自1946年至1950年短短四年内人口增长了160多万人，仅1949年就增长了48.7万人，这批迁入香港的人口中“有相当一部分是当时国民党政府的党政军官及其家眷，这批人当中一部分从香港转到台湾或其他地区”[2]。而台湾在同一时期也有大量的人口迁移，主要是以军人为主，据资料《中国人口（台湾分册）》显示：

> 1949年前后，大陆迁台人员高达100万人左右……[3]

上海前往香港的国民党党政军官员、富商、资本家及其家属，特别是女眷，往往会配有专门为之服务的裁缝师傅，这些裁缝由于主顾南迁，为了生计无奈之下也纷纷随之南迁。据1992年香港制衣业总商会等五家单位联合出版的《香港服装史》记载：

> 四十年代后期，随着旧上海的一批旗袍“穿客”及一批旗袍裁缝师齐齐南来香港，为香港带来一股穿旗袍的风气。[4]

这批随迁香港的上海红帮裁缝为了在香港更好地维持生计，于1949年联合创立了“上海缝业职工总会”[5]，据创会时统计的数据：

> 当年约有二十九间裁缝店，约六百名裁缝。[6]

对于这些裁缝，香港历史博物馆在2013年举

❶ 沈元章编著．简明当代香港经济[M]. 北京：科学出版社，1990：222. 该书记录1948年香港人口约180万，1950年增加到223.7万。

❷ 朱向东主编；国务院人口普查办公室编．世纪之交的中国人口 香港卷[M]. 北京：中国统计出版社，2005：140.

❸ 陈永山，陈碧笙主编．中国人口（台湾分册）[M]. 北京：中国财政经济出版社，1990：80.

❹ 香港服装史筹备委员会．香港服装史[M]. 香港：香港制衣业总商会，1992：22.

❺ 上海缝业职工总会：1949年由赴港谋生的上海籍裁缝组成，总部设在香港湾仔春园街。工会的主要职能是为行业制定缝工价目，每年审定，以保证缝纫从业者的合法利益。

❻ 香港服装史筹备委员会．香港服装史[M]. 香港：香港制衣业总商会，1992：22.

办展览时给出了这样的评价：

> 当时南来的上海裁缝，不但工艺精湛，审美能力高超，并且熟悉衣料特性，还有独到的窍门使长衫[1]穿起来更加优雅和贴身适体。
>
> 这些上海裁缝在香港所收的徒弟，除了来自江浙地区外，还有本地、澳门以至广东地区。这支生力军于四十年代中至晚期陆续投入市场，不但大大提升香港长衫的工艺水平，亦对香港长衫的发展贡献良多。[2]

过去，英国在港实施殖民统治，香港在文化、语言、教育、立法等各方面都以推行全面西化为主流。而香港旗袍的大范围流行，发生在20世纪50年代，与南迁的上海居民和上海裁缝师傅关系密切，因此香港历史博物馆的文献资料才真实地记录了他们“为香港带来一股穿旗袍的风气”这段历史。

台湾实践大学施素筠教授于1979年在台北出版的专著《祺袍机能化的西式裁剪》也提到了香港旗袍人才汇集的这段历史，强调先是上海师傅来到香港，然后由于他们针对西化的改良使香港旗袍在国际舞台上流行：

> 1949年从上海到香港的国服师傅三千人，香港式的窄祺袍在国际上大出锋头。使得“祺袍是合身的”之刻板印象逐渐形成。[3]

这段文字中对迁港裁缝人数的统计要多于香港方面的统计数据，是否因为香港业者只统计了裁缝师傅，而台湾学者则将弟子或学徒一并计算也未可知。但无论如何，港台双方资料共同反映的历史事实是一致的。

[1] 香港业内称旗袍为“长衫”。

[2] 香港历史博物馆编．百年时尚：香港长衫故事[M]. 香港：香港历史博物馆，2013：18.

[3] 施素筠．祺袍机能化的西式裁剪[M]. 台北：实践大学，1979：4-9.

台湾服装史学家王宇清教授在《历代妇女袍服考实》中阐述台湾旗袍流行情况时也提到了20世纪40年代末年这个时间节点，这与香港的资料是完全一致的：

> 一九四九年……当时台省妇女，仍存日据时期[1]的遗风，普遍通行连衣裙，裙边过膝十公分左右。或者“洋装”，多有日本风俗。但因大陆迁妇女甚多，带来“旗袍”的款式，于是当地妇女也渐渐仿效穿着，一体手足，都觉得旗袍之泱泱有度。[2]

王宇清教授还提到，在1945年台湾光复后的很长一段时间里，由于受日本殖民统治的原因，妇女并没有穿着旗袍的习惯，而更喜欢穿日式服装或洋装。旗袍之所以能够在20世纪50年代的台湾流行，更多的是因为1949年迁台妇女的引导和海派裁缝的相互推动。

通过对港台地区技术文献考证，证实了旗袍能够在20世纪50年代的港台地区流行，与穿客[3]的引导和上海旗袍师傅（裁缝）的南迁有着密不可分的联系。此时的上海旗袍仍然代表了行业发展的最高峰，重要的是这一群带着上海技术的精英们到了香港和台湾后创造了旗袍的最后辉煌，并使其以不朽的经典形态载入史册。

二、定型旗袍在港台

香港旗袍在20世纪50年代初露锋芒，在亚洲乃至世界时装舞台的聚光灯下，开始了其独特的发展历程。事实上它的全盛期是在60年代中叶，最

[1] 台湾日据时期，为清朝签订《马关条约》割让台湾之后，1895年至1945年之间，台湾被日本殖民统治的时期，又称为日据时代或日本殖民统治时期。

[2] 王宇清.历代妇女袍服考实[M].台北：台湾中国祺袍研究会，1975：27.

[3] 穿客即旗袍追随者，也泛指主顾，香港土话。

重要的指标就是旗袍结构完成了从改良时期的“连身连袖曲线平面结构”到“分身分袖施省立体结构”的变革，其所打造的具有立体效果、优美且富有内涵的东方雅韵，创造了旗袍的最后辉煌，也标志着定型旗袍的诞生和影响未来的经典（今天所指的旗袍形制以此为标准）。据《香港服装史》记载：

> 由四十年代末期至六十年代初期，是本港旗袍的黄金时期，那时关南施❶主演的“苏丝黄的世界”主要服装便是旗袍，轰动一时。而当时法国的艳星“马丁嘉露”也专程来港定制旗袍。阿娃嘉娜❷和珍西蒙斯❸也是旗袍的拥护者。在五五年至六〇年的顶峰时期，单是上海旗袍技师就有七百多人，加上广东技师三百多人，全部一千多人……❹

上述文献充分反映了旗袍在香港日益兴盛的时况，尤其是接踵而来的国际化发展趋势。特别值得注意的是，从《苏丝黄的世界》电影呈现的影像资料来看，所表现的20世纪60年代香港社会背景下的旗袍着装效果与民国时期改良旗袍有着本质的改变，胸腰曲线的塑造更加立体，松量控制与工艺手段远远超过改良时期，已经具备定型旗袍“分身分袖施省”的基本特征（图9-3）。这意味着“挖大襟”改良旗袍的独特技艺走进了历史，成为改良旗袍和定型旗袍分期的重要时间节点，成为铁证的是1966年在香港出版的、具有定型旗袍全部特征的技术文献《旗袍裁缝法》。

据资料显示，尽管早在民国时期20世纪40年代，特别是抗战时期在官方和民间的推动下，旗袍就已经开始了国际化的流行，并被欧美主流时尚界

❶ 关南施（Nancy Kwan，1939年—），本名关家蒨，美国演员，生于吉隆坡。是首位在西方电影成名的亚洲女星，她的成功为以后打入西方电影的亚洲裔演员作出了很大的帮助。关南施在20世纪60年代的旗袍形象被认为是东方优雅女性的符号。

❷ 香港译名，内地一般译为艾娃·加德纳（Ava Gardner，1922～1990年）

❸ 香港译名，内地一般译为简·西蒙斯（Jean Simmons，1929～2010年）

❹ 香港服装史筹备委员会．香港服装史[M]．香港：香港制衣业总商会，1992：22.

电影海报

电影剧照

图 9-3 《苏丝黄的世界》是以香港为背景展开的故事，关南施的精湛演技使 20 世纪 60 年代的香港旗袍成为东方优雅女性的符号

来源：腾讯视频电影剧照及海报①

① 腾讯视频 . 苏丝黄的世界 [EB/OL]. https://v.qq.com/x/cover/xf0aoeezwvi9g7j/f0020px72ck.html，2016-05-27/2018-9-9.

所关注，但一直没有得到国际一线当红明星的青睐和认可。然而港台时期的旗袍却全然不同，这要得益于海派裁缝对西方立体结构和技术的引入与创新，打造了一个全新、优美的东方形象并成为征服世界时尚的探索者。不仅受到以艾娃·加德纳❶、简·西蒙斯❷为代表的好莱坞一线明星极力推崇，欧美的大牌服装设计师也纷纷以旗袍为灵感设计了大量的时装，他们的作品正如施素筠教授评价的那样："它们都有最好的'合适度'（fitness）。"可见结构和技术的彻底改造最终赢得了国际社会的认可（图 9-4）。

1956 年 3 月 23 日，《华侨日报》刊载了一张身着长旗袍女子的照片（图 9-5），图下注释：

> 美国今年流行的三种东方式时装，左方为模仿中国旗袍式时装，钮扣的形状像中国字。❸

同时期美国一线的时装杂志中大量出现的旗袍元素也证实了这一观点。这种流行于美国的东方式服装，采取与西式时装连衣裙完全一样的裁剪和工

❶ 艾娃·加德纳，1922 年出生于美国史密斯菲尔德小镇，是近代美国电影史上著名的女演员，1999 年，她被美国电影学会评为"百年来最伟大的银幕传奇女星"，位列第 25 名。

❷ 简·西蒙斯，1929 年生于伦敦，年仅十五岁便开始在《给我们月亮》等片中参加演出。这位好莱坞老牌明星最为观众熟悉的角色当属 1948 年的《哈姆雷特》（《王子复仇记》）中的奥菲莉娅。

❸ 佚名 . 美国今年流行三种东方式时装 [N]. 华侨日报，1956-3-23.

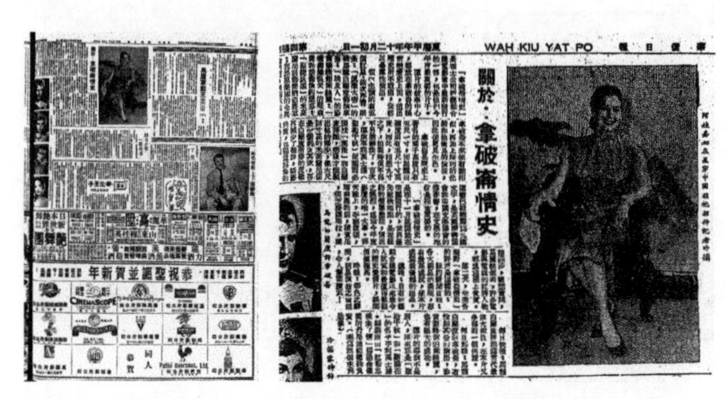
WAH KIU YAT PO

關於·拿破崙情史

图 9-4　美国好莱坞影星艾娃·加德纳穿着中国旗袍出席记者招待会

来源：1954 年 12 月 25 日香港《华侨日报》[①]

① 佚名. 艾娃·加德纳在星穿中国旗袍招待记者 [N]. 华侨日报，1954-12-25.

艺技术，但它们的设计焦点始终没有离开旗袍的大襟、立领、盘扣等中国元素。因为受西方服装惯例“男左女右”的约束，美国设计师所设计的这类东方式连衣裙多是立领左衽，与中国旗袍立领右衽形成明显的区别，或许可以作为识别中国旗袍和美式旗袍的标志（图 9-6）。但是它们的整体风格都渗透着浓厚的中国基因，这种吸纳西方技术和设计理念后的中国化（或本土化）成果（旗袍），反过来又成为影响世界的伟大实践，在世界时尚文化史上也是不多见的。

1962 年对于香港旗袍的流行是非常重要的一年，正是在这一年世界小姐冠军荷兰小姐，瑞士、法国、比利时三个国家世界小姐的区域选拔赛冠军和巴黎小姐齐聚香港，举行时装表演，首次将旗袍置于世界顶尖的时装展示舞台中央。当年 3 月 11 日，《华侨日报》的报道记录了世界小姐温比亚对此次携众美来港的目的：

图左一为大襟左衽，是与中国旗袍最大的区别

图 9-5 美国设计师模仿中国旗袍设计的西式礼服

来源：1956 年 3 月 23 日《华侨日报》

> 彼等此次前来远东，主要目的系在港及东京两地，举行时装表演，携来有在巴黎缝制之服装达一百五十套，均为最新式及最时髦者，其中包括有泳装，运动服装，晚礼服及常服等。她从前虽曾来过香港，但皆属过境性质。此次在香港，拟逗留一个星期，然后转往东京……渠对于中国旗袍，以前未曾穿过，但她对此种服装也甚爱，预定在港定制若干套……[1]

文章附上了一幅五人合影，其中左起第二位女士所穿着的正是此时流行于香港的定型旗袍（图 9-7）。

之后相继两次对推广定型旗袍产生国际化重大影响的事件，是 1976 年 7 月 11 日在香港举行的第 25 届环球小姐竞赛，各国佳丽均以旗袍亮相；1985 年 8 月 17 日由香港亚洲电视举办的首届“亚洲小姐竞选”决赛，18 位佳丽皆身穿定型旗袍。从此定型旗袍以不二之选和强有力的东方印象宣示屹立于世界。

[1] 佚名. 世界小姐时装表演团赴香港演出 [N]. 华侨日报，1962-3-11.

McCall's1955 年刊

Simplicity 1955 年 4 月刊

McCall's 1959 年 2 月刊

Vogue 1960 年 1 月刊

Simplicity 1961 年 1 月刊

图 9-6　20 世纪 50 年代中期至 60 年代，欧美时尚界出现了大量旗袍风格的时装作品（立领左衽是判断西方旗袍的重要标志）

来源：Simplicity（《简做》杂志）、McCall's（《美开乐》杂志）、Vogue（《沃格》杂志）（20 世纪 50 年代至 60 年代）

相对香港旗袍国际化发展的迅猛势头，台湾旗袍却走得稳健、传统，且始终保持着传统情节，它的国际化——“夫人社交”是重要的渠道，但旗袍立体化结构定型时间要晚于香港，定型旗袍的全盛期是 20 世纪 60 年代末到 70 年代中叶。20 世纪 50 年代，受香港的影响台湾旗袍已经进入了繁盛期，但仍延续着改良旗袍的基本形态。1956 年 11 月 6 日，《工商晚报》刊文《外国妇女爱穿中国旗袍》，介绍了当时在台湾的美国妇女穿着旗袍的盛况：

> 外国妇女穿着中国旗袍，这题材并不新鲜。但是最近在台湾的美国妇女似乎以此为时尚。她们常把中国的旗袍当作一种礼服，在酒会上，在餐会上，随时都可以看到。“文化交流”想来都寓形于“潜移默化”，安知中国的旗袍不是一个“先驱”？这里四张照片摄自四个不同场合，并没有经过选择，只是“信手拍来”，以存其真。图为在四个场合穿着中国旗袍的四位外国妇女。[1]

可见旗袍在台湾的流行也是异常风靡，甚至成

[1] 佚名. 外国妇女爱穿中国旗袍[N]. 工商晚报，1956-11-6.

图 9-7 1962 年世界小姐时装表演团赴香港演出

来源：1962 年 3 月 11 日《华侨日报》

为外国人在台融入上层的标志（图 9-8）。旗袍在台湾地区成为常态，1974 年在台湾中国祺袍研究会成立大会上披露，“统计台北市共有祺袍业缝制铺约三百家，从业人员一千余人”[1]，其规模与香港相比毫不逊色。

重要的是这与香港旗袍追求时尚有很大不同，旗袍的学术问题得到了台湾学者的高度重视。如果说香港是定型旗袍的践行者，那么台湾就是定型旗袍理论的构建者，正是台湾的国学和海派裁缝的精英续写了定型旗袍最后的辉煌。

三、定型旗袍的伟大实践

20 世纪 40 年代末，从上海一路南下的旗袍精英使旗袍的中华文脉在港台地区得以接续开枝散叶，经过近 20 年的变革，又创造了旗袍发展史的一个高峰，并使旗袍走向世界舞台中央，成为全球时尚文化中的中国符号。而这一系列历史事件的幕

[1] 王宇清．历代妇女袍服考实[M]. 台北：台湾中国祺袍研究会，1975：27.

工商晚報

美對華政策不變 決不會承認中共

外國婦女愛穿中國旗袍

「文化先驅」？——外國婦女穿着中國旗袍，這題材并不新鮮。但最近在台灣的美國婦女似乎以此為時尚。她們常把中國的旗袍當作一種禮服，在酒會上，在餐會上，隨時都可以看到。「文化交流」向來都寓形於「潛移默化」，安知中國的旗袍不是一個「先驅」？這裡四張照片是攝自四個不同場合，并沒有經過選擇，祇是「信手拍來」以存其真。圖為在不同場合穿着旗袍的四位外國婦女。（中央社）

图 9-8　在台外国妇女将旗袍视为融入上流社会的标志

来源：1956 年 11 月 6 日《工商晚报》

后推手就是旗袍结构的两次变革：第一次变革，20 世纪 30 年代从古典旗袍的十字型直平面结构到十字型曲线平面结构的改良旗袍；第二次变革，20 世纪 50 年代从改良旗袍的“连身连袖曲线平面结构”到“分身分袖施省立体结构”的定型旗袍。第二次变革无疑是新时代诞生的一次伟大实践，应该载入史册。香港历史博物馆 2013 年出版的《百年时尚：香港长衫故事》和台湾中国祺袍研究会 1975 年出版的《历代妇女袍服考实》，分别对 20 世纪 40 年代至 60 年代香港和台湾旗袍发展历史的技术形态作了非常专业而真实的记录。

香港权威史料显示：

> 战后初期的香港一穷二白，物资匮乏，不少人仍然穿着故衣。及至五十年代经济复元，人们生活得到改善，香港长衫才抛却旧貌，起了巨大变化。尽管香港长衫一直受到西方服装潮流影响，但直到四十年代晚期绝大部分仍属平面结构，极少使用肩缝、装袖、收省等立体的西式裁剪技术；这时的裁

缝主要运用"归拔"技术，使衣服更贴身。严格来说，当时大部分长衫还称不上"中西合璧"，西式裁剪的长衫在战后初期的香港绝无仅有。[❶]

这其中传递着旗袍分期的重要时间节点，就是在20世纪40年代并没有发生立体化结构的改良，秉承了旗袍改良时期连身连袖十字型曲线平面结构的中华传统。

20世纪50年代是旗袍结构由改良走向定型的发端时期，即出现西式立体结构的萌芽：

运用西式裁剪方法造出立体结构，是战前与战后长衫的最大分别，也是五十年代香港长衫发展的里程碑。立体结构的服装，由人的体型来决定衣服的结构。传统平面裁剪的特色是没有肩缝、前后衣片相连、原身出袖。西式立体裁剪则是模拟人体穿着状态的"分割式"裁剪，关键是前后衣片的分开、斜肩、装袖，前幅两胁和前后幅腰围处"收省"。五十年代开始，香港长衫全面采用这种裁剪方法，配合"归拔"技术，使长衫更加贴身，更能展现体态美。这时香港长衫的外观跟以前差别很大，典雅中带英朗，传统中诸如时代感。[❷]

在这段文字的描述中有关技术形态的关键词"分割式裁剪""肩斜""装袖"前幅两肋和前腰围处"收省"等，可以认为是定型旗袍"分身分袖施省"结构的典型，这些特点在时间上记述是"五十年代开始"。然而，在对当时图像史料、实物标本进行研究，特别是对当时的技术文献考证中并没有发现证据，至少记录有误。例如，在20世纪60年代初香港师傅沈仁俊绘制的旗袍打样教学图[❸]中

❶ 香港历史博物馆编．百年时尚：香港长衫故事[M]. 香港：香港历史博物馆，2013：19.

❷ 香港历史博物馆编．百年时尚：香港长衫故事[M]. 香港：香港历史博物馆，2013：19.

❸ 香港历史博物馆编．百年时尚：香港长衫故事[M]. 香港：香港历史博物馆，2013：189.

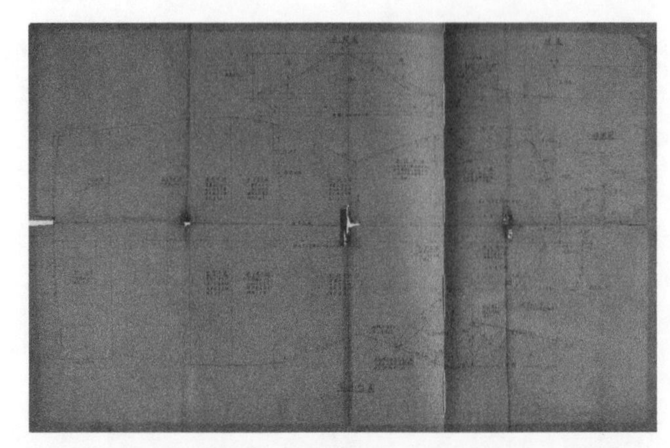

图 9-9　20 世纪 60 年代初香港旗袍师傅绘制的旗袍打样教学图
来源：《百年时尚：香港长衫故事》

才出现“分身分袖施省结构”，而且只有侧省没有腰省（图 9-9）。还有一个重要的证据，就是 1954 年到 1956 年张爱玲在美国与香港旗袍业者定制旗袍的往来信件提供的设计图样基本上与 20 世纪 60 年代初的旗袍打样教学图一致（图 9-10）。这说明香港 20 世纪 50 年代，甚至到 60 年代初并没有完成定型旗袍改良，只能说是过渡期。1966 年《旗袍裁缝法》才全部呈现了定型旗袍的结构特征，因此可以确信定型旗袍产生于 20 世纪 60 年代中叶。这时西式立体结构的完整引入为旗袍在香港乃至西方世界的流行提供了必要的技术保证。同时也为旗袍注入了强心剂，旗袍在与各色西式服装的比拼中赢得了众多女性的青睐，特别是上流社会职业女性的青睐。

20 世纪 60 年代无疑是香港定型旗袍发展的高峰时期，在至今仍被奉为经典旗袍造型的电影《花样年华》[1]中，女主角扮演者张曼玉所展现的 26 件旗袍正是这一时期香港旗袍的代表（图 9-11），它

[1] 《花样年华》是由王家卫执导，梁朝伟、张曼玉主演的爱情片，于 2000 年 9 月 29 日在中国香港上映。该片以 20 世纪 60 年代的香港为背景，讲述了苏丽珍和周慕云在发现各自的配偶有婚外情后，两人开始互相接触并随之产生感情的故事。2001 年，该片获得法国电影凯撒奖最佳外语片奖。2009 年，影片被美国 CNN 评选为“最佳亚洲电影”，成为当代香港旗袍面向世界的一张亮丽名片。

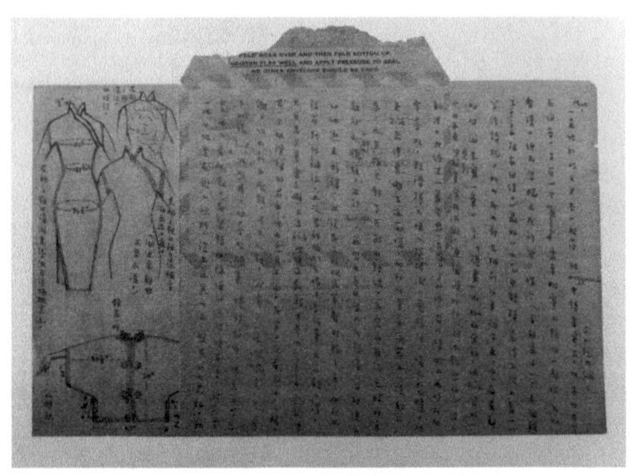

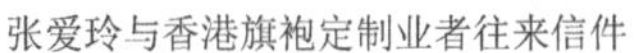

张爱玲与香港旗袍定制业者往来信件

张爱玲为《纽约时报》提供的香港拍摄图片

图 9-10　20 世纪 50 年代中期张爱玲在美国与香港旗袍业者定制旗袍的往来信件与设计图

来源：《百年时尚：香港长衫故事》

以全景式风貌呈现着旗袍在结构和工艺上完成了定型的东方优雅：

> 六十年代的香港长衫继承五十年代的形制，但时代特色更鲜明。这个时期的长衫变得更贴体，更突出身体曲线。为了肩头和衣袖接驳处更贴服，有些袖子前后裁开，依肩头的弧度重构衣片……有些在胸省和腰省外，还加上袖窿省以增加长衫胸部的立体感，配合强调尖凸感的胸衣，蔚为时尚。[1]

这个时期的旗袍为了追求极致的塑形效果，不但在服装结构本身上下功夫，同时也要求着装者穿着塑身胸衣（具有塑造功能的胸罩）来修正体形，因此史料记述这是香港旗袍登峰造极的年代。

台湾史料显示，旗袍在 1945 年以后就已经出现了局部立体化的结构特征，并在随后的 20 年里逐步完善，至 1965 年左右完成结构定型，这个最终定型的时间节点与香港方面的史料如出一辙：

[1] 香港历史博物馆编 . 百年时尚：香港长衫故事 [M]. 香港：香港历史博物馆，2013：20.

图 9-11　花样年华电影中张曼玉穿着的旗袍是 20 世纪 60 年代香港定型旗袍的典型

来源：腾讯视频海报[①]

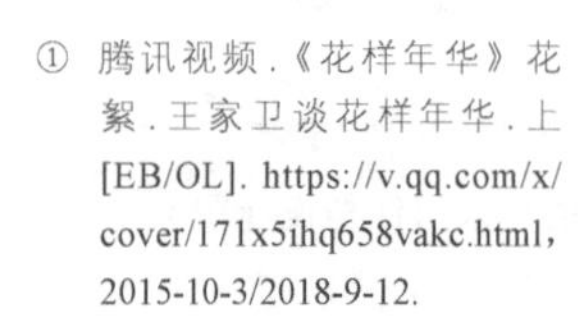
① 腾讯视频.《花样年华》花絮.王家卫谈花样年华.上[EB/OL]. https://v.qq.com/x/cover/171x5ihq658vakc.html, 2015-10-3/2018-9-12.

> 距今（1975 年）三十年前（1945 年），开始在胸部左右侧各开一缝，长约十公分，收紧缝合，斜行指向腋下，名曰“胸褶”❶，隐隐增进胸部丰满的视觉。后五年（1950 年），又在前胸左右对正顶点之底部，各制抽紧向下垂直缝各一，名曰“前腰褶”❷，使胸部愈显丰隆。又后五年（1955 年），复在后腰左右各制一垂直线，与脊平行，名曰“后腰褶”❸，赖以增进腰身曲线。又后十年（1965 年），更复参用西法裁袖，袼部（挂肩）宛同男子的西服。同时在肩起自两袼之接缝处各制一缝指向两胸之顶部，名曰“袖窿褶”❹，藉以加强夸张胸围。如此上下兼施、里应外合，越发有崇山峻岭之感，一般妇女趋之若鹜，遂成一代世风，实乃深受西洋时装——尤其大胸脯影星的重大影响之所至。❺

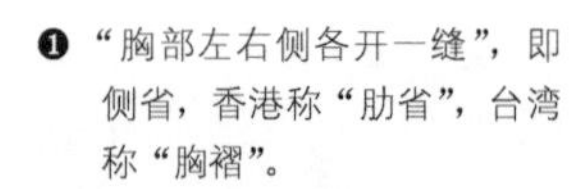
❶ “胸部左右侧各开一缝”，即侧省，香港称“肋省”，台湾称“胸褶”。

❷ “前腰褶”即前腰省。

❸ “后腰褶”即后腰省。

❹ “袖窿褶”即袖窿省。

❺ 王宇清.历代妇女袍服考实[M].台北：台湾中国祺袍研究会，1975：28.

这段文字比香港的史料在时间记录方面更加明确且划分清晰，将旗袍结构在台湾定型的确切时间节点和结构形制清楚地表述出来。更重要的是这些技术形态的记录是依据旗袍的实践者即裁剪师傅完成的，使实物证据与文献证据得到充分的互证，因

图 9-12 台湾旗袍艺人杨成贵的定型旗袍作品

来源：杨成贵《中国服装制作全书》

此台湾史料更具旗袍技术史学价值（图 9-12）。

定型旗袍不管是在台湾还是香港，其结构上具有较高的一致性，除了分身分袖就是充分施省：前身三对六个、后身一对两个，共计四对八个省缝。只不过从技术文献描述的情况来看，两者形成的过程有一定的时间差，但在定型旗袍形成的时间段上（20 世纪 60 年代至 70 年代）并不矛盾，描述的技术信息也完全一致（图 9-13）。由此可以确定，20 世纪 40 年代中后期至 50 年代为定型旗袍的过渡期，进入 60 年代后是旗袍结构完成向西式立体结构变革的定型时期，其时间节点是根据历史资料和技术文献相互补正得出的。定型时期的旗袍破开了肩缝，使得腋下垂褶明显减少；引入了胸省和腰省，形成了明显胸腰差，使得胸型突显；绱袖结构的出现，使得肩部与手臂合体度增加；最后加入的袖窿省虽然在结构上并不是必需的，但是出于对体形和造型的综合考虑，可以更好地完成胸部造型的功能，说明发展到这一阶段的技术更加成熟和灵活。纵观定

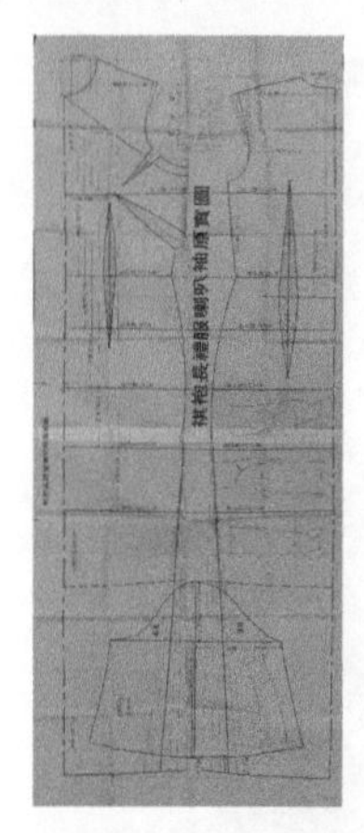

台湾定型旗袍的结构图

来源：杨成贵《祺袍裁制的理论与实务》（1975 年）

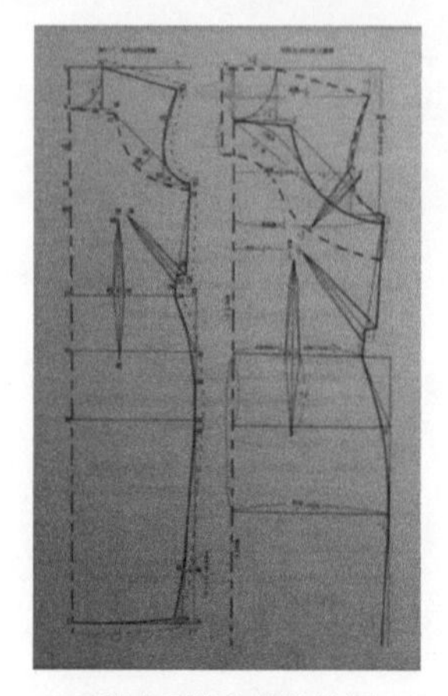

香港定型旗袍的结构图

来源：刘瑞贞《旗袍裁剪法》（1980 年修订版）

图 9-13　港台定型旗袍在结构上的一致性

型旗袍，完全西化的“分身分袖施省”结构，是对古典旗袍和改良旗袍十字型平面结构的中华系统的彻底颠覆，而中华风韵犹存且充满时代气象的服装形制征服了这种外来文化，不能不说这是人类服饰文明史的奇迹。

1974 年，台湾中国祺袍研究会发起了“祺袍正名”运动，事实上用“旗袍”还是用“祺袍”已经不重要了，无论再有什么运动，“旗袍”称谓也不会改变，因为它已经成为了中华民族的基因和文化符号。重要的是变革本身揭示了旗袍三个分期中重要的一个分期——定型旗袍在香港和台湾创造的最后辉煌。就旗袍史学意义来讲，旗袍的三个分期几乎完全被改良旗袍模糊了（学界、社会误读的原因），定型旗袍的学术价值在于对中华物质形态的颠覆，但却迎来了对文化的重塑，而这一切发生在 20 世纪 60 年代至 70 年代的香港和台湾地区，也是学界最不能忽视的。时至今日，不论人们如何称呼旗袍，旗袍结构未再发生质的变化。它几乎没有中国元素（技术的、外在的），但却充满着中国精神，这就是它可以成为大中华服饰经典的原因，也是它征服世界的原因。

第十章
旗袍三个分期的技术文献

自20世纪20年代旗袍第一次进入人们的视野到1974年台湾史学家王宇清先生首倡“祺袍正名”运动为止，在半个世纪的时间里，旗袍经历了古典、改良和定型三个时期。从形制上看，古典旗袍为宽袍大袖直身造型；改良旗袍为窄身窄袖曲身造型；定型旗袍为窄身窄袖立体造型。从结构上看，古典旗袍为十字型平面结构双幅袍料直线裁剪；改良旗袍为十字型平面结构独幅袍料曲线裁剪；定型旗袍为“分身分袖施省”独幅袍料立体裁剪。从时间节点上看，古典旗袍在20世纪30年代以前；改良旗袍在20世纪30年代至50年代之间；定型旗袍在20世纪60年代以后。提出这个结论最有力的证据就是真实、客观地呈现三个时期旗袍的技术文献（图10-1～图10-3）。当然形制和结构在时间节点上会出现重叠、交叉和过渡情况，如古典旗袍和改良旗袍在20世纪20年代末30年代初会出现共存的情况，但最终改良旗袍会取代古典旗袍，因此在20世纪40年代至50年代就完全变成了改良旗

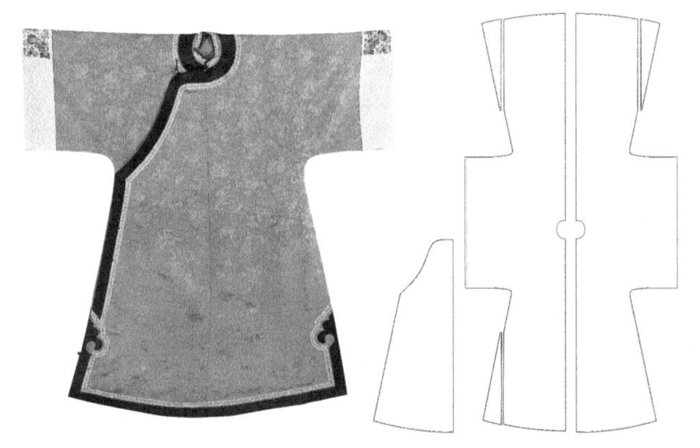

图 10-1 古典袍服（20 世纪 20 年代）
来源：《中华民族服饰结构图考》（汉族编）

袍的天下。改良旗袍和定型旗袍在 20 世纪 50 年代末 60 年代初也会出现这种情况，但最终定型旗袍也取代了改良旗袍，到 1975 年以后定型旗袍成为绝对的主流。从下面的技术文献考证中会体会到这些细节。

一、旗袍古典时期改良的讨论与措施

清末民初改朝易服受各种改良思想的推动有所行动，最重要的是在观念上摒弃了“等级制”，在旧礼制被打破新礼制又未建立的情况下，男装选择了长袍马褂，女装选择了旗袍和国际礼制（The Dress Code）并行。旗袍毕竟是旧制的产物，其形制结构传统都予以保留，这就是古典旗袍“被执行”的社会背景。人们不断尝试各种改良措施，但由于技术准备不足，就形成了有改良措施的探讨亦保持传统形制和工艺的技术文献特点。

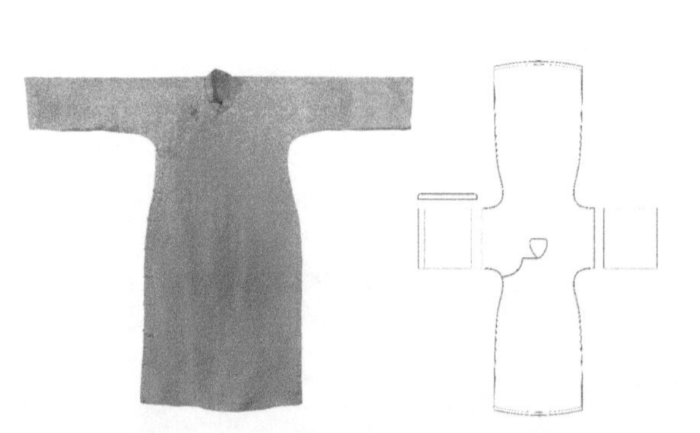

图 10-2　改良旗袍（20 世纪 50 年代）
来源：《中华民族服饰结构图考》（汉族编）

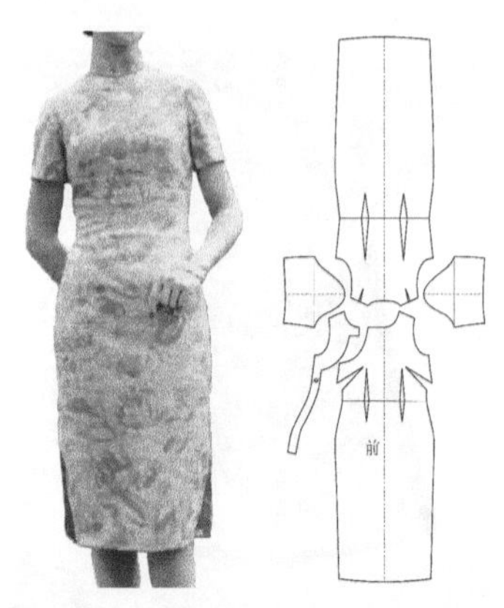

图 10-3　定型旗袍（20 世纪 70 年代）
来源：《中华民族服饰结构图考》（汉族编）

最早有关讨论服装改良措施的文献是 1918 年 6 月 30 日华北地区知名日报《顺天时报》[1] 的刊文《中国女子服装改良》，文中指出：

> 外人□一来中国则见男子着女装，女子着男装，此旧因中国女子□着裤子，男子着长褂也。

这是因为自法国大革命以来，在近代西方世界固有的着装观念中，长衣（即连衣裙）是女性化的标签，短衣和裤是男性的专属。西方女性穿裤子的历史是从第二次世界大战以后开始的，但仍在很长一段时间里被视为"叛逆"的象征，这与中国固有的着装观念完全相反。中西方文化的差异体现在服装形制的选择上，时逢西文东渐的特殊时期，社会舆论出现了提倡女子服装在社交伦理上向西方学习的建议，其内容虽未触及改良的核心——形制结构改良的问题，但却从侧面为民国初年女子着装由裙（裤）褂相配的两截式向通身袍服的过渡提供了最符合新礼制要求的理由，无形中对 20 世纪 20 年代

[1] 《顺天时报》原名《燕京时报》，是日本外务省在北京出版的中文报纸，1901 年 10 月创刊，1905 年 7 月 21 日改名为《顺天时报》，由中岛真雄任主编。在各主要城市派有记者和通讯员，收集中国政局内幕，发行量曾经达到 17000 多份，一度成为华北地区第一大报纸。

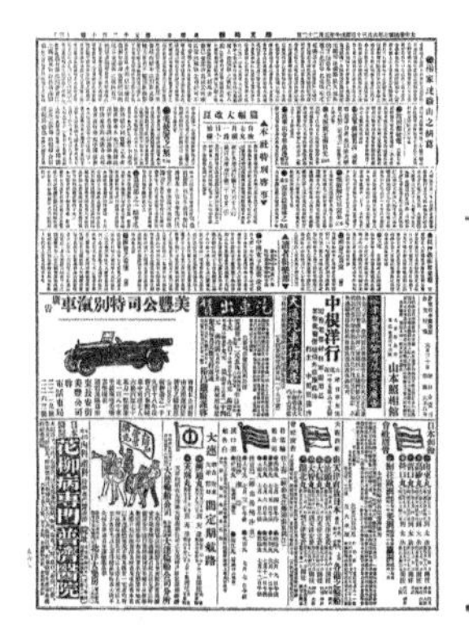

中國女子服裝改良

歡迎投稿•信封外請註明讀者俱樂部字樣

外人譏一來中國則見男子着女裝女子着男裝此蓋因中國女子僅着褲子男子着長褂也外人之批評雖不足介意然女子僅着褲子致令雙脚之長與肥瘦易於誘視殊不美觀此等服裝在狹斜之處似甚與其時遇相稱但良家子女亦着褲褂之褲子步行得々殊不能不爲之警惕也而近來更添一種毫無趣味之風即褲子務求其短是也此等裝束令人睹不生[illegible]但脚夫之流尤爲討厭吾輩希望女子服裝之改良同時並擬儕男子皆於女裝之興味如何著男子之趣味皆爲支配女子施行服裝之重要原因之一也關於婦人服裝之改良中國富於故有宜保存國粹無出優美高尚之服裝切勿隨花柳社會所流行之飄態是爲至要海內諸賢如關於服裝頗有高見務祈不吝賜教是幸

图 10-4 《顺天时报》刊载的《中国女子服装改良》

来源：《顺天时报》1918 年 5 月 22 日

旗袍的初兴起到了推波助澜的作用（图 10-4）。

《顺天时报》的《中国妇女服装改良》虽然最早提出纳鉴国际礼制进行女装改良的倡议，但北方毕竟缺乏活跃的国际时尚土壤。真正将女子服装改良付诸到实践的是上海《妇女杂志》[1]。1921 年 4 月，《妇女杂志》刊发了一则“征文悬赏”，面向全社会征集以“女子服装的改良”为主题的文章，内容要求：

> 设计女子衣裙冠履的改良，以朴素美观切于实用为主，能附以图画尤佳（图 10-5）。[2]

征稿自 1921 年 4 月至 7 月历时三个月，最终来自香港、湖州、苏州、贵阳、余姚、成都等地的七篇优秀文章被录用并于同年 9 月刊出。入选文章中有六篇都是从文化、性差、伦理、卫生、用料、经济等方面对女子服装的改良问题进行讨论，提出了“崇尚简洁”“反对复杂装饰”“反对洋货”为主的论点，由于专业性、技术性很强，多未触及服装

[1] 《妇女杂志》是由上海商务印书馆于 1915 年起发行的一种重要的女性刊物，内容提倡发展女子教育，向妇女介绍自然科学、生理卫生等方面的新知识，包含了妇女生活、工作和学习的各个方面，在当时的上海和南方妇女界有广泛的影响，甚至远销香港、澳门。杂志的第二任主编（朱）胡彬夏于 1916 发表文章《20 世纪新女子》提出改良生活的倡议，“女子可做之事，改良家庭……改良家庭即整顿社会”，将“改良”的理念深深植入。（朱）胡彬夏（1888 ～ 1931 年），1902 年 6 月到日本实践女子学校学习，1908 年和王季、曹芳芸考入马塞诸塞州威尔斯利学院预备学堂学习，并在美国学习 7 年，1914 年大学毕业回国后在多所大学任教，1916 年出任商务印书馆发行的《妇女杂志》主编。

[2] 佚名 . 四月号征文悬赏 [J]. 妇女杂志，1921（4）：103.

四月號徵文懸賞

（1）題目　女子服裝的改良。（設計女子衣服冠履的改良，以模案美觀切於實用爲主；能附以圖畫尤佳。）

（2）字數　請弗過長，至多以四千字爲限。

（3）期限　定七月三十一日截止，全文在八月號本誌發表。

（4）酬贈　第一名酬現金十元；第二名六元；第三名四元；以下的贈現金或書券。

（5）規則　應徵者請用楷書繕寫，另紙註明眞實姓名住址；（但文中如何署名仍聽作者自定）信封外寫明「徵文」，直寄上海寶山路商務印書館編譯所婦女雜誌社徵文部收，並請弗夾入他稿。

图 10-5　1921 年 4 月《妇女杂志》“女子服装的改良”征文悬赏

来源：国家图书馆民国中文期刊数字资源库

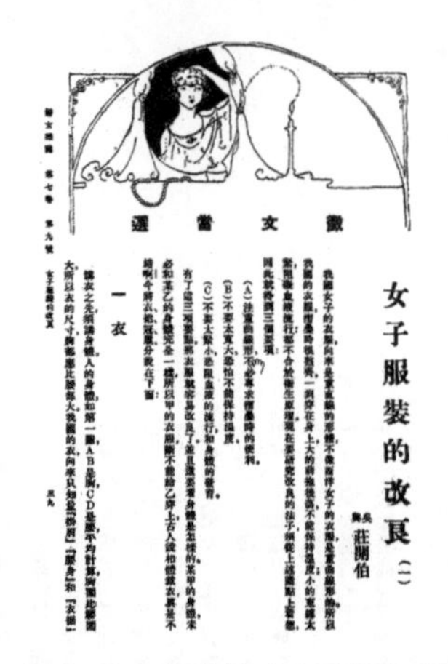
徵文當選

女子服裝的改良（一）

吳興　莊開伯

图 10-6　庄开伯《女子服装的改良（一）》刊载于 1921 年 9 月《妇女杂志》

来源：全国报刊索引

结构形制的改良。唯有一篇署名庄开伯[1]的文章《女子服装的改良（一）》，不仅涉及了服装结构改良的问题，还提出了一个女子服装结构改良相关的技术方案，这篇文章的出现开启了近代女子服装结构改良技术理论化的先河（图 10-6）。

得益于作者庄开伯任教师的专业背景，《女子服装的改良（一）》全文逻辑清楚、内容丰富，从现实生活入手，表现了作者对女子服装改良开拓性和可行性措施的探索，或许为当时的裁缝界予很大启发：

> 我国女子的衣服，向来都是重直线的形体，不像西洋女子的衣服，是重曲线形的。所以我国的衣服，折叠时很整齐，一到穿在身上，大的前托后荡，不能保持温度；小的束缚太紧，阻碍血液流行；都不合于卫生原理。现在要研究改良的法子，需从上述诸点上着想，因此就得到三个要项：
>
> （A）注重曲线形，不必专求折叠时的便利。
>
> （B）不要太宽大，恐怕不能保持温度。

[1] 南浔镇志编纂委员会编 . 南浔镇志 [M]. 上海：上海科学技术文献出版社，1995：15. 据《南浔镇志》记载，庄开伯，性别不详，生猝年不详，曾任湖州市南浔镇丝业小学执行校长，主持学校事务。丝业小学由湖州丝业工会于 20 世纪初创办，办学地址位于南浔丝业所内，该所为清同治四年春经南浔丝商庄祖绶等禀请藩司蒋（益澧）批准设立，以收解捐税、维护丝商利益为宗旨的丝商公所。《南浔镇志》中以“爱国志士”描述庄开伯的经历。

（C）不要太紧小，恐阻血液的流行和身体的发育。

有了这三项要点，那衣服就容易改良了。并且还要看身体是怎样的。某甲的身体，未必和某乙的身体完全一样，所以甲的衣服，断不能给乙穿上，古人说相体裁衣，真是不错啊！今将衣、裙、冠、履分说在下面：

一 衣

讲衣之先，需讲身体。人的身体，如第一图，AB是胸，CD是腰，平均计算，胸围比腰围大，所以衣的尺寸，胸部应比腰部大。我国的衣，向来只知量“挂肩”“腰身”和“衣裾”（如第二图），而且“襟缝”“背缝”都是直的，所以穿在身上不能服帖，并且不卫生。现在改良的计划，就是（一）“襟缝”“背缝”改为曲线形。（二）原有的“挂肩”改名“挂腋”。（三）原有的“腰身”改名“胸围”。（四）在胸围的下面，称为“腰围”。（五）“衣裾”仍名“衣裾”（如第三图）。以上是量衣的术语，其他“袖口”“领衣”等，仍用旧名。❶

这是在中国服装历史中首次弃礼制，谈及服装如何根据人体经营设计的文章（这虽然是属于“人体工学”的讨论，但这种理论此时还没有引入中国）。

服装改良在抛弃“等级制”的前提下，本质上就变成了处理服装与人体关系的问题，就由传统服装“人以物为尺度”的观念向现代服装“物以人为尺度”的观念转变。庄开伯的文章通过图像与文字相结合的方式，探索了旧式服装直线造型改良为曲线造型所必要的相关人体尺寸、位置及专业术语。特别提出服装技术名称的科学性问题，并对传统服装裁剪称谓进行辨析，如对“腰身”尺寸虽有“腰”

❶ 庄开伯. 女子服装的改良（一）[J]. 妇女杂志，1921（9）：39.

字却实际位于“胸部”的现象提出了异议，建议将“腰身”改名为“胸围”，并根据人体实际腰围尺寸在服装裁剪中设置“腰围”名称，明确提出胸围（AB）、腰围（CD）、臀围（EF）的三围概念做到实际量裁名称与人体相对应。三围尺寸的引入，使服装侧缝的曲线形成了与人体胸腰差、腰臀差曲线对应关系的认识。最终就有了依据人体测量所获得的数据，使服装结构分别在前后中缝、侧缝遵循“臀围＞胸围＞腰围”原理进行收量的裁剪方法，以有效地塑造女性曲线造型。这无疑是对当时尚存“沾衣捋袖奉为贞节”这种男女授受不亲传统礼教的颠覆，但科学、民主、自由的大趋势是在上升的，且又被当时国民政府所倡导。因此这篇文章并不孤单，且又有一套确实可行的措施（图 10-7）。

文章首先在着装观念上响应了孙中山先生在 1912 年 2 月 4 日《复中华国货维持会函》对新式服装的倡导：

> 其要点在于适于卫生，便于动作，宜于经济，状与观瞻。[1]

孙中山先生特别在科学方面提出了服装改良的三项主旨思想，即“卫生、功用、经济”，设计改良的具体方案。刊文围绕服装的款式和结构进行阐释，强调了对传统直线形服装进行曲线改良的必要性和措施方法，首次对人与服装的关系进行技术讨论，主张服装依据人体结构“相体裁衣”，提出了“讲衣之先，需讲身体”的现代制衣理念。

最后《妇女杂志》对“女子服装的改良”活动作出的评价说：

[1] 中国社会科学院近代史研究所中华民国史研究室等编．孙中山全集 第 2 卷 [M]. 北京：中华书局，1982：61.

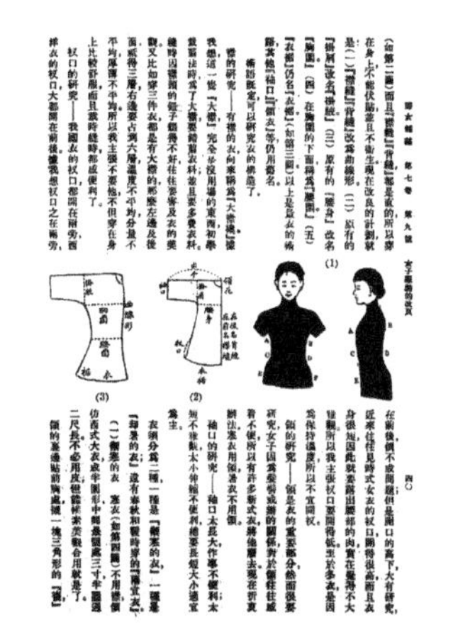

婦女雜誌　第七卷　第九號　女子服裝的改良

(如第二圖)而且「襟縫」「背縫」都是直的，所以穿在身上，不能伏貼，並且不衛生。現在改良的計劃就是：(一)「襟縫」「背縫」改爲曲線形。(二)原有的「掛肩」改名「掛縫」(三)原有的「腰身」改名「胸圍」(四)在胸圍的下面稱爲「腰圍」(五)「衣擺」仍名「衣擺」(如第三圖)以上是改衣的稱謂，其他「袖口」「領衣」等，仍用舊名。

稱謂既定，可以研究衣的構造了。

襟的研究——有襟的衣，向來稱爲「大襟衣」。據我想這一種「大襟」完全沒用場的東西，初學裁縫法時，爲了大襟要費裁衣料，並且要多費衣料。縫時因襟頭的鈕子結得不好，往往要傳及衣的樣觀。又比如穿三件衣，都是有大襟的，那麼左邊及後面祇得三層，右邊要占到六層，溫度不平均，分量不平均，厚薄不平均，所以我主張不要他，不但穿在身上比較舒服，而且裁時縫時都感便利了。

衩口的研究——我國衣的衩口，都開在兩旁，西洋衣的衩口大都開在前後，據我想衩口之在兩旁，

(1)　(2)　(3)

在前後，似不成問題，但是開口的高下，大有研究，近來往往見時式女衣的衩口，開得很高，而且衣身很短，因此就要露出腰部的肉，實在覺得不大雅觀，所以我主張衩口要開得低，至於多衣，是因爲保持溫度，所以不宜開衩。

領的研究——領是衣的重要部分，然而很要研究，女子因爲愛時式的關係，對於領往往感着不便，所以有許多新式衣，將他廢去，現在折衷辦法，塞衣用領，著衣不用領。

袖口的研究——袖口太長大，作事不便利，太短不雅觀，太小伸縮不便利，總要長短大小適宜爲主。

衣領分爲二種，一種是「斜襟的衣」，一種是「對襟的衣」，沒有春秋和暖時穿的「雜貨衣」，

(一)側襟的衣　塞衣(如第四圖)不用襟，領仿西式大衣或半圓形，中縫長領或三寸半，圍圓二尺長，不必用皮，但鑲紆素類，配合用就是了。領的塞邊貼前胸處，鑲一塊三角形的「領」

四〇

图 10-7　庄开伯对于女子服装改良的建议和方案刊载于 1921 年 9 月《妇女杂志》

注：绘图自右至左标号（1）（2）（3）分别对应上文“第一图、第二图、第三图”

来源：国家图书馆民国中文期刊数字资源库

本杂志悬赏征文，这回还是第一次；诸君纷纷惠稿，竟有这样的成绩，这是我们所非常欣幸的。不过惠稿中的大多数，只注重在改良的理论，没有具体的设计，未免与征文的本意不甚相合。[1]

活动的结果也许没有完全表达组织者的初衷，但这并没有阻碍社会对服装改良的热情。同年 11 月（征文发表后的第二月）《妇女杂志》刊载了黄泽人的文章《女子服装改良的讨论》，从读者的角度对这次活动给予了很高评价，说明活动本身已经引起了社会公众和舆论的反响，为女子服装的改良起到了推进剂的作用：

现在社会上一般女子的服装，光怪陆离，争奇斗艳，矫正实为必要，改良更是要图。妇女杂志有见及此，对症发药，就大征文，这是何等可喜的事！[2]

虽然女子服装改良征文活动只是一次由理论到措施的可行性讨论，讨论的对象并不是旗袍，但

[1] 妇女杂志编辑 . 女子服装的改良——选后 [J]. 妇女杂志，1921（9）：51.

[2] 黄泽人 . 女子服装改良的讨论 [J]. 妇女杂志，1921（11）：106.

不可否认的是，这是中国近代服装史上第一次没有“等级制”的科学民主自由探讨服装改良的大讨论，为20世纪30年代旗袍曲线化为标志的改良奠定了社会舆论的基础。最重要的是，它明确了女子服装改良的两项可行的技术措施，人体测量技术和裁剪方法的革新。然而这个时期并行的主要技术文献仍是古典旗袍的面貌，或许这种技术措施革新还需要时间和现代教育机制的建立，特别是专业技术的教育机制。

二、古典旗袍的重要技术文献

中国传统服装匠作技艺的传承一直依靠着“口传心授”的方式，鲜有技术文献留存。民国初年，在女权运动的推动下，根据妇女的职业特点和传统，政府开始推行现代化女子职业教育，在中学和小学相继开设了缝纫专修课程并出版专业的配套教材，使服装技艺得以教科书的形式记录下来。其中最具代表性的文献有三个，其一是1912年由上海广益书局出版的《日用万全新书》，这是一部日常生活类百科全书式的普及读物，其中第九卷为“女功”，收录了男子长衫、短褂，女子短袄和马面裙的裁剪方法。其二是1913年由湖南女国民会实业缝纫专科学校出版的《湖南女国民会缝纫教科书》，这是辛亥革命以后第一部由民间妇女社团[1]为发展经济振兴实业而编写的教材，内容涉及男子军服、西式衣（西装外套）、中山装、长衫马褂及女子裙褂的裁剪。其三是1914年由上海商务印书

[1] 湖南女国民会于1912年元月在长沙成立，发起人是维新变法时期著名维新派人物的亲属。女国民会附设在三育女学校内，此校专为会员求学而设，故一律不收学费。张莲波．辛亥革命时期的妇女社团[M]．开封：河南大学出版社，2016：320.

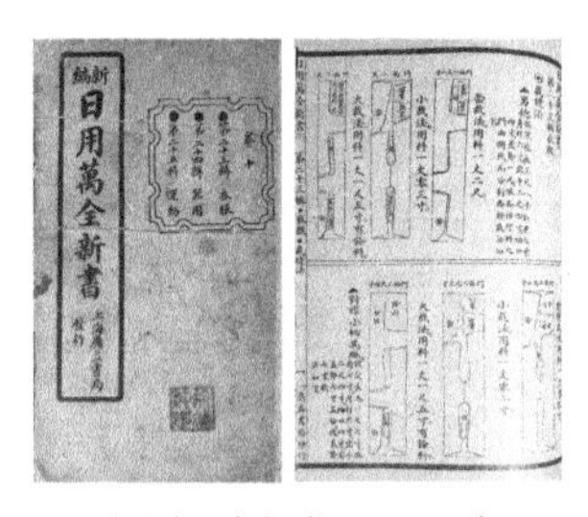

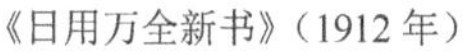
《日用万全新书》（1912 年）

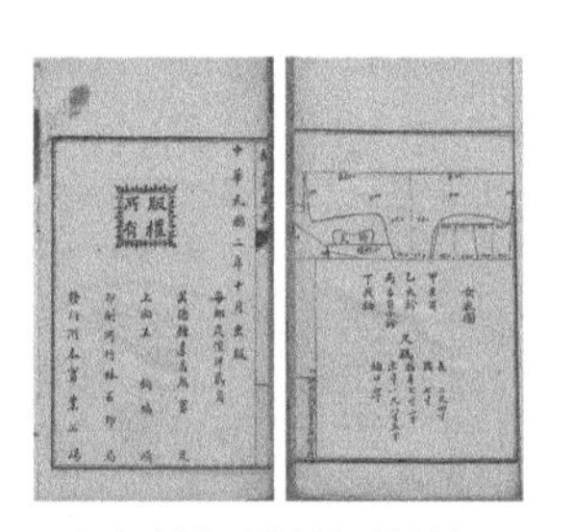

《湖南女国民会缝纫教科书》（1913 年）

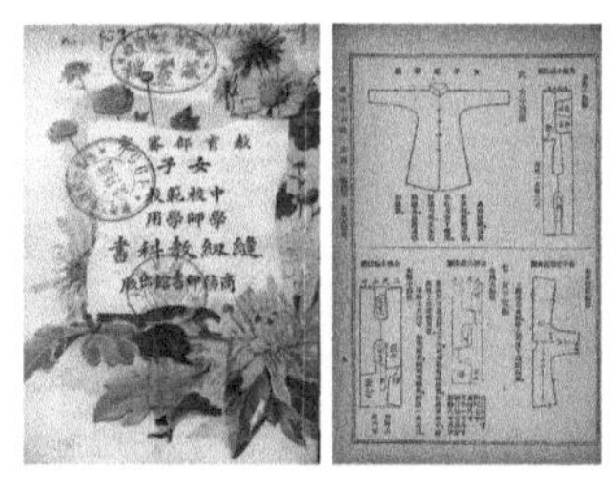

《女子中校范校学师学用裁缝教科书》为北洋《服制》同期技术文献（1914 年）

图 10-8　民国初年重要的古典旗袍技术文献①

来源：私人收藏

馆出版的《女子中校范校学师学用裁缝教科书》，是当时教育部审定出版并推行全国的女子中学教材，其内容完全参照 1912 年颁布的北洋《服制》编写，包括燕尾服、晨礼服、常礼服（西装）为代表的西式礼服和以长衫、马褂及裙褂为代表的中式礼服。由于旗袍初兴是在 1921 年，因此民国初年的这三部重要文献中都没有收录旗袍的相关技术信息（图 10-8）。正是这些技术文献以确凿的证据证明了旗袍诞生前女装是以裙褂汉制为标志的特点，1921 年由古典旗袍取代，其实这个时期由于各种改良技术还不具备，裙褂和古典旗袍共治，只是旗袍为上升趋势，也就有了古典旗袍相关技术的探索。

在旗袍见诸报端后不久❶的 1925 年 9 月，由赵稼生撰写的文章《衣服裁法及材料计算法》❷发表于《妇女杂志》，这是可追溯到的最早使用“旗袍”称谓的裁剪技术文献，内容涉及了旗袍裁剪、排料等内容。

通过对该文献的系统整理与传世的实物样本比

① 民国初年三部重要裁剪技术文献，之所以重要是因为它们真实系统地记录了旗袍诞生前传统服饰的结构形制及其技术过程。女装虽然是“裙褂”配置，从褂的结构形态看，与后来出现的古典旗袍结构完全相同，只是长短的区别。男装主服为“长袍”可以说是古典旗袍的复制，这个信息证明了两个说法，民国初年“女子蓄意模仿男子……醉心于男女平权”（《更衣记》）；技术上传统裁法男女不分（参阅下文）。

❶ 1921 年 7 月解放画报病鹤画并注的《旗袍的来历和时髦》是迄今发现最早公开发表记录旗袍的文献。

❷ 赵稼生 . 衣服裁法及材料计算法 [J]. 妇女杂志，1925（9）：1450-1465.

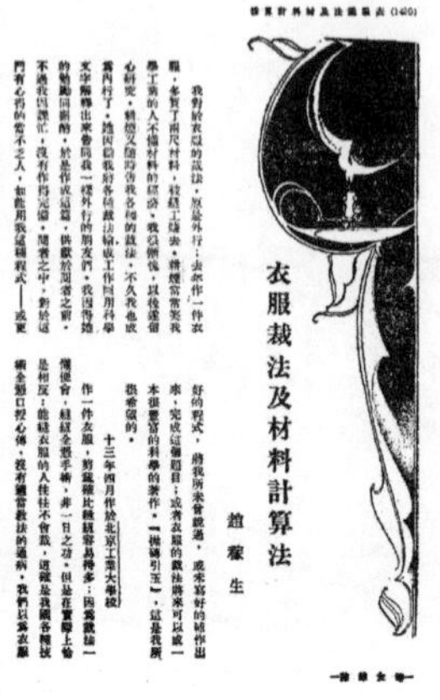

图 10-9　刊载于 1925 年《妇女杂志》的《衣服裁法及材料计算法》是旗袍古典时期的直接技术文献

来源：国家图书馆民国中文期刊数字资源库

对发现，初兴的旗袍延续了古典袍服的十字型平面结构，其裁制方法与男子长袍相似，是典型的“双幅裁剪”，由于旧袍两个下摆尺寸大于面料幅宽，而必须左右身拼接剪裁，也是古典旗袍保留前后中缝形制的原因。因此，它是解析古典旗袍结构形制不可或缺的标志性文献之一（图 10-9）。

（一）《衣服裁法及材料计算法》记录古典旗袍的结构信息

《衣服裁法及材料计算法》（后简称《算法》）的作者赵稼生时任北京工业大学工业系教师，其撰写这篇文章的目的不仅是为了传播女红[1]，而是希望能够推广科学的裁剪方法，其核心是发现了古典旗袍体现的节俭动机并对裁法进行了释读：

> 我对于衣服的裁法，原是外行；去年作一件衣服，多买了两尺材料，被缝工赚去。耕烟常常笑我学工业的人不懂材料的经济。我很惭愧，以后遂留

[1] 女红（gōng），也称为女事，旧时指女子所做的针线、纺织、刺绣、缝纫等工作和这些工作的成品。“女红”最初写作“女工”，后来随时代发展，人们更习惯用“女红”一词指代从事纺织、缝纫、刺绣等工作的女性工作者，它的本义反而被置于从属地位，为避免混淆，人们用“红”为“工”的异体，“女工”的本义被转移到“女红”一词上，而它本身则转型成功，借另一意义获得了重生。

心研究。耕烟又随时告我各种的裁法，不久我也成为内行了。她因劝我将各种裁法绘成工作图用科学文字解释出来告同我一样外行的朋友们。❶

《算法》与其他裁缝编写的教科书最大的不同在于，它是对裁法的裁剪过程和目的作了系统科学研究，因此教科书更具有史料价值，《算法》更具有学术价值，同时也兼具史料价值。正因为作者“外行”的工学背景，他事无巨细地对服装的裁剪过程作记录，从尺寸的测量到用料的计算再到裁剪设计的选择均有翔实的分析。这都与作者工科教师的职业背景有关。文章系统地引用了代数的方法将量体裁衣所必要的各项数据算法逐一列举，在传统服装裁剪技术中导入科学方法是史无前例的。这也为我们今天解读古典旗袍在那个特殊时期的结构提供了重要的文献证据。

作者在描述不同服装的裁法时没有以性别作区分，而是提出使用类型学的方法，将服装分为长衣和短衣两类分别描述，旗袍就是当时长衣的典型：

大襟长衣就是现在通行的男衣，大襟短衣就是现在通行的女衣；不过近来已有许多妇女穿大襟长衣（有人叫做“旗袍”，因为满族妇女向来就作兴穿旗袍）——尤其是在冬天，以前同现在乡间的男子，常常作短的大襟褂当衬衣，所以我只照长短分类，不用男女的字样来区别。❷

依据类型分类而不突出强调性别是因为此时男女袍服的裁剪均为连身连袖的十字型直线平面结构，只是制成衣服尺寸大小的差别。由于这个时期男女袍都是阔摆无开衩，因此说 20 世纪 20 年代中

❶ 赵稼生 . 衣服裁法及材料计算法 [J]. 妇女杂志，1925（9）：1450-1465.

❷ 赵稼生 . 衣服裁法及材料计算法 [J]. 妇女杂志，1925（9）：1450-1465.

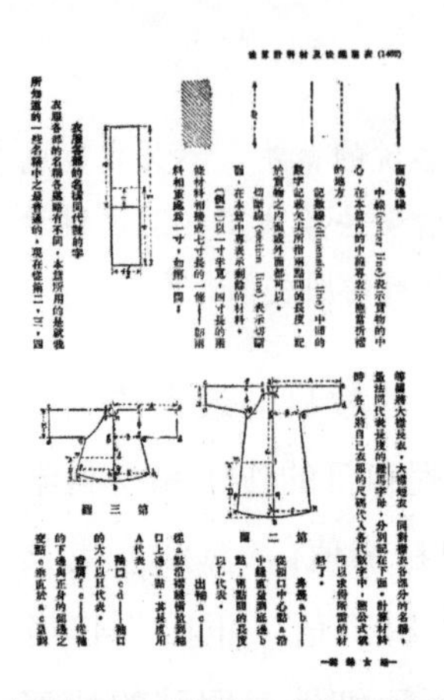
面的邊線。

中線(center line)表示實物的中心，在本篇内的中線專表示應當折疊的地方。

記數線(dimension line)中間的數字記載矢尖所指兩點間的長度，記於實物之内與外面都可以。

切斷線(section line)表示切斷面，在本篇中專表示剩餘的材料。

(例)以一寸半寬，四寸長的兩條材料相接成七寸長的一條——卽兩料相重處為一寸，如第一圖。

衣服各部的名稱同代號的字

衣服各部的名稱各處略有不同，本篇所用的是就我所知道的一些名稱中之最普通的，現在從第二，三，四圖將大襟長衣，大襟短衣，同對襟衣各部分的名稱，及算法同代表長度的羅馬字母，分別記在下面。計算材料時，各人將自己衣服的尺碼代入各代數字中，照公式就可以求得所需的材料了。

身長a b——從領口中心點a沿中縫直量到底邊b點；兩點間的長度以L代表。

出袖a c——從a點沿襟綫橫量到袖口上邊c點；其長度用A代表。

袖口c d——袖口的大小以H代表。

图 10-10 《算法》中记录长衣的图注为古典旗袍的基本特征不以性别区分的裁法（图标注“第二图”）为典型的十字型平面结构

来源：国家图书馆民国中文期刊数字资源库

期以前旗袍与男子长衫之间的区别只存在于制作工艺上，不涉及结构问题，即连身连袖的十字型直线平面结构是其基本特征，古典旗袍正是以此为标志，《算法》中所总结的四种裁法就是对古典旗袍结构形制的真实记录（图 10-10）。

（二）《算法》记录古典旗袍的四种裁法

为了方便学习和演算，《算法》的作者设计了一组模拟尺寸，结合裁剪时使用不同幅宽的面料，例举了四种不同的裁剪方法，分别是大裁法、套裁法、小裁法、对裁法。范例所列裁剪尺寸中没有涉及腰围、臀围等信息，按当时的名称列有身长❶、出袖❷、袖口、台肩❸、腰身❹、下摆和领颈❺共 7 个部位尺寸。从这些尺寸选定范围就可以确信，此时社会虽在广泛讨论以曲线为焦点的旗袍改良，但在实际应用中由于改良技术还不具备而普遍使用古典结构和传统方法（表 10-1）。

❶ 身长：服装的总长。

❷ 出袖：服装两袖口之间距离的一半，或中缝至袖口距离。

❸ 台肩：也称为挂褙、挂肩，指服装袖根部的尺寸。

❹ 腰身：服装腋下第一扣位置的宽度，与人体胸围位置相符合。

❺ 领颈：指前领口底弧线到肩线的垂直距离（前开领深）。

表 10-1 《衣服裁法及材料计算法》中旗袍裁剪名称和尺寸

原单位：市制[1]；换算单位：厘米

序号	名称	尺寸	换算尺寸
1	身长	三尺七寸	123.3
2	出袖	二尺一寸	70
3	袖口	六寸	20
4	台肩	八寸	26.7
5	腰身	八寸	26.7
6	下摆	一尺一寸五分	38.3
7	领颈	三寸	10

注：表内数据均节选自《衣服裁法及材料计算法》，名称和尺寸也是当时习惯的用法

文章指出各种衣服的不同，但它们有一个基本裁法和材料计算法：

> 衣服的裁剪法自然是跟着衣服的式样同材料的宽窄而变化的，本篇所载的分大襟长衣，大襟短衣同对襟衣三类，各类又随材料的宽窄分作各种的裁法。每一裁法之后附以工作图[2]，公式，例题及说明。计算材料时各人将自己衣服的尺码代入各代数字中，照公式就可以求得所需材料的长度了。[3]

这种裁法就是“布幅决定结构形态”的实证，这种节俭设计理念不仅普遍运用在古典旗袍中，也是后来改良旗袍、定型旗袍运用“独幅旗袍料”裁剪的基本原则。

适用“大裁法”裁剪有两个必要的条件，其一是面料幅宽大于或等于“出袖”，这样保证衣身完整性的同时也避免接袖；其二是胸围与下摆之和应小于或等于布幅。但遇到特殊情况如短袖或七分袖的旗袍，其“出袖”（袖长）往往只到手肘或小臂

[1] 换算比率：1市尺≈33.33厘米，计算结果保留小数点1位。

[2] 工作图即裁剪图。

[3] 赵稼生 . 衣服裁法及材料计算法 [J]. 妇女杂志，1925（9）：1450-1465.

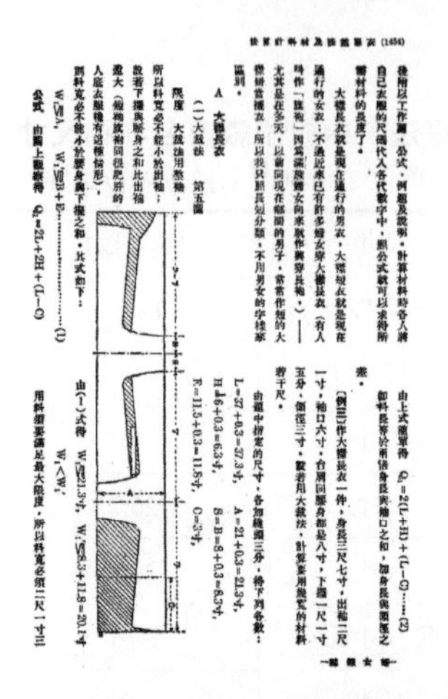

图 10-11 《算法》古典旗袍“大裁法”计算与裁剪说明

来源：国家图书馆民国中文期刊数字资源库

与手腕之间，计算时通常不以“出袖”尺寸为衡量标准，所以“大裁法”主要考虑胸围与下摆尺寸之和小于面料幅宽的第二个条件（图 10-11）。

> 大裁法　第五图
>
> 限度　大裁法用整袖，所以料宽必不能小于出袖；设若下摆与腰身[1]之和比出袖还大（短袖旗袍同很肥胖的人底衣服极有这种情形），则料宽必不能小于腰身与下摆之和。

这段叙述强调了第二个条件的重要性。

“套裁法”的原理与大裁法近似但适用范围更广。它只要求面料幅宽大于下摆宽与胸围之和，在优先保证衣身的完整性的基础上，考虑“出袖”的尺寸，如出袖不足，则用余料另外接袖，这种方法比大裁更节俭而被广泛使用（图 10-12）。

> 套裁法　第六图
>
> 限度　套裁法同大裁法差不多，不过袖是两接的；所以料宽可以比出袖小，但是必不能小于腰

[1] 腰身指接近腋下位置的围度尺寸，实际上是人体胸围。也有技术文献将其称为“上腰”（如杨成贵先生《中国服装制作全书》）。

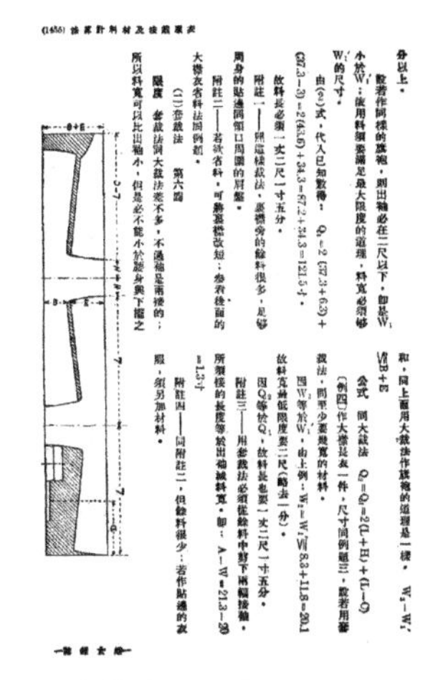

份以上。

設若作同樣的旗袍，則出袖必在二尺以下，即是W_1小於W_1'，依用料須要滿足最大限度的道理，料寬必須够W_1'的尺寸。

由(2)式，代入已知數得：$Q_1=2(37.3+6.3)+(37.3-3)=2(43.6)+34.3=87.2+34.3=121.5$寸。

故料長必須一丈二尺一寸五分。

附註一——照這樣裁法，裾襟旁的餘料很多，足够周身的貼邊同領口周圍的屑盤。

附註二——若欲省料，可將裾襟改短；參看後面的大襟衣省料法同例題。

(11)套裁法　第六圖

限度　套裁法與大裁法差不多，不過袖是兩接的；所以料寬可以比出袖小，但是必不能小於腿身與下擺之和，同上面用大裁法作旗袍的道理是一樣。$W_2-W_1'\leq B+E$

公式　同大裁法　$Q_2=Q_1=2(L+H)+(L-Q)$

〔例四〕作大襟長衣一件，尺寸同例題三，設若用套裁法，問至少要幾寬的材料。

因W_2等於W_1'，由上例：$W_2=W_1'\leq 8.3+11.8=20.1$

故料寬最低限度要二尺(略去一分)。

因Q_2等於Q_1，故料長也要一丈二尺一寸五分。

附註三——用套裁法必須從餘料中剪下兩幅接袖，所須接的長度等於出袖減料寬，即：$A-W=21.3-20=1.3$寸

附註四——同附註二，但餘料很少；若作貼邊的衣服，須另加材料。

图 10-12 《算法》古典旗袍“套裁法”计算与裁剪说明

来源：国家图书馆民国中文期刊数字资源库

身与下摆之和，同上面用大裁法作旗袍的道理是一样。

这个时期由于纺织设备和技术的限制，窄幅袍料远远多于宽幅袍料，因此有接袖的套裁法更普遍，从对传世的长袖古典旗袍样本结构的研究中也证明了这一点（图 10-13）。

应用“对裁法”前先要将面料折成双幅，使左右袍身融在一个布幅中对折裁剪，这就要求面料幅宽大于一个完整的下摆宽度才可能实现，接袖也随半幅裁剪。根据作者描述，“对裁法”所需要的面料幅宽虽然宽于大裁或套裁，但面料使用率高于前两种裁法，对下摆阔度和大尺寸（肥胖者）设计有很大限制，因此多用于小巧型旗袍。

对裁法　第七图

限度　对裁法等于将材料均分作两幅后再裁，所以料宽必须够下摆的两倍。

对图 10-14 中结构数据加以分析，虽然此前两

图 10-13　文献同时期古典旗袍实物

来源：北京服装学院民族服饰博物馆藏

种裁法更节俭，但在古典旗袍中并不普遍，因为如此窄的下摆如果没有开衩便会影响腿部的运动了。然而它又大大地启发了以曲线窄摆为焦点的改良旗袍的结构设计，既然一个布幅可以容下整个下摆，就不需要左右分裁了。改良旗袍结构的曲腰、收摆、开衩和无中缝结构正是据此诞生的，也就有了20世纪30年代的"独幅旗袍料"的概念。

"小裁法"在清代袍服中就是标志性的裁剪方法，到了民国初年旗袍较清代袍服的下摆尺寸，已有较大的收窄，故在实际使用中除非面料幅宽非常窄（如手工织造的花罗，幅宽往往不足40厘米），否则极少会使用。在清朝原本就少有宽幅面料，袍摆又很大，采用"小裁法"，下摆会冲出布幅，就出现了独特的"补角摆"现象，民国的窄摆也就没有这个现象（图 10-15、图 10-16）。

小裁法　第八图

限度　小裁法适用于门面较窄的材料，若只接

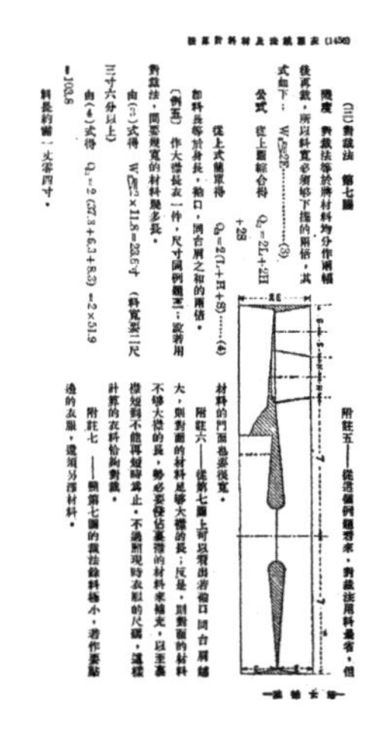

图 10-14 《算法》古典旗袍“对裁法”计算与裁剪说明

来源：国家图书馆民国中文期刊数字资源库

袖一次，则料宽必不能小于出袖之半，若遇下摆很大的衣服，则料宽至少等于下摆。

在《算法》总结的四种裁剪方法中，决定性的要素是下摆尺寸，裁法的选择实际上要看面料幅宽是否可以容纳下摆宽，或根据幅宽决定下摆尺寸。因为古典旗袍最宽处就是下摆位置。这充分说明了不同裁法的应用是下摆尺寸与节约材料共同作用的结果。四种裁法对应四种布幅，第一、第四种方法为窄布幅，第二、第三种方法为宽布幅，从用料来讲它们都是最佳匹配，不变的是它们都是左右身分裁，这就是古典旗袍都会有中缝的原因。四种裁法的绝对用料最少的是“对裁法”，但摆阔也明显不足，这便为以曲腰收摆为焦点的改良旗袍的诞生埋下了伏笔（表 10-2）。

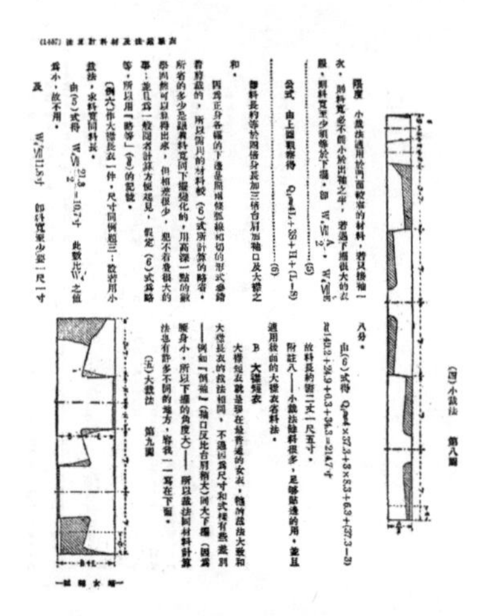

图 10-15 《算法》古典旗袍"小裁法"计算与裁剪说明

来源：国家图书馆民国中文期刊数字资源库

表 10-2 《衣服裁法及材料计算法》四种裁法用料情况

原单位：市制；换算单位：厘米

序号	裁法	幅宽	幅宽换算尺寸	用料量	用料量换算尺寸
1	大裁法	二尺一寸三分	71	一丈二尺一寸五分	405
2	套裁法	二尺	66.7	一丈二尺一寸五分	405
3	对裁法	二尺三寸六分	78.7	一丈零四寸	346.6
4	小裁法	一尺一寸八分	39.3	二丈一寸五分	671.6

注：表内数据均节选自《衣服裁法及材料计算法》

在《算法》中作者反复强调"对裁法"的优势，这不仅是因为双折裁剪一次就可以裁出两个衣片，比其他裁剪法更加省时省力，且同样可以节省面料。"对裁法"的出现是因为初兴旗袍的下摆比清代袍服已经有了大幅的缩减，以至于在一个幅宽内可以容纳一个完整下摆，古典旗袍中也出现了无中缝现象。同时，这说明古典旗袍虽然保留了前后中破缝，但并不一定是两幅面料拼接。"对裁法"的推广和应用可以说是旗袍下摆收窄改良的开始，促

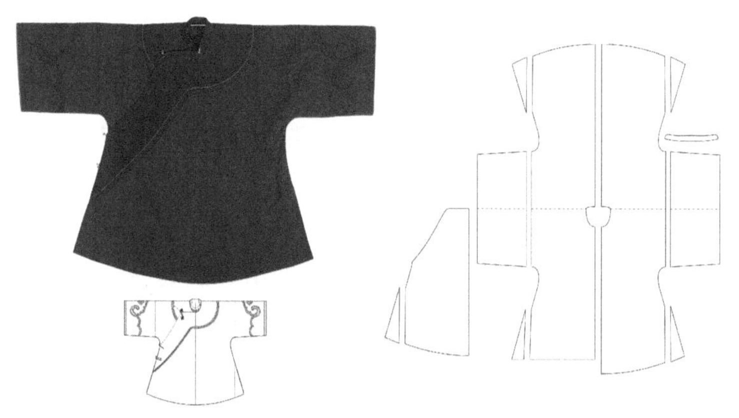

图 10-16　清末窄布幅出现的补角摆十字型平面结构

来源：《中华民族服饰结构图考》（汉族编）

进着裁剪技术的革新（“挖大襟”的独特技术与此有关）。而改变这一切的前提是，在下摆收窄的情况下，整幅裁剪总是比分片裁剪规整而节省面料。由此可见，“敬物尚俭”才是造成旗袍结构变革的关键，也就迎来了“独幅旗袍”时代的到来。

三、改良旗袍的技术文献

旗袍由古典时期的十字型直线平面结构发展到改良的十字型曲线平面结构，预示着学界在穿衣方面对妇女人体的关注不仅付诸了实践还有了成果。以突出人体曲线为目的对服装进行的结构改良倡议，早在 1921 年庄开伯的文章《女子服装的改良（一）》中就已经提出，并针对人体测量、裁法和称谓的科学性方面进行了探索，虽然该方案并没有被采纳，但对裁剪技术设计具有一定的启发性。时至 20 世纪 20 年代末，在技术上经过近十年的不断摸索和尝试，在古典旗袍直线结构的基础上进行了曲线结构改良，通过对当时的技术文献和传世实物作互证研究得到了证实。伴随着旗袍结构的改良，不仅出现了新的裁剪技术，更重要的是衣着与人体的关系变得越发紧密。

目前已知最早出现记录曲线化结构改良旗袍的技术文献是 1935 年 9 月由湖南省立农民教育馆出版的《民校高级中服裁法讲义》[1]。实际上，以曲腰和收摆为特征的改良旗袍在 20 世纪 20 年代末至 30 年代初就出现了，图像文献和传世标本也证明了这一点，说明技术文献的出现总是滞后于实践的。此后，1937 年 5 月由宣元锦等编绘发表于《机联会刊》[2]的《衣的制法（五） 旗袍》[3]、1938 年伪满洲国图书株式会社发行的《裁缝手艺》（第一卷）[4]、1947 年岭东科学裁剪学院发行的《裁剪大全》都分别刊载了曲线化结构旗袍的裁制方法。这些文献的共同特点是旗袍衣身裁剪全部在一整幅布料内完成，接袖线位置依幅宽而定，袖长超过布幅宽度部分另布裁接袖，这意味着旗袍无中缝的时代已经形成，“挖大襟”技术也就成为这个时期的关键技术，这便成为认识改良旗袍最可靠的文献证据。技术文献呈现旗袍合体化的趋势逐渐显现，裁剪的必要尺寸由古典时期的七个发展到十几个，采集数据的部位也更具体、科学。

（一）旗袍改良时期文献记录的关键技术

改良旗袍典型技术文献当然不止此四种，它们的地域分布也不仅是在上海、广州等这些主流城市，正因如此才具有普遍性和真实性。四个文献从

[1] 佚名．民校高级中服裁法讲义 [M]. 长沙：湖南省立农民教育馆，1935：73.

[2] 《机联会刊》是晚清民国著名作家陈蝶仙先生于 1930 年创办的刊物，专门提倡国货。李盛平．中国近现代人名大辞典 [M]. 北京：中国国际广播出版社，1989：417.

[3] 宣元锦等．衣的制法（五） 旗袍 [J]. 机联会刊，1937（166）：18-20.

[4] 王淑林．裁缝手艺（第一卷）[M]. 沈阳：伪满洲国图书株式会社，1938：54.

1937年到1947年的十年跨度正是改良旗袍的关键十年，技术信息包含了改良时期旗袍测量、裁剪、制作的各项内容，详细记录了旗袍改良时期结构演进的全过程，其中就有“挖大襟”这个关键技术。

《中服裁法讲义》是湖南长沙民范女子职业学校[1]中服缝纫科的专业教材，全书分为上、下两篇，包括男装、女装、童装等类目，共246页，几乎涵盖了20世纪20年代至30年代传统服装的全部品类，是至今为止保存最完整、内容最系统的民国中服裁剪技术文献。它在1935年版的序言中提到：

> 本校有见及此，专事缝纫之研究，已十数年于兹，积以日力，讲求精新，每年除授课时由各教师各具心裁外，每寒暑假，复集良师与高材生及校友之掌教于各地者，各出所疑所得，与社会士女之所需，参详斟酌，编成是书，属稿不只一时，研讨无虑百次，集思广益，此足当之。然推陈出新，惟我裁缝界之进程为速……

序中记述“已十数年于兹”，说明成书之前这些技术就已成“掌教”之用，而且“积以日力，讲求精新……与社会士女之所需，参详斟酌，编成是书”，说明“不只一时”之作暗示其中重要的技术创新。

根据《湖南省近现代名校史料》记载，该书是在实践中不断积累总结、反复修订的实用型教材。它作为最早出现的改良旗袍技术文献，真实、客观、完整地（图记流程、称谓、数据等）呈现在人们面前，所具有的实证价值毋庸置疑。最值得注意的是，文献中对于旗袍的称谓并不是常见的袍或长

[1] 湖南私立民范女子职业学校成立于1924年，其前身是1922年由罗教铎和周芳创办的湖南模范平民学校，创办同期即开设缝纫专科。1933年经国民政府教育部授权，更名为民范女子职业学校。湖南省教育史志编纂委员会编. 湖南近现代名校史料[M]. 长沙：湖南教育出版社，2012：3015.

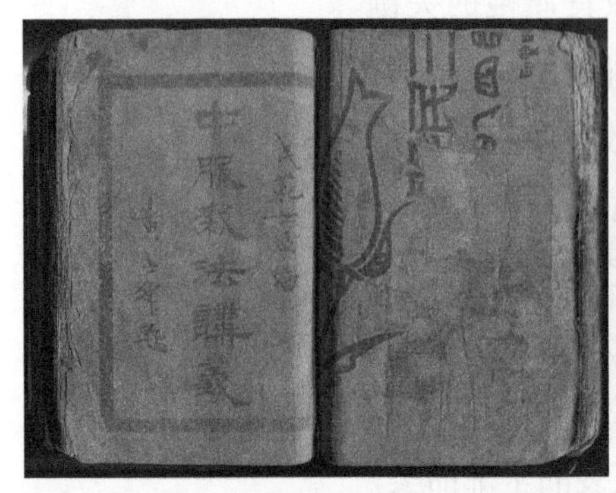
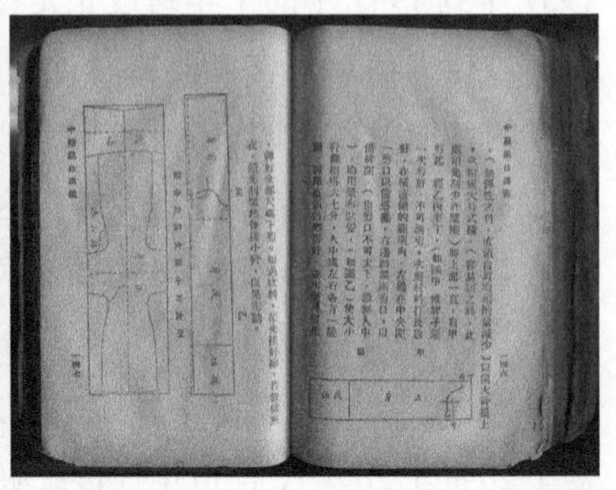

图 10-17　改良旗袍的技术文献《中服裁法讲义》（1935 年）
注："剜大襟"技术称谓见两图中缝
来源：私人收藏

衫，而是带有工艺特征的"剜大襟女长衣"[1]，"剜"字在全书近 70 款服装中只用在旗袍这一种，说明它是此时旗袍的专有称谓。"剜"的使用代表了此时的旗袍与众不同的技艺方法，但主体结构仍保持十字型平面结构的中华系统，"改良"的深意正在于此，而非颠覆性、革命性的，即保持独幅整身裁剪必出现"剜大襟"技术，因此成为改良旗袍的标志（图 10-17）。

《衣的制法（五）　旗袍》介绍了 1937 年流行式样的旗袍量裁方法和款式、结构、形制的技术信息，可以说是前文改良旗袍历史考证中出现在 20 世纪 30 年代中期完整的物态呈现，文中提到：

> 除了少数的老年及乡村妇女，还穿着短衣裙子外[2]，城市里的妇女，差不多都穿旗袍了。旗袍用料的计算，因为不像长衫那般有襟背缝[3]，所以很简便：短袖的，照身长加倍，另加缝头；长袖的，则另加找袖就的了。可是裁剪起来，是极不容易，因为女子是有曲线美的，所以一定要顺着她的曲势

[1] 剜大襟女长衣：用剪刀挖出来的大襟。说明这种工艺的特殊性，用"女长衣"说明这种工艺只用在女装，"长衣"指长袍，这就是后来改良旗袍"挖大襟旗袍"前的称谓。

[2] 汉族妇女的袄裙传统规制。

[3] 古典旗袍（长衫）的中缝结构。

家庭問題

衣的製法（五）

旗袍

嚴祖圻 宣元錦

除了少數的老年及鄉村婦女，還穿着短衣裙子外，城市裏的婦女，差不多都穿旗袍了。旗袍用料的計算，因爲不像長衫般的有襟背縫，所以很簡便：短袖的，照身長加倍，另加縫頭；長袖的，則另加找袖就得了。可是裁剪起來，是極不容易，因爲女子是有曲綫美的，所以一定要順着她的曲勢裁，穿起來才有樣。怎樣可以順着牠的曲勢裁呢？那得靠準確的量法了。現在爲欲使讀者明瞭怎樣可以得到準確的量法起見，特繪圖說明如下：

量法——(甲)身長(乙)領口(丙)領前高(丁)領後高(戊)上腰(自肩至腋下之鈕子處)(己)中腰(自肩至腰部之最瘦小處)(庚)下腰(自肩至臀部)(辛)下擺(壬)掛肩(癸)袖長(子)袖口(丑)開叉

附註——戊己辛癸的尺寸，均折半計算，如欲求更準確而合身，自戊至辛，可加量數部。

旗袍的量法，既已繪圖說明，現在再來講裁製的方法。茲假定一尺寸如下：(甲)身長四尺(乙)領口

18

图 10-18 改良旗袍的技术文献《衣的制法（五） 旗袍》（1937 年）

来源：大成故纸堆

剪，穿起来才有样。怎样可以顺着它的曲势裁呢？那得靠准确的量法了（图 10-18）。[1]

值得注意的是，在这段简短的文字中作者特别强调了三点重要信息。其一是此时旗袍与长衫的裁法已有所不同，因为它没有像“长衫那般有襟背缝”，即“独幅旗袍料”裁剪；其二是提出了旗袍的裁制要“顺着她的曲势裁剪”；其三是突出曲线必须要靠“准确的量法”。这三点信息说明此时的旗袍已经脱离古典旗袍（长衫那般两幅裁剪），可以在一个完整布幅内完成裁剪，并且开始注重对服装与人体曲线关系的表达。如果说《中服裁法讲义》强调了改良旗袍的“刳大襟”技术，那么《衣的制法（五） 旗袍》便强调了改良旗袍的曲线造型。

《裁缝手艺》（第一卷）是 1938 年由伪满洲国民生部检定推行女子高中裁缝课程的教材，相较于前两个文献，更有北方特点。首先，它是 20 世纪上半叶为数不多同时使用“市寸”和国际标准度量

[1] 宣元锦等 . 衣的制法（五） 旗袍 [J]. 机联会刊，1937（166）：18-20.

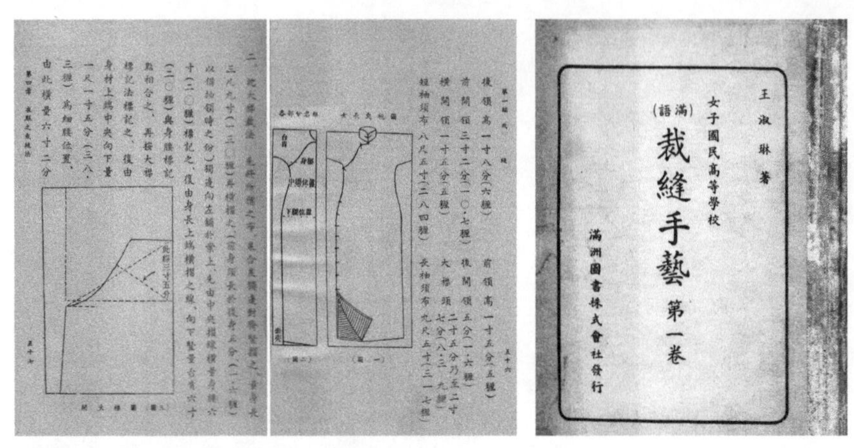

图 10-19　伪满洲国改良旗袍技术文献《裁缝手艺》(第一卷)(1938 年)

注 :“挖大襟”技术称谓见左图中缝

来源 :私人收藏

单位“厘米”标注旗袍裁剪的技术文献。国际标准计量单位的引入可以有效降低由于测量工具不同所造成的数据误差。其次，在称谓上采用北方习惯，由此可以了解旗袍改良时期“同制异称”的真实情况，如“挖大襟”(图 10-19)。就此，文献将改良旗袍制作工艺和结构特征作了概括性说明 :

> 女袍之裁法与男袍之裁法有所不同者，在挖大襟与正中无缝也，女袍之裁法无大裁小裁套裁等之种类，与男袍之岔底襟裁法略同，其最难之处，即在大襟与开领耳，若此二处不得其裁法，必至领部与台肯生出褶皱，故宜注意之。[1]

文中提到“挖大襟与正中无缝”正说明它们是因果关系 :无中缝独幅料裁剪，必挖大襟。“挖大襟”与《中服裁法讲义》中提到的“剜大襟”，两者从字面意思上看应属同一种工艺，“剜”就是指用剪刀“挖”的动作。同时强调女袍与男袍裁法的差别在于“正中无缝也”，这与《衣的制法(五)

[1] 王淑林 . 裁缝手艺(第一卷)[M]. 沈阳 :伪满洲国图书株式会社，1938 :55.

旗袍》所述“因为不像长衫那般有襟背缝”情况一致，说明同时期不同地域的三个技术文献的“挖大襟”工艺是伴随着“独幅旗袍料”裁剪方式一同出现的，它们之间的密切联系显而易见。十年之后这种技术和美学观念的契合是有所发展还是退缩甚至消失，直接影响到改良的成败，关键还是要看技术文献，技术的巩固、发展和完善说明这种契合进入良性期，改良旗袍的经典也就由此产生，1947 年出现的《裁剪大全》技术文献具有标志性意义。

《裁剪大全》是 20 世纪 40 年代由香港人卜珍[1]撰写的一部中西合璧的洋裁教本，这与作者在英国裁剪学院留学背景有关，同时也证明了改良旗袍渗透西方技术的两个渠道，一是中国师傅的借鉴，二是留洋人员的输入，《裁剪大全》属于第二种。本书所涉及的版本是 1947 年发行的第三版，也是最为成熟的版本，是在 20 世纪 40 年代中国发行量较大、内容覆盖较为全面的一本专业教材，得到了南京国民政府教育部的审定推广。这些信息都说明了该书的官方性、权威性和在整个 20 世纪 40 年代的跨度，因为之前还有第一版、第二版。书中内容涉及洋裁的男装外套、军服、猎装、西服套装及女装、童装的裁剪。其中女装部分介绍的“偷襟旗袍”，其结构与前三个文献所述技术便是“同制异称”，“偷襟”与“挖大襟”“剜大襟”可谓异曲同工。此外该书采用了英制裁剪绘图通行的阿拉伯数字标注，度量单位为英寸，这与传统裁剪书使用甲、乙、丙、丁的标注方法相比更加实用、科学且国际化，为旗袍技术文献体例的现代化奠定了基础（图 10-20）。

[1] 卜珍，男，香港人，生卒年不详。中国近代走向国际化代表性的缝纫师傅，于 20 世纪 20 年代毕业于英国裁剪学院，而后在马来西亚办学。太平洋战争爆发后，卜珍返回广东，于广州创立岭东科学裁剪传习所（后更名岭东科学裁剪学院）教授洋裁。1949 年以后，建立羊城裁剪传习所。

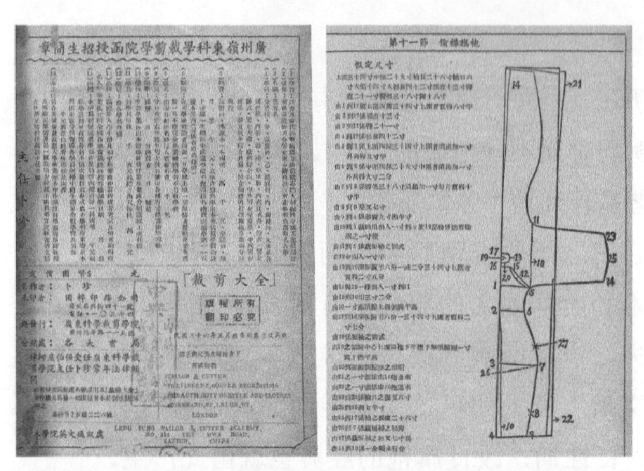

图 10-20　南京国民政府教育部审定的《裁剪大全》（1947 年）

注：此文献挖大襟称“偷襟旗袍”，见右图页眉

来源：私人收藏

上述四种技术文献中有两个是有官定背景的正式出版物，有一个虽然没有经过政府教育部门审定，但也是湖南地方名校的教材，还有一个是科普读物。它们对于改良旗袍技术信息的记录成为旗袍三个分期中改良时期形制特征与技术手段的见证。尤其是侧缝曲线的出现和“挖大襟与正中无缝”技术的运用，成为改良旗袍与古典旗袍的分水岭。

（二）改良旗袍技术文献“独幅整裁”与“挖大襟”的释读

通过四个技术文献的梳理，改良旗袍最直观的印象可以总结为呈无中缝的十字型曲线平面结构，这是与古典旗袍有中缝的十字型直线平面结构最明显的区别。改良旗袍曲线结构裁剪的各部位尺寸密度增加且与人体尺寸相吻合，形成与人体紧密贴合的趋势，是“人以物尺度”向“物以人为尺度”造物观转变的直接证据。

改良旗袍裁制所用尺寸随着时间推进采寸密度也在增加，1935年的《中服裁法讲义》10处，到1947年《裁剪大全》出版时为17处。相较于1925年古典旗袍的《衣服裁法及材料计算法》中仅有7处而言，改良时期旗袍采寸的位置数量明显增加，说明帖体度在增加，人体对旗袍结构的制约趋于明显且提出了精准度的要求。尤其在1937年《衣的制法》之后出版的两个技术文献都明确采用了胸高❶、腰长❷和臀高❸三个尺寸，它们共同构成了定位人体三围位置与身高关系的纵向坐标，配合标志性的胸围、腰围和臀围（三围）尺寸，揭示了改良旗袍塑造人体曲线的目的。不同时期技术文献会出现不同尺寸，但有关胸、腰、臀的尺寸是会保留的而成为改良旗袍的定式，这个传统也被后来的定型旗袍继承了下来并发扬光大（表10-3）。

表10-3 四个技术文献改良旗袍裁剪各部位尺寸

原单位：市制、英制；换算单位：厘米

序号	名称	中服裁法讲义（长袖）• 1935（市制）	衣的制法（五）旗袍（短袖）• 1937（市制）	裁缝手艺（长、短袖）• 1938（市制）	裁剪大全（长袖）• 1947（英制）
1	用料	八尺九寸/296.6	八尺一寸/270	短袖：八尺五寸/283.3 长袖：九尺五寸/316.7	—
2	幅宽	二尺/66.7	二尺二寸/73.3	—	—
3	衣长	三尺七寸/123.3	四尺/133.33	三尺九寸/130	四十二寸/106.7
4	胸围	—	六寸/20	六寸/20	九寸半/24.1

❶ 胸高，人体颈侧点至胸部隆起最高处的距离，用于定位人体胸围在服装上的位置。

❷ 腰长，人体第七颈椎至腰部最细处的距离，用于定位人体腰围在服装上的位置。

❸ 臀高，人体第七颈椎至臀部翘起最高处的距离，用于定位人体臀围在服装上的位置。

续表

序号	名称	中服裁法讲义（长袖）• 1935（市制）	衣的制法（五）旗袍（短袖）• 1937（市制）	裁缝手艺（长、短袖）• 1938（市制）	裁剪大全（长袖）• 1947（英制）
5	挂肩	五寸八分 /19.3	五寸半 /18.3	六寸 /20	八寸半 /21.6
6	胸高	—	六寸半 /21.7	—	—
7	腰围	六寸 /20	五寸半 /18.3	六寸二分 /20.6	九寸二分 /23.4
8	腰长	—	一尺〇五分 /35	一尺一寸五分 /38.3	十三寸 /33
9	臀高	一尺六寸 /53.3	一尺六寸 /53.3	一尺七寸五分 /58.3	二十一寸 /53.3
10	臀围	七寸二分 /24	七寸三分 /24.3	七寸五分 /25	十寸半 /26.7
11	衩高	八寸 /26.6	一尺 /33.3	八寸乃至一尺 26.7 至 33.3	七寸 /17.8
12	后领高	—	二寸 /6.7	一寸八分 /6	—
13	前领高	—	一寸半 /5	一寸五分 /5	—
14	前领深	—	—	三寸二分 /10.7	二寸七分 /6.9
15	后领深	—	—	五分 /1.6	—
16	横开领	—	—	一寸五分 /5	二寸五分 /6.4
17	领围	一尺〇四分 /34.7	一尺〇五分 /35	一尺 /33.3	十四寸 /35.6
18	出手	一尺九寸 /63.3	八寸 /26.7	一尺一寸五分 /38.3	二十六寸 /66
19	袖口	四寸五分 /15	四寸半 /15	三寸五分 /11.6	六寸 /15.2
20	下摆	七寸七分 25.7	七寸 /23.3	七寸 /23.3	九寸半 /24.1

注：表内数据均选自四个技术文献，胸围、腰围、臀围为成衣尺寸的四分之一，领宽、下摆、袖口尺寸为成衣尺寸的二分之一

根据四个技术文献的数据分析，改良时期的旗袍下摆尺寸明显收窄。根据文献时间对应下摆尺

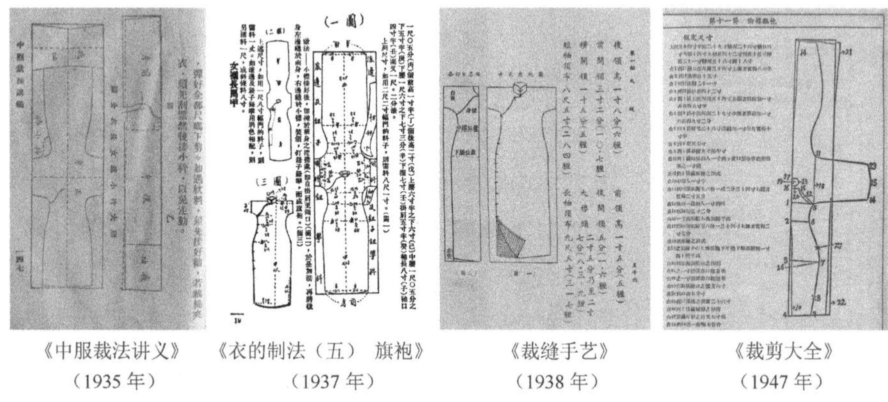

《中服裁法讲义》（1935 年）　《衣的制法（五） 旗袍》（1937 年）　《裁缝手艺》（1938 年）　《裁剪大全》（1947 年）

图 10-21　四个改良旗袍技术文献呈现“独幅旗袍料”的结构面貌

寸分析，改良旗袍越接近古典时期下摆越宽，越接近定型时期下摆越窄，技术文献数据也证明了这一点。1935 年的《中服裁法讲义》下摆与臀围尺寸等宽，除《中服裁法讲义》以外，其余文献下摆尺寸均小于臀围尺寸，1947 年的《裁剪大全》下摆最窄，或发展到下限而被视为最窄下摆，也被定型旗袍继承。这使得旗袍衣身最宽处由下摆转变为臀围，只要面料幅宽大于人体臀围的二分之一，就可在一个布幅内完成整裁，事实上当时即便最窄的布幅也都会大于臀围，因此只要是改良旗袍都可以在一个布幅内完成整裁，这就是历史上出现“独幅旗袍料”说法最直接的证据。《裁缝手艺》（第一卷）特别强调“女袍之裁法无大裁小裁套裁等之种类”，正是指改良旗袍只有这一种裁法，才会产生特殊历史时期的特殊称谓“独幅旗袍料”，它塑造了改良旗袍无中缝十字型曲线平面结构，也是它造就了改良旗袍前无古人后无来者的“挖大襟”技术（图 10-21）。

四个技术文献有关“挖大襟”的记录，为改良旗袍的分期提供了确凿的文献证据，且因此可以澄清某些模糊不清的学术争论并破解某些历史谜题。依据技术文献的结构图分析，改良旗袍大襟与小襟由于独幅裁剪在接缝处分别需要预留一定缝份，一方面用于缝缀大襟贴边，另一方面用于接缝里襟。“无中缝”的改良旗袍由于大小襟共置于同一裁片，无法实现预留缝份。因此带来了一个问题，那就是大小襟缝份匮缺的问题。如果直接亏掉缝份不采取任何措施，不仅会使小襟接缝线的缝迹线外露，影响品质，还会使左、右身衣片分配不均匀产生的不规则斜褶，影响着装美观。这正是1938年《裁缝手艺》（第一卷）所说的旗袍裁制“其最难之处，即在大襟与开领耳”。如果不能处理好它们之间的关系，会使领部和腋下产生不规则褶皱。

在“挖大襟”裁法出现之前的古典旗袍不存在这个问题，是因为摆阔只能用一个布幅完成半身裁剪并产生前后中破缝，如此可以单独裁剪大襟片，小襟随另一半衣身连裁产生，这样因为大小襟片分离也就不需要挖大襟。比如1925年《衣服裁法及材料计算法》中的“半身套裁”等四种裁法都真实地呈现了古典旗袍的结构面貌。改良旗袍的理念就是追求“曲腰”，在技术上最有效的手段就是收摆，带来的结果就是可以实现“独幅整裁”，想要保持“整裁”必用“挖大襟”技术。因此判断改良旗袍的技术指标就是“独幅整裁”和“挖大襟”，其结构形态就是无中缝十字型曲线平面结构（图10-22）。

如何解决改良旗袍“挖大襟”带来的大小襟

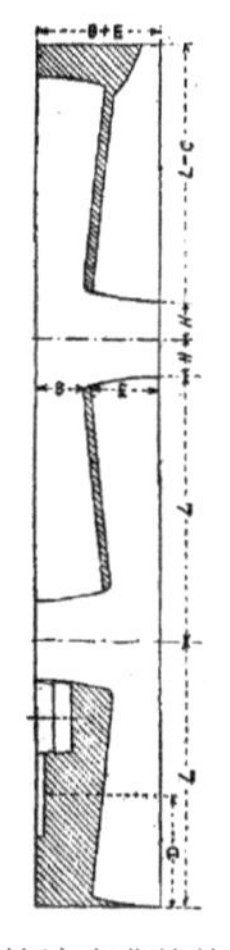

衣服裁法及材料计算法古典旗袍的半身套裁

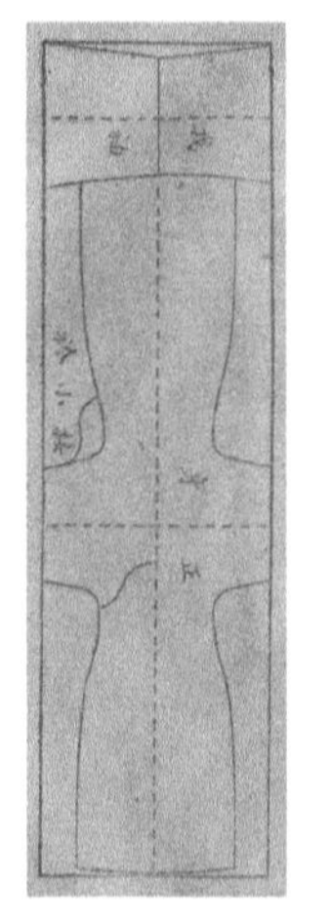

《中服裁法讲义》改良旗袍的独幅整裁

图 10-22　古典旗袍和改良旗袍技术文献的裁法比较

缝份遗缺问题？由于工艺过程极其复杂，技术文献并没有记载，通过匠人的作业过程和口述记录作以文献补充。改良旗袍开创性地创造了“独幅整裁”的“挖大襟”（“剜大襟”或“偷襟”）技术（图 10-23）。它的创新之处在于在保持连身连袖的十字型平面结构情况下，利用面料具有伸缩的物理特性，通过热塑技术和裁剪技巧对面料折叠、拔烫而取得面襟与里襟的缝份与搭叠量，这一切都是为了使旗袍保持完整的裁片坚守十字型平面结构的中华基因。更重要的是，“挖大襟”不仅最大限度地保持了面料的完整性，还以极大的智慧践行了节俭的普世精神，可以说改良旗袍是中国近现代创造性诠释“俭以养德”中华传统的一次成功而生动的伟大实践，可见形成改良旗袍的要素中不能忽视“敬物尚俭”这个既有传统精神又现实的内在动因。

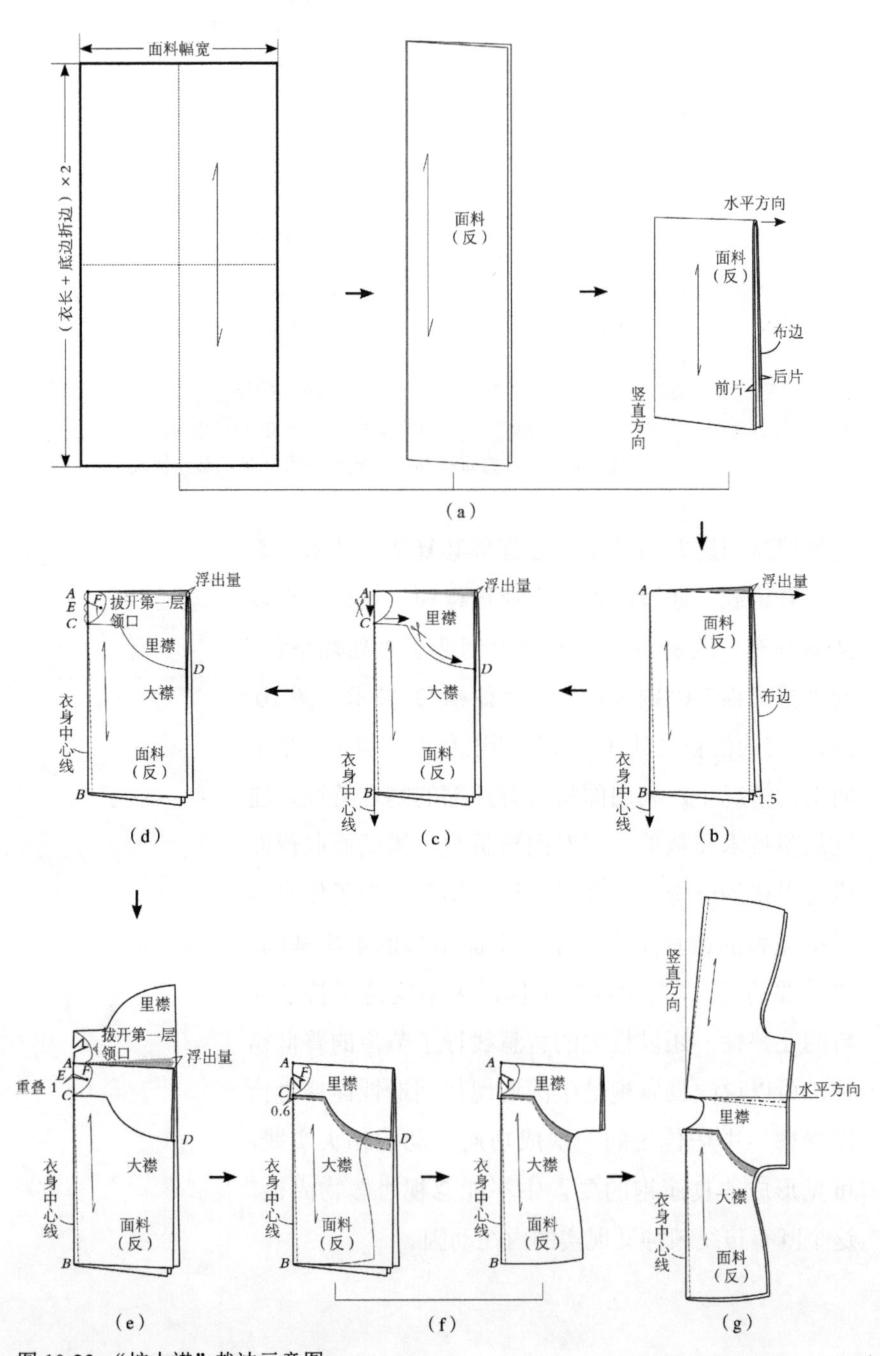

图 10-23 “挖大襟”裁法示意图

来源：《中华民族服饰结构图考》（汉族编）

四、定型旗袍在港台的技术文献

20世纪50年代以后旗袍的发展进入了定型时期，1949年后百废待兴，经济建设成为主流，在人们的生活中旗袍被边缘化了，改良的进程被中断了。因此定型旗袍的发生是在台湾和香港地区，技术文献的考证也证实了这一点。定型时期旗袍分身分袖施省的立体结构与改良时期旗袍连身连袖无省的平面结构有着本质的不同，这种重大的结构变革，完全颠覆了十字型平面结构的中华系统。然而旗袍被世界誉为中华服饰经典，最具成功之处在于它并不追求表面的中国元素，但却充满着中国精神，它以“华蕴”征服了世界，这要得益于定型旗袍在最后十年的华丽转身。时至今日，定型旗袍结构未再发生质的变化。

（一）流传港台的定型旗袍技术文献

旗袍定型时期最具代表性的文献有四个，分别是1959年由香港缝纫短期职业补习班编著的教材《旗袍短装无师自通》、1966年刘瑞贞于香港万里书店出版的《旗袍裁剪法》、1969年由台北京沪祺袍补习班编著的教材《祺袍裁制法》和1975年台湾华服大师杨成贵所著的《祺袍裁制的理论与实务》。这些文献表明从20世纪50年代末到20世纪70年代中期已是定型旗袍的黄金期，其共同的特点为呈现典型的分身分袖施省的立体结构，强调服装的机能性[1]，破开肩缝不仅可以适应肩斜、装袖，使得腋下垂褶减少，还终结了改良旗袍“挖大襟”的麻

[1] 机能性，当时西方的设计理论，以人体工学作为基础，几乎渗透在所有的设计领域，从传统的装饰性过渡到以人为中心的机能性，这是设计师从二战的反思中总结出来的，在服装设计中影响深远。

烦（分身分袖的优势）；引入了胸省和腰省，可以有效地对胸腰塑造出立体的造型，避免了改良旗袍无省对胸的压迫；绱袖（分袖）使得肩部与手臂合适度增加。这种对分身分袖施省立体结构的机能性追求所付出的代价，就是对古典旗袍和改良旗袍十字型平面结构中华系统的彻底颠覆。

《旗袍短装无师自通》是20世纪50年代香港颇为流行的缝纫教材，作者是著名香港裁缝赖翠英。书中记录了十多款具有分身分袖施省立体结构的旗袍裁剪方法，其结构为开肩缝、前胸施单侧省，这与定型旗袍前施六省后施两省不同，说明从改良旗袍到定型旗袍不是一蹴而就的，而是循序渐进完成的，也与社会对表现女性人体美的接受度有关，因此定型旗袍率先出现在香港社会不是偶然的。《旗袍短装无师自通》正是反应从改良旗袍到定型旗袍过渡时期的文献证据，也说明在成书之前（1959年前）香港业界分身分袖施省的旗袍已经流行了，只是技术还不够充分，因此该文献是研究定型旗袍过渡时期的重要史料（图10-24）。文献中关于香港缝纫短期职业补习班的资料有限，但私立大夏大学[1]校史中署名钟焕新的文章《母校对我的影响》记载了相关信息可以作为参考，因为作者与赖翠英为夫妻关系，会提供很有价值的信息：

> 一九五四年秋，前往印尼首都雅加达（Jakarta）改就中山学校教职，课余则助内子赖翠英，以在香港由缝纫奇才卜珍所传授之裁剪特技，创设对教授时间与方法均开印尼裁剪界先河的“鸿翔裁剪速成学校”，除面授外，并创办函授。同时出版中文及印尼文的《洋裁无师自通》《旗袍短装

[1] 私立大夏大学系华东师范大学前身，于1951年与光华大学合并成立。是1949年以后创办的第一所师范大学。陈明章．私立大夏大学[M]．南京：南京出版社，1982：277.

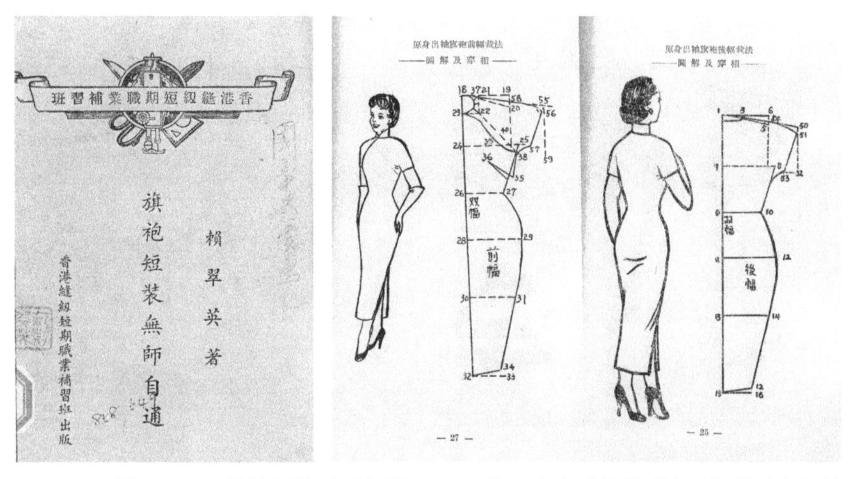

图 10-24 《旗袍短装无师自通》（1959 年）为定型旗袍过渡时期的技术文献

来源：私人收藏

> 无师自通》……
>
> 一九五八年十一月三日，是我携同家小离开印尼巨港的日子……因鉴于台湾所有缝纫补习班，传授缝纫技术，所订学成时间，短则一年，长者两三年，实属旷时费事，乃协助内子，凭其在印尼时的教学经验，开设“香港缝纫短期职业补习班”，以科学裁剪一个月速成为号召，同时修正出版中文的《旗袍短装无师自通》……[1]

这篇短文揭露了两个非常重要的信息。其一，《旗袍短装无师自通》的作者赖翠英是旗袍改良时期重要代表性人物卜珍的学生，其代表性作品是在卜珍先生《裁剪大全》传授洋裁技艺影响下而产生的，即定型旗袍立体裁剪技术是从洋裁借鉴而来的。其二，确定了该书的出版时间是在 1954 年，于 1958 年在香港再版，1959 年又在台湾出版。本书所参考的正是 1959 年于台湾出版的版本，也就是说明香港和台湾对推动定型旗袍的形成具有紧密关系并占有主战场的角色，其中可追溯到较早的技术文献，

[1] 陈明章. 私立大夏大学 [M]. 南京：南京出版社，1982：288.

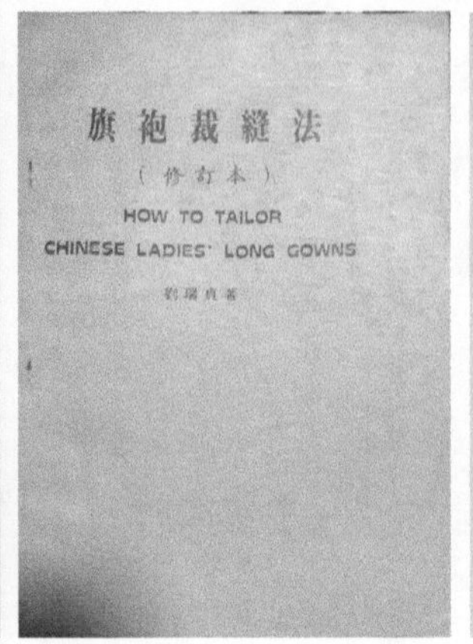

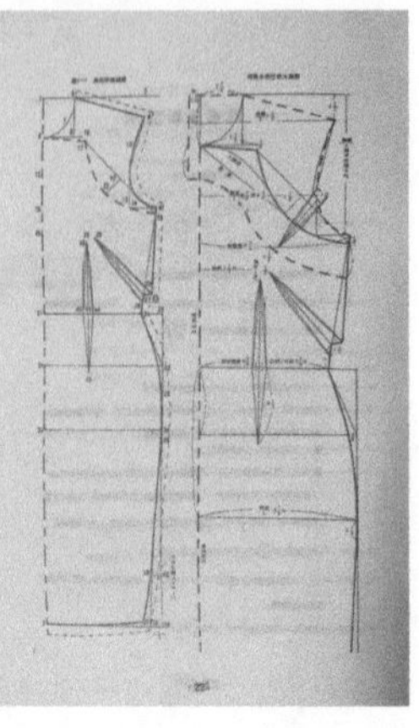

1966 年版封面　　1983 年修订本

图 10-25　香港裁缝刘瑞贞著《旗袍裁缝法》为典型定型旗袍技术文献

来源：私人收藏

佐证了旗袍定型结构产生的时间是在 20 世纪 50 年代初。

1966 年由香港万里书店出版，香港裁缝刘瑞贞著《旗袍裁缝法》，从其结构图[1]看，就已经形成了定型旗袍的标志性结构，即分身分袖前身四省（或六省）后身两省，这标志着定型旗袍的确立至少在 1966 年之前（图 10-25）。同时，据朱震亚先生回忆，刘瑞贞与杨成贵实为师生关系。可见港台旗袍技术交流有着千丝万缕的联系，那么二者旗袍具有相同的结构和风格就不足为奇了。

《旗袍短装无师自通》提供早期定型旗袍的结构特征是在 1959 年，在这个时间点确凿的技术文献还有香港师傅绘制的 20 世纪 60 年代初的旗袍打样教学图仍表现出定型旗袍过渡时期的结构特征（见图 9-9）。因此可以大胆推断，定型旗袍发生在 1960 年到 1966 年之间。

虽然港台旗袍同宗同源，但台湾业界对定型旗袍的推进却要比香港晚了至少五年，港台技术文献

[1] 结构图：大陆学界称裁剪图的学术用语，香港称“打样图”，它是裁缝的通用语，前缀服装类型名称，就是服装裁剪图，如旗袍裁剪图（旗袍打样图）、西服裁剪图（西服打样图）等。

的比较也证实了这一点。1966年香港出版的《旗袍裁缝法》中定型旗袍的技术已经标准化，到20世纪80年代修订版可以说是炉火纯青了。而台湾标准化定型旗袍的技术文献到20世纪70年代才出现，在这之前基本保持着定型旗袍的初期阶段，《祺袍裁制法》就是如此，它是台北京沪祺袍补习班创始人，素有台湾“旗袍大王”之称的修广翰先生于1969年出版的专著。书中旗袍的结构基本保持了20世纪50年代香港《旗袍短装无师自通》中所记录的定型旗袍初期的结构形制，同样也是破肩缝、前胸施单侧省，不同的是在后身引入了腰省。值得注意的有两点：其一，台湾初期定型旗袍的技术文献（1969年）比香港晚了十年（1959），当然可能有遗漏，但可以确定的是，定型旗袍的发端是在香港；其二，香港文献的称谓普遍用“旗袍”（民间口语称长衫），而台湾文献很多情况用“祺袍”，这说明了一个很重要的信息，就是海派在20世纪20年代至30年代将旗袍易名的传统带到了台湾（图10-26）。

在中国台湾标志定型旗袍的重要技术文献，并在学术上通过“祺旗”称谓的正名加以确立的成果，就是1975年由杨成贵先生所著的《祺袍裁制的理论与实务》。书名首次用“祺袍”称谓就是试图强调以中华文化（祺吉祥之意）诠释定型旗袍独特的结构形制，是配合1974年“祺袍正名”运动所发表的技术专著，力求将定型旗袍裁制的原理及其结构特征以科学的方式记录下来，并发表完整的技术流程以方便学习和传播。值得注意的是该书的出版试图以祺袍为范本推动服制伦理[1]的建构：

[1] 服制伦理：民国时期的服制条例带有法制的强制性，国民党退台后，这种制度不符合国际礼制所强调“修养养成”的社交伦理，因此，服装制度的建设从强制性变成了指导性，“祺袍正名”和发表的相关文献也具备这种功能。

封面

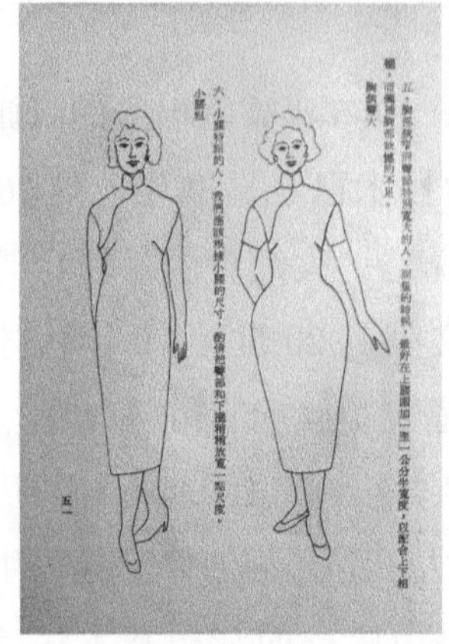

体形补正说明

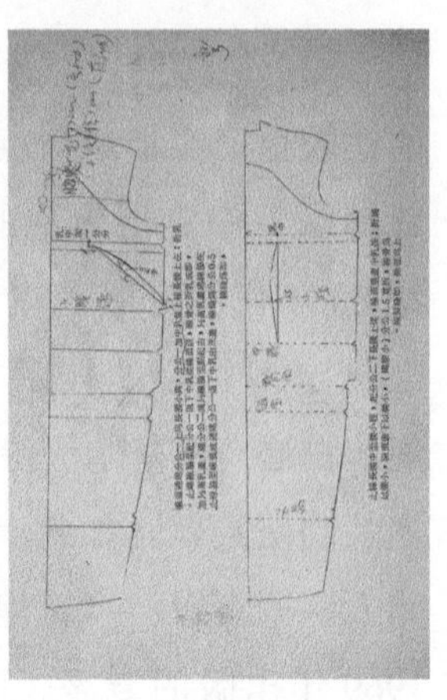

裁剪图

图 10-26　台湾裁缝修广翰编著《祺袍裁制法》定型旗袍技术文献（1969 年）

来源：私人收藏

第一，在“促进立法”……将祺袍划分为礼服（大礼服、常礼服）、公务员制服、教师及大学生制服、外出、访问及家常服、工作服等五种款式……建议政府作为修改服制条例之参考。

第二，在于“国服研究”……国定妇女祺袍，已经成为国际公认最美丽的女装，我们要保留这份国粹，一方面是从技艺上谋求改进，另一方面再从历史上法古创新……使国内外人士对于中华国服的造型、纹饰，以及精湛的技艺，有所深刻之认识。

第三，在于“推广教育”……祺袍技艺的传授，过去在大陆时代，都是徒师习艺，学校并无此专业课程。……祺袍兴起，凡从事此业者，多系来自大陆人士……过去的学徒制度，老师傅教导门徒，多系口传心授。甚至保留很多的技巧，秘不言宣，也鲜有文字记载。如今一旦纳入正轨，由学校开课教授，最感困难者，莫过于教材。当前急要工作，着重在资料的收集，希望能透过各同业的口述，完成一部专书，作为各职业学校的教材，实属助益匪浅。[1]

《祺袍裁制的理论与实务》正是在以上思想指

[1] 杨成贵. 祺袍裁制的理论与实务 [M]. 台北：杨成贵印行，1975：23-24.

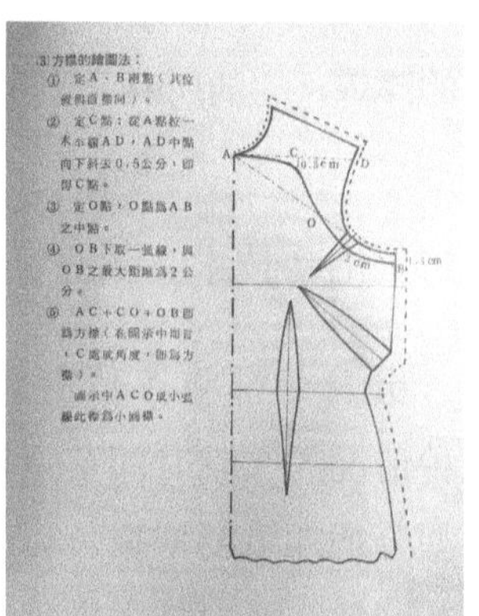

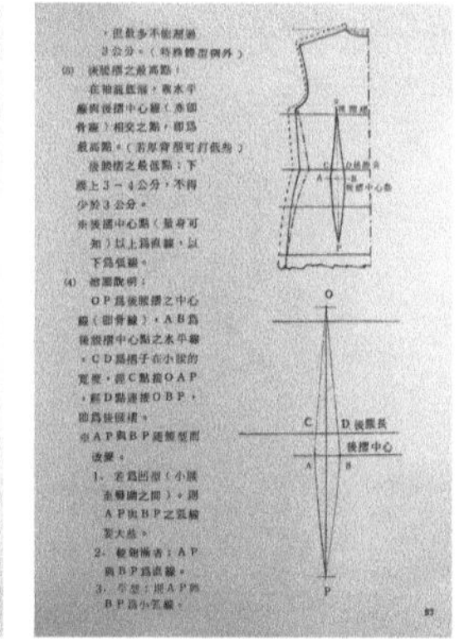

图 10-27　台湾红帮师傅杨成贵著《祺袍裁制的理论与实务》为典型的定型旗袍技术文献（1975 年）

来源：私人收藏

导下完成的一部特殊历史时期的专著。它包含了旗袍设计、体型研究、量体、裁剪、制作工艺以及问题补正等内容，还包括了定型旗袍完整的理论与教学体系，定型旗袍结构稳定至今未再发生变化，揭示了一个全新的华服风貌。它虽然与 1966 年刘瑞贞著香港版《旗袍裁缝法》同属于定型旗袍系统，且两者实为师徒，但出版却晚了近十年。不容忽视的是，台湾版《祺袍裁制的理论与实务》所倡导的“国定妇女祺袍”无论在学术上还是服制伦理的建构上都给出了一个科学定位，对旗袍发展意义重大，使定型旗袍至今成为大中华妇女着装的不朽经典（图 10-27）。

以上定型旗袍的技术文献都是以专著的形式出版发行的，这与改良时期旗袍的技术文献以文章的形式出现在合集文献中的地位是完全不同的。这是因为定型旗袍不仅在形制、造型还是工艺等方面完全具备形成独立服装品类的要素，更重要的是定型旗袍不是一日形成的，而是经历了古典、改良 30 余年的淬炼，它的所有元素早已成为经典的文化符号。

（二）港台技术文献对定型旗袍演变的真实记录

分身分袖施省是定型旗袍的基本特征，记录这种情况的文献时间节点便成为确定旗袍从改良到定型分期的重要依据。后者对前者既有继承又有颠覆，这就需要对技术文献的重要内容进行解读。香港文献要早于台湾文献，但它们的路径是一致的。

1959年的香港文献《旗袍短装无师自通》虽然采用了分身分袖施省的定型旗袍结构，但仍没有摆脱平面思维，故视为“定型初期”，或不成熟的定型旗袍。但是，由于20世纪60年代香港妇女流行使用臀垫和隆胸胸衣以塑造突出的腰臀曲线，尚没有摆脱平面意识的解决办法就是集中把收腰量都放到侧缝。1959年香港文献中的裁剪图看上去曲线突兀，着装体验当然不佳，因为人体三围差量是在围度一周按比例分配的。因此，20世纪50年代末至60年代初旗袍虽然进入了定型时代，但技术滞后于人们的观念而成为定型旗袍进程中短暂的诟病期。1959年的香港技术文献和1969年的台湾技术文献就真实地反映在市井中（图10-28）。

到了20世纪60年代中叶，定型旗袍的裁剪趋于理性化，既没有像60年代初香港的旗袍过度收紧，也没有像20年代古典旗袍那样过分宽松，而是在两者之间寻找一种平衡。要避免改良旗袍适于宽松造型的十字型平面结构与其追求立体造型的矛盾[1]，就要完善“分身分袖施省”立体结构体系，这中间分身分袖结构已经解决，“施省”还不够充分。

[1] 十字型平面结构是中华传统服饰“宽袍大袖”的客观反映，因此中国古代服装史褒衣博带的礼教造就了十字型平面结构的基因。而20世纪20年代人们开始追求人性解放、妇女平权思想，表现女性人体成为追求美的观念，改良旗袍就是在这种背景下产生的，但技术准备不足，就出现借用传统的十字型平面结构去适应表现人体的形式，自然带来诸多问题。可见定型旗袍要实现表现人体美的追求，就必须放弃传统结构。

图 10-28 20 世纪 60 年代的香港旗袍过度追求腰臀曲线但技术滞后

来源：邱良《穿旗袍的女郎》

这时正逢西方“机能学”设计理论盛行，在服装造型上充分施省是最有效的方法，这对开放的香港和台湾影响很大。1966 年香港版的《旗袍裁缝法》和 1975 年台湾版的《祺袍裁制的理论与实务》就是这个时期的标志性技术文献，它们最大的改进就是将初期的两个侧省增加到针对胸腰造型的四到六个省和针对后腰的两个省，与侧身收腰取得平衡技术的改进，便迎来了香港 20 世纪 60 年代和台湾 20 世纪 70 年代的黄金期。这两个标志性技术文献很好地诠释了全盛时期定型旗袍的面貌（图 10-29）。

定型旗袍的结构从 20 世纪 60 年代中期到 70 年代中期完成了立体化进程，裁片变得零散繁复，由于纺织科学的进步，面料的种类更加丰富，布幅问题已经很难对服装结构造成影响，使旗袍结构完全脱离了对面料幅宽的依赖。定型旗袍衣身最宽处与改良旗袍相同仍为臀围，而面料幅宽有充分的选择，仅需要一个衣长面料便可以完成裁剪。因此“独幅旗袍料”裁剪仍适用，如《祺袍裁制的理论

20 世纪 60 年代香港全盛时期的
定型旗袍（1967 年 10 月香港周）
来源：《百年时尚：香港长衫故事》

20 世纪 70 年代台湾
全盛时期的定型的旗袍
来源：《中国服装制作全书》

图 10-29　20 世纪六七十年代香港台湾全盛时期的定型旗袍

与实务》就呈现了这种“旗袍用布之计算法”。在面料幅宽为 108 厘米的情况下（通常都大于臀围），制作一件长袖旗袍仅需长度为 170 厘米（一个衣长加一个袖长）的面料就可以完成。如果是 72 厘米的窄幅丝绸也会大于半个臀围，但更适合做短袖（或无袖）旗袍，制作一件短袖旗袍用两个衣长约 220 厘米的面料即可裁出。

定型旗袍继承了古典旗袍和改良旗袍的什么？右衽大襟的形制没有改变，这便是将传统礼教内聚意识升华为内敛含蓄美学的理性实践；宁整勿散、宁全勿碎的“敬物尚俭”造物观亦没有改变。它们的执着根植于“俭以养德”的中华传统，古典旗袍结构形制必有中缝是由布幅决定，故就诞生了“布幅决定结构形态”的十字型平面结构中华系统。改良旗袍结构仍继承了这个传统，那么它为什么放弃了中缝，是因为强调曲腰收窄下摆，使一个整身可以被一个布幅收纳，同时坚持连身连袖无省的十字型平面结构，也就诞生了独特的“挖大襟”技术，

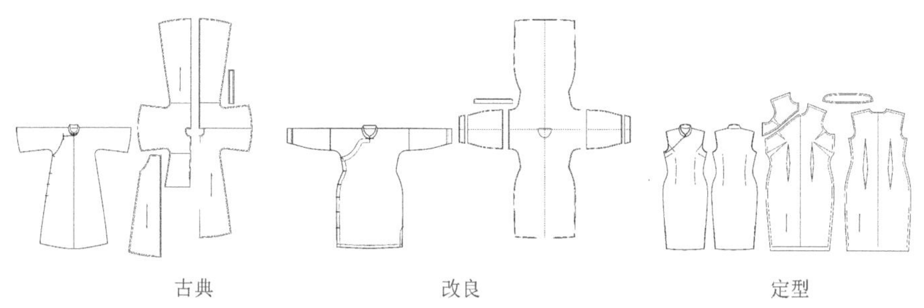

图 10-30　从拼破缝结构的古典旗袍到完整结构的改良、定型旗袍不变的是“敬物尚俭”的理念

这都是敬畏面料（敬物）的结果。追求立体造型、表现女性之美的定型旗袍再使用改良旗袍的平面结构塑造立体造型的技术显然不适应，解决的办法就是采用“分身分袖施省”结构，其实还可以前后中破缝，但终未被采用：一要保持主观的完整性，二是丝绸面料易整不易破。因此，从古典旗袍的破缝（拼缝）到改良旗袍、定型旗袍的无破缝都是为了寻求布料的完整，动机就是最大可能地利用它，可谓分也节俭，合也节俭，其核心确是“和”字（人与自然的和谐），因为在中国的传统文化中“俭”已经不是节约了，而是一种养德修德的品行，这就是为什么定型旗袍不带有外在的中国元素却充满着中华韵致的原因（图 10-30）。

第十一章

旗袍三个分期标本研究

中国传统裁剪一直以来是靠师徒口传心授代代相承的，鲜有技术文献流传。旗袍自初兴至今虽然已有近百年的历史，现存关于旗袍裁剪的技术文献最早也要晚于20世纪30年代，基本上是伴随着中国近代教育的兴起而产生的，特别是职业教育。也就是说有关旗袍的技术文献出现在民国中期，正逢改良旗袍的上升期，这意味着以技术文献为线索对古典时期的旗袍进行研究几乎没有可能。基于实物的产生总是先于文献记录的考古学规律，要解决这一难题最直接有效的方法，就是将对标本的研究与图像、史料相互印证的“二重证据法”[1]。

对旗袍样本的结构研究至关重要，它是保证二重证据成立的基础。对于没有技术文献的古典旗袍，实物结构复原可以揭示此时旗袍的形制特征和裁剪技术，将其与图像史料比对，还原古典时期旗袍的真实面貌。对于改良旗袍和定型旗袍来说，之前的样本结构研究所获得的结论可以为之后的技术文献找出源头，一方面可以确定标本所处分期的时间，另一方面也可以确认之后技术文献的真实性。

通过对旗袍三个时期的标本进行系统研究，试图从根本上解决“有史无据”的学术难题，为了避免先入为主，二重证据法至关重要。

一、旗袍研究的二重证据法

二重证据法是国学大师王国维[2]在对甲骨文系

[1] “二重证据法”虽是1925年首次提出，但王国维早在1913年的《明堂庙寝通考》的初稿中已有“二重证明法”的说法。二者虽一字之差，但“证明”似更偏于“地下材料”对“地上材料”之印证；而“证据”则更为中性，既可以证明，也可以辨伪。出于对当时学界“疑古”风气的拨正，以及所见“地下材料”的局限，形成了当时“疑古、释古、考古”的学术生态，这为中国现代学术格局的形成奠定了基础。刘东主编．中国学术 清华国学院九十周年纪念专号 总第36辑[M].北京：商务印书馆，2016：460.

[2] 王国维（1877～1927年），初名国桢，字静安，亦字伯隅，初号礼堂，晚号观堂，又号永观，谥忠悫。汉族，浙江省嘉兴市海宁人。末代皇帝国师，是中国近、现代相交时期一位享有国际声誉的学者。早年追求新学，受西方主义思想的影响，把西方哲学、美学与中国古典哲学、美学相融合，继而攻词曲戏剧，后又治史学、古文字学、考古学，形成独特的国学研究体系。郭沫若称他为新史学的开山，不止如此，他平生学无专师，自辟户牖，成就卓越，贡献突出，在教育、哲学、文学、戏曲、美学、史学、古文学等方面均有深诣和创新。

统研究后发现古籍文献的不足后提出的，于1925年9月在为清华大学国学研究院编撰讲义《古史新证》的总论中首次提出，它是现代“新史学”[1]学术研究的代表性方法：

> 吾辈生于今日，幸于纸上之材料外，更得地下之新材料。由此种材料，我辈固得据以补正纸上之材料，亦得证明古书之某部分全为实录，即百家不雅驯之言亦不无表示一面之事实。此二重证据法惟在今日始得为之。[2]

即利用地下考古（包括传世品研究）和文献研究相互印证，来论证中国的历史问题。二重证据法的出现对推动中国历史学和考古学研究具有积极意义，对中国学者影响巨大。[3]也给中国古代服饰史学研究提供了新的路径和方法，20世纪50年代，在沈从文[4]先生的推动下，逐渐被应用到古代服饰文化的研究当中。

1957年，沈从文先生先后在中国历史博物馆、故宫博物院等文博单位工作，他在研究出土文物的过程中，用文献与文物互证的方法，对古代诗文中的一些疑难问题作了全新的考释，并纠正了一些注

[1] 20世纪初，梁启超首倡“新史学”，主张扩展史学范畴，为国民著史，为今人著史，由此引发的学术震荡。1901年和1902年，梁启超先后发表《中国史叙论》和《新史学》两篇文章，对中国传统史学作了激烈批评。梁启超认为，传统史学与国家、人民的事业毫无关系，不过充当了帝王的“政治教科书”。所以中国古代的史学虽然发达，但国民却未能从中受到教益。他呼吁进行一场“史界革命”，倡议建立新史学，重写中国史。梁启超的这两篇文章被称为“新史学的宣言书”，对中国史学变革产生了极大的影响。刘巍．中华学人丛书 中国学术之近代命运[M]．北京：北京师范大学出版社，2013：310.

[2] 王国维．王国维考古学文辑[M]．南京：凤凰出版社，2008：25.

[3] 王巍总主编．中国考古学大辞典[M]．上海：上海辞书出版社，2014.

[4] 沈从文（1902～1988年），原名沈岳焕，笔名休芸芸、甲辰、上官碧、璇若等，乳名茂林，字崇文，湖南凤凰人，中国著名作家、历史文物研究者。14岁时，他投身行伍，浪迹湘川黔交界地区。1924年开始进行文学创作，撰写出版了《长河》《边城》等小说。1931年至1933年在青岛大学任教，抗战爆发后到西南联大任教，1946年回到北京大学任教，新中国成立后在中国历史博物馆和中国社会科学院历史研究所工作，主要从事中国古代历史与文物的研究，著有《中国古代服饰研究》。1988年病逝于北京，享年86岁。

释的错误。1961年，沈从文发表《从〈不怕鬼的故事注〉谈到文献与文物相结合的问题》（刊载于《光明日报》，1961年6月18日），指出：

> 如果善于结合文献和实物，来进行新的文史艺术研究工作，是可望把做学问的方法，带入一个完全新的发展上去，具有学术革命意义的。[1]

他所说的文献和实物结合，就是把王国维提出的二重证据法推广到古代文学、艺术学、物质文化史的研究之中。[2]而后他编著的《中国古代服饰研究》（商务印书馆香港分馆1981年出版），通过对700余幅图像及相关史料进行考据研究，完成了174篇专题文章，在践行并深化二重证据法的基础上，构建了一套针对中国古代服饰文化研究的理论体系。《中国古代服饰研究》的出版在中国古代服饰史上甚至在物质文化史研究领域中都具有标志性的意义，它从本质上破除了传统服饰史研究[3]由史到史、由书本到书本的瑕玷。尽管如此，也多运用考古报告的成果，而没有标本研究的直接证据，这对十字型平面结构中华系统的实证探索提供了研究空间。

二重证据法在服饰史研究中的应用，可以获得越来越多的实物考据，这不仅是对文献研究的有效补充，还会对历史有所修正甚至改写，旗袍的三个分期理论正是基于技术文献、图像文献等史料与标本研究的结论相互印证总结出来的。因此，标本所存储的关键证据是文献研究不能替代的。服饰的结构复原是实物考据的重要历史信息，结构复原并非简单的测绘和记录，而是信息采集、处理、重构等多重任务的有序集合，但由于缺乏专业的方法指南

[1] 沈从文.从《不怕鬼的故事注》谈到文献与文物相结合的问题[M]// 潘树广.古籍索引概论.北京：书目文献出版社，1984：124.

[2] 潘树广等.古代文学研究导论——理论与方法思考[M].合肥：安徽文艺出版社，1998：6.

[3] 王宇清先生的著作虽然是较早研究中国服饰史的专著，但限于台湾地下考古发现的局限，即以古代典籍为首要，由史到史注重文字资料整理、考证，而缺乏对于实物的系统研究。参见：王宇清.中国服装史纲[M].台北：中华大典委员会出版发行，1967.

与操作标准，导致实物研究（包括发掘报告）远远滞后于理论研究。在缺少技术文献的情况下，服装结构复原实际上是一个“倒逼”的研究路径，根据实物采集数据并复原结构图，在这一过程中，不仅可以了解服装和人体的对应关系、服装物理形态的数据信息，更重要的是通过数据度量系统获取标本的基础参数，呈现出服装结构的历史面貌，为进一步深化文化现象的研究提供了确凿的实物证据。

旗袍三个分期的结构与形制特征，得到了技术文献和图像史料的考证，但还缺少最后的实物验证。选取与文献对应的实物标本，制定信息采集方案和流程，进行结构图复原，这便是与文献、史料相互印证的直接证据。重要的是要掌握足够的标本，这就是二重证据法并不容易掌握和实施的原因，但却不可或缺。

二、古典旗袍标本研究

古典旗袍主要活跃在20世纪20年代至30年代之间，它是一种与大鼓艺人常穿的棉袍款式相近的倒大袖旗袍，十字型直线平面结构是它的主要特征（图11-1）。在这期间旗袍流行日盛并出现了改良的征兆，但这一时期的旗袍不论在结构还是形制上都没有脱离清代便袍的影子，宽摆大袖、无开衩侧缝、右衽大襟，都与清代便袍有着千丝万缕的联系，连身连袖的十字型平面结构中华系统未改变，这也是判断古典旗袍样本的重要依据。

同一时期的长马甲与旗袍、短袄套穿方式，是

图 11-1　古典旗袍的典型标本（20 世纪 20 年代至 30 年代）

来源：隐尘居藏

以模仿倒大袖旗袍的形式流行，因为与旗袍有着亲缘关系，史称“旗袍马甲”。长马甲在清代旗人中流行，称“褂襕”，是一种无领无袖的长身罩衣，为日常穿在袍、衫之外的便服，主要功能是为前后胸保暖，同时方便双臂活动。清代马甲类服装的结构相较其他传统服装，是唯一破肩缝的，民国时期的长马甲亦保持了这种传统形制。

民国初年，褂襕随着清代女子装束的式微逐渐销声匿迹，至 20 世纪 20 年代随着旗袍的流行又以旗袍马甲的形态重归民国女子服饰体系中。但与清代褂襕相比崇尚简约，复杂装饰消失，围度尺寸缩小，短马甲也出现了。研究旗袍马甲标本的结构，既是对旗袍历史的追溯，也是对古典旗袍穿着状态的真实还原。在类型学上，有典型的时代特征，通过对其典型样本的研究可完善它的文献系统并提供其分期的实物证据。

就标本研究的成果判断，不论是古典旗袍还是由其派生的旗袍马甲，它们共同的特征是以布幅

图 11-2　蓝布倒大袖夹里旗袍

来源：北京隐尘居藏

决定结构形态，恪守中华传统服饰十字型平面结构的基本原则，这需要对标本作系统和专业的信息采集、测绘与复原（方法见附录一）。

（一）蓝布倒大袖夹里旗袍

蓝布倒大袖夹里旗袍为北京隐尘居私人收藏，该标本结构信息完整，保存状态完好，无明显污垢及破损（图 11-2）。标本主体为连肩连袖前后身破中缝的十字型直线平面结构，下摆呈 A 形向外扩张，侧缝无衩，袖口宽博。这与前述文献考案相吻合，是古典旗袍明显的结构特征，当然还需要对其结构作深入系统的研究，尽可能全面真实地呈现它的完整技术形态。

标本主体结构由左衣片、右衣片、领片、大襟片、里襟接片五个部分构成，采用经纱裁剪。衣身以前、后中和肩线为轴对称，左衣片与里襟连裁，大襟片单裁。袖子无接袖，说明是在一个完整较宽布幅内完成裁剪。面料为细碎网状纹，里料为斜方格梅花纹，均为棉质。下摆、袖口及大襟处均无内贴边，因此面、里料尺寸一致，领口、大襟、袖口及下摆采用花饰绲边收口。领形为方立领，领口接缝有嵌线，领子、大襟、腋下及右侧缝由七粒扣绊固定。袖口尺寸大于袖根尺寸，成喇叭形由衣身展出，里襟内有一个暗贴袋（图 11-3）。

按照“接触式测量”的技术要求采集标本的结构信息，通过综合分析其测量数据和结构复原图情况，可以逆推复原出标本裁剪的用料方案（排料图）和设计意图。

标本中缝到袖口之间为 58.3 厘米，是结构复原图中最大的尺寸，裁剪时需另加 2 厘米缝份，这意味着面料幅宽理论上必须大于 60.3 厘米。对比同时期的技术文献《衣服裁法及材料计算法》（见第十章）所记载的古典旗袍四种裁剪方法，“大裁法”和“套裁法”均可实现，故比照当时的技术文献对标本作两种裁剪复原实验。第一种采用“大裁法”，即左、右衣片顺序排列，大襟片与衣片穿插排布（图 11-4）。第二种采用“套裁法”，即左、右衣身和大襟片均为穿插排布（图 11-5）。

两种裁剪复原实验从理论上均成立，在面襟与衣片交错排料的情况下形成实际最小幅宽 61.3 厘米。虽然两种裁法所需面料幅宽相同，但套裁用料 348.1 厘米比大裁用料 436 厘米节约用料 87.9 厘米，省料率约为 20%。另外，从标本裁片的状况判断，里襟、暗贴袋均采用不规则矩形裁片拼接而成，在使用大裁的情况下，有充足的余料可以使用，完全能够避免这种拼接现象，因此可以断定标本是采用

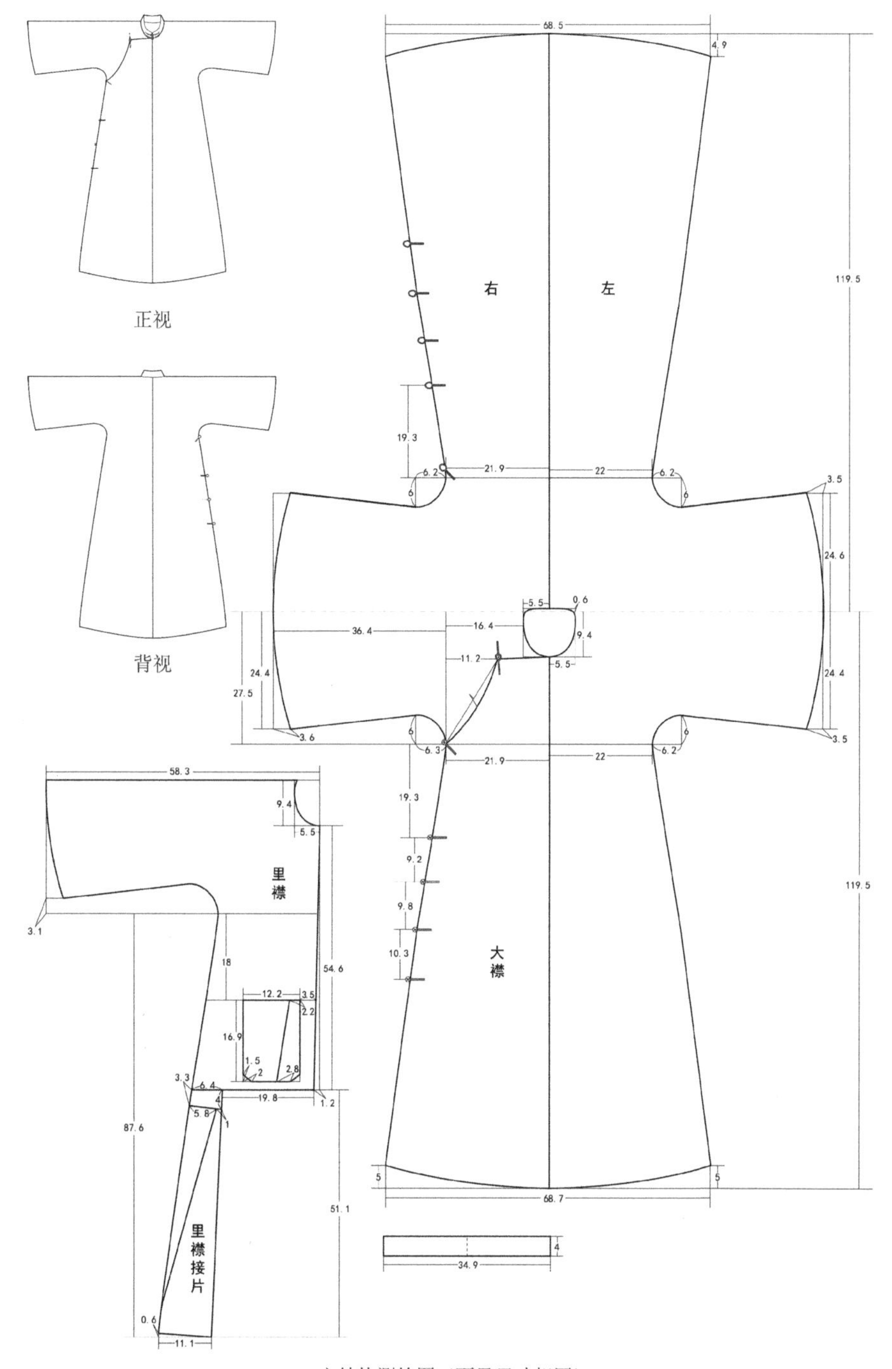

主结构测绘图（面里尺寸相同）

图 11-3　蓝布倒大袖夹里旗袍结构复原图（单位 / 厘米）（1）

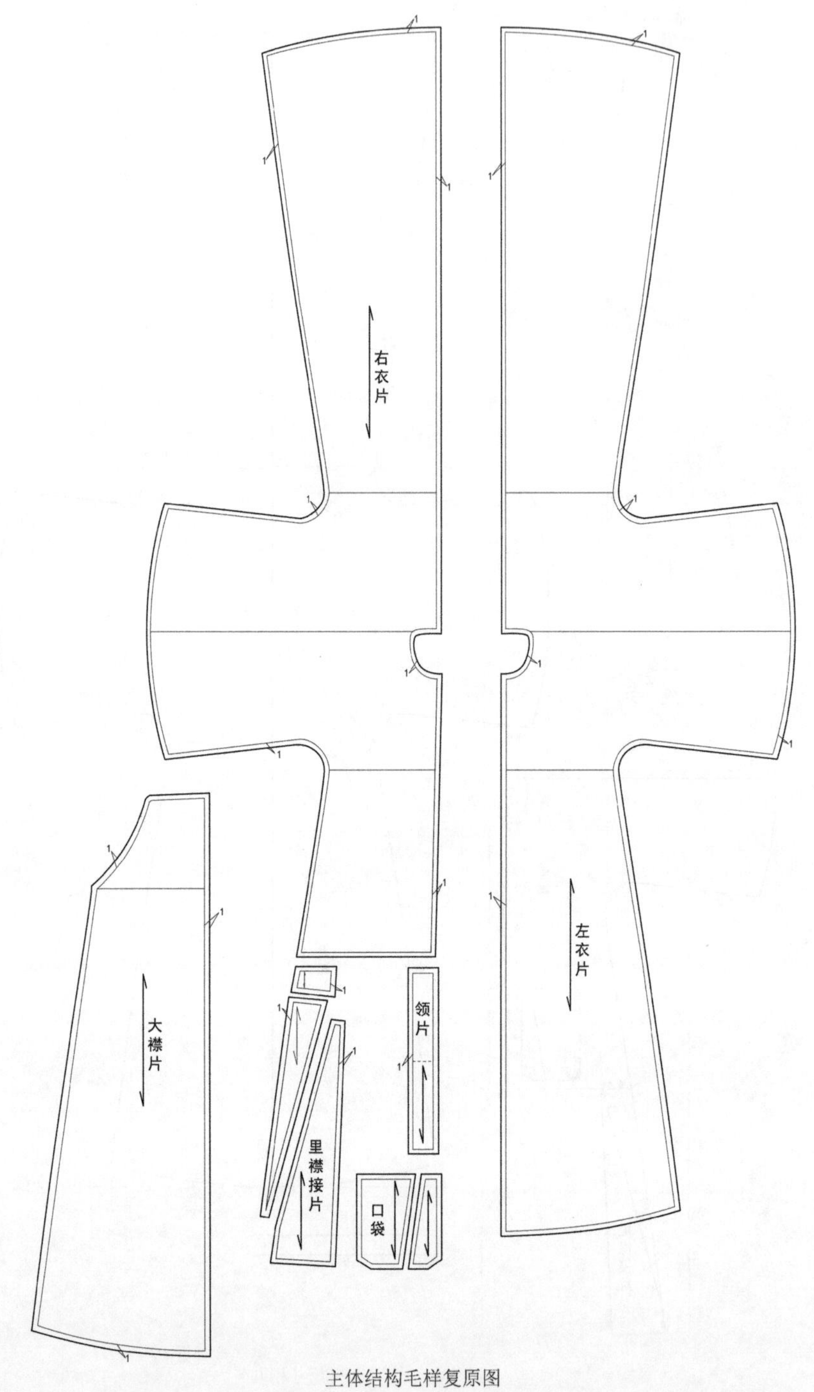

主体结构毛样复原图

图 11-3　蓝布倒大袖夹里旗袍结构复原图（单位 / 厘米）（2）

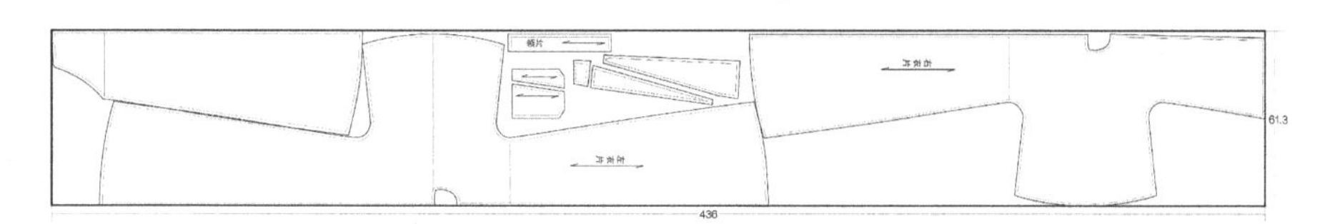

图 11-4 蓝布倒大袖夹里旗袍大裁复原图（幅宽 61.3 厘米，用料长 436 厘米）

套裁法完成的。

标本结构复原图、裁剪复原图与当时古典旗袍技术文献记录的情况完全相同，其中的玄机是前后中缝的存在是因为标本下摆的总宽度 68.7 厘米大于面料幅宽 61.3 厘米。宽大下摆与无衩结构是并行的，为了保证在不开衩的情况下可以正常行走，只有加宽下摆尺寸，加宽多少取决于幅宽。因此前后中破缝与下摆宽度在一个布幅中取得平衡正是古典旗袍“敬物尚俭”的智慧体现，被大襟遮盖的里襟和内袋用余料拼接现象也证明了这一点（图 11-5、图 11-6）。

（二）万字纹黑缎旗袍马甲

旗袍马甲是旗袍古典时期典型的搭配方式，但学界由于缺少对实物结构的研究，错误地认为旗袍是从旗袍马甲演变而来的。其实，旗袍马甲是个相对独立的结构系统，出现肩斜是因为无袖使前后身

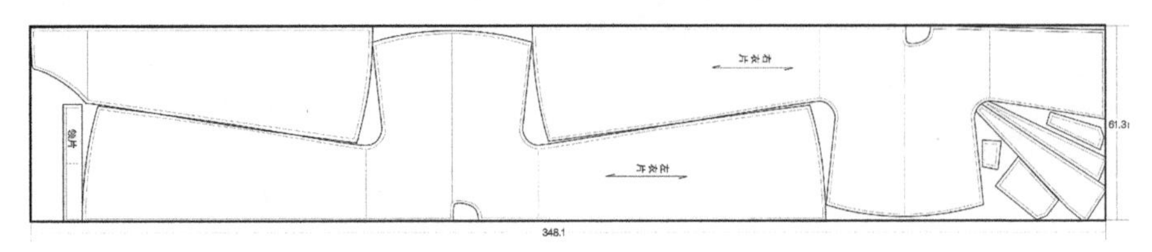

图 11-5　蓝布倒大袖夹里旗袍套裁复原图（幅宽 61.3 厘米，用料长 348.1 厘米）

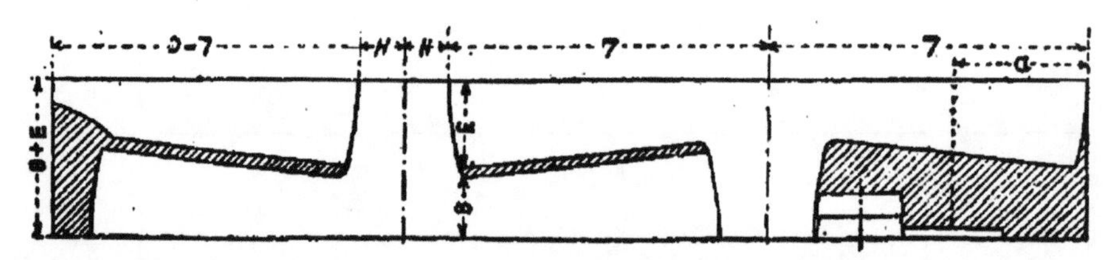

图 11-6　1925 年古典旗袍套裁法的技术文献《衣服裁法及材料计算法》
来源：《妇女杂志》（1925 年）

分开，即分身（图 11-7）。而旗袍结构为平肩是因为有袖使前后身连成一体，即连身连袖。因此，它们是同时期的两个不同类型、不同结构，不可能产生传承关系。从语言逻辑来看，先出现“旗袍”，才有可能出现“旗袍马甲”；就如同先有“互联网”，后有“互联网 +”一样，不可能是相反的逻辑。对旗袍马甲标本的整理也证实了这一点，当然还需要对一个典型标本的结构进行深入研究。

万字纹黑缎旗袍马甲就可作为深入研究的典型样本，它是北京服装学院民族服饰博物馆藏品。其结构信息完整、保存状态完好，无明显破损和污渍，面料无褪色，与古典旗袍不同的是沿袭了传统马甲肩部破缝的结构系统。根据其形制、做工、装饰风格等综合元素与历史图像资料比较，判断其为 20 世纪 20 年代的传世品（图 11-8）。

标本为立领、右衽大襟形制，主体结构由前后衣片、领片、里襟四个部分组成。衣身以前后中线为轴对称，肩缝破开，前后身为一整幅（无中破

图 11-7　旗袍马甲的古典标本（20 世纪 20 年代至 30 年代）

来源：北京服装学院民族服饰博物馆藏

缝），小襟单独裁剪，主料为万字满纹缎料。

下摆、小襟、袖笼口和大襟均有3厘米的贴边。领型为立领，领缘有嵌线。领口及大襟各有一对扣袢固定、腋下自第一扣位置向下有四对扣袢固定。肩缝破开有可见肩斜 1.8 厘米[1]。侧缝下摆呈梯形向外扩张，这是与古典旗袍十字型平面结构所具有的共同特征。按照“接触式测量”的技术要求采集标本的结构信息、测量数据，复原出旗袍马甲标本的结构图，将其与同时期古典旗袍结构图相比就能够得出两个结构系统的不同特点（图 11-9，参见图 11-3）。

在对标本结构深入研究时发现，袖窿腋下有 2.5 厘米的开衩，是一个精巧的设计。它暗含袖窿加深的功用，这便是配穿短袄（或旗袍）调节少量袖肥不同而使两者结合得自然生动。它至少说明两点，一是为专用的配服；二是与主服（短袄）配合，并不随机，而是专属（见图 11-9 腋下结构）。

旗袍马甲作为旗袍古典时期为拓宽短袄着装范

[1] 标本肩斜 1.8 厘米与定型旗袍的肩斜 3.5 厘米左右相比，差一倍还多，显然是为了适应无袖的马甲裁剪，而并非像定型旗袍那样完全适应人体的立体结构设计，但这种“分身”的意识和结构对后期旗袍结构的影响不能排除。尽管如此也不能认为古典旗袍是从旗袍马甲演变而来，因为破肩缝必须有两个条件，一是无袖；二是袖片与衣身分开。因此旗袍破开肩缝是个重要的指标，且一定发生在进入立体化的后期。

图 11-8　万字纹黑缎旗袍马甲

来源：北京服装学院民族服饰博物馆藏

围所兴起的一种配服，它的出现丰富了倒大袖旗袍的着装状态。但随着旗袍趋盛而进入改良阶段，旗袍马甲的使命成为旗袍的点缀（指改良旗袍表现曲线，马甲必要缩短才能显露）也走到了尽头。旗袍一路向简化、短化、窄化的方向进行改良，马甲也随之演变为20世纪30年代至40年代流行的短马甲。不容忽视的是，尽管旗袍马甲只是一种主服配套的产物，但它的流行始终带有一种宁做一件无袖的新衣配合旧衣，也不愿意浪费更多的材料去置办一件新衣的思想。这说明旗袍马甲的产生是寄生的，能使主服延长寿命并增加功能（适应温度增减马甲），是布衣“尚俭”的普世价值的体现，为其后升格为礼服饰品奠定了物质基础。

三、改良旗袍标本研究

20世纪30年代至50年代，是旗袍三个分期中最重要，也是最具标志性的时期，史称改良旗袍。

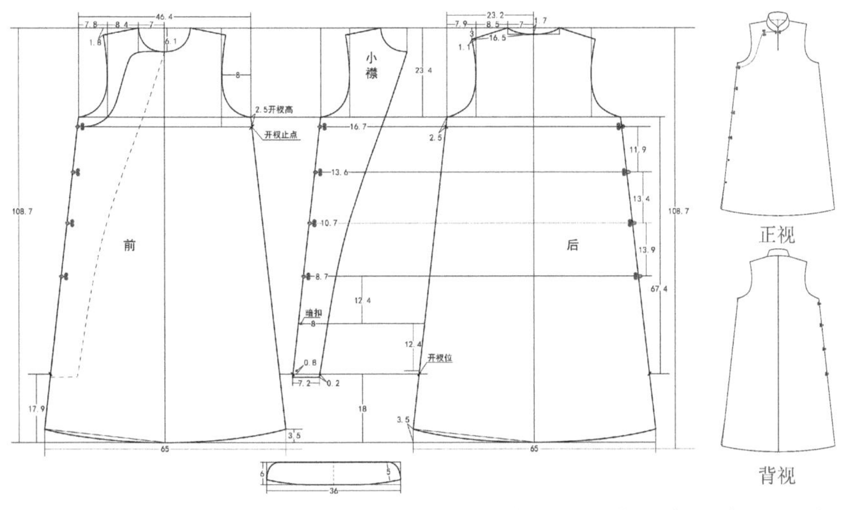

图 11-9 万字纹黑缎旗袍马甲结构复原图（单位 / 厘米）

但从没有一个研究成果将这一时期的旗袍界定清楚，原因是改良旗袍是古典旗袍到定型旗袍的过渡期，而且时间很长又经历了改良的三个阶段，而这一切都是在未发生款式变化的前提下进行的。因此技术文献和标本研究相互印证成为关键，而标本研究将是锁定改良旗袍演进的物证。

（一）改良旗袍三个阶段需要物证

20 世纪 20 年代末至 30 年代初是古典旗袍与改良旗袍的交汇点，旗袍称谓出现的时间点是旗袍改良的第一阶段。根据 1929 年南京国民政府颁布《服制条例》中规定图示判断，改良初期旗袍的结构承袭着完整的十字型平面结构的中华系统，侧缝并未出现明显的曲线化特征，因此也可以划为古典时期。划为改良旗袍的开始，是因为围度等各项尺寸发生了窄化，逐渐有了合体化的倾向，从整体面貌上看，基本上摆脱了传统的宽袍大袖（相对中国古代而言，就当时西化标准还差很远）。由于这一时期技术资料的缺失，想了解这一时期旗袍的基本结构，标本便成为不可或缺的物证，标本研究是呈现这一时期旗袍结构真实面貌的有效手段，具有弥补这一时期技术文献不足的学术价值。

改良旗袍的第二阶段是20世纪30年代中期至40年代末，随着女权运动的活跃，旗袍无论是对于进步女性还是时髦女子，都已经成为她们的时代标签，它不仅表征东方女性婀娜优雅的身姿与内敛含蓄的柔美，更是自立、自强、自信的新女性、新生活的时代写照。这是旗袍历史上最为辉煌的年代，史称“旗袍时代”。但如何准确划分和定义，标本研究是关键。根据相关技术文献的互证可以让史说变得证据确凿：20世纪30年代以后的旗袍在侧缝出现了明显塑造人体的曲线化特征，围度（三围）尺寸渐趋合体化。如果说十字型直线平面结构是古典旗袍的基本特征，那么十字型曲线平面结构就是改良旗袍的标志性特征，仍需要标本印证。

改良旗袍的第三阶段是20世纪40年代末至50年代，证据就是衣身中出现了省，先是侧收腰变大，后是出现独立的侧省、后腰省，但省量很小，与其说为了形体设计，不如说是为解决此时尚处平面结构由于过度收紧尺寸出现的褶皱问题，标本研究证实了这个结论。因此也就否定了这个时期成为西化（立体）旗袍的观点。也给这一时期的旗袍已经开始进入国际化征程，逐渐被世界时尚文化所接纳，不仅在亚洲各国，也在欧洲主流时尚界，甚至美国好莱坞电影明星都纷纷为之倾倒的情况，提供了物质的技术证据。正是在这样的氛围下，改良旗

图 11-10 旗袍三个阶段的典型样本

来源：北京服装学院民族服饰博物馆藏

袍的平面结构成为阻碍变革的拦路虎，而这种变革势不可挡，立体结构完整的改良迫在眉睫，从而引发了旗袍由连身连袖的十字型平面结构向分身分袖施省立体结构的全面变革，即旗袍进入定型期。然而，颠覆性的旗袍定型结构形成的过程并不是一蹴而就的，在旗袍改良的末期，同样存在着一段从改良旗袍到定型旗袍的过渡阶段，这个阶段旗袍结构最典型的特征就是在保留十字型平面结构的同时局部出现施省结构，这些正是通过实物标本研究得到确认的（图 11-10）。

根据上述改良旗袍三个阶段标本研究的确认，为旗袍改良时期的辉煌和整个旗袍发展过程改良时期承上启下的历史地位找到了它真实、可靠而生动的物质和技术探索证明。

（二）改良旗袍初期的标本

绿缎绣花旗袍料为私人收藏，收购于山东济南

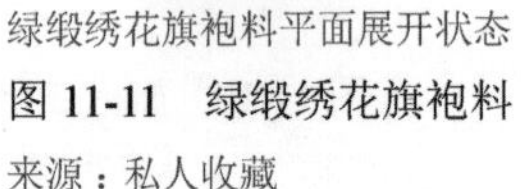

绿缎绣花旗袍料平面展开状态　　绿缎绣花旗袍料以肩线折叠状态

图 11-11　绿缎绣花旗袍料

来源：私人收藏

（图 11-11）。从标本的形制和装饰风格来看，是具有清末汉俗遗风的汉袍，但无法确定是古典旗袍还是改良旗袍。如果对其结构进行深入研究就会破解这个谜团。

标本处于半成品袍料状态，因此结构信息完整，衣身周边可见 0.5 厘米的色差现象，这些位置是被折叠的缝份，说明标本曾经被拆解后另作他用。因此该标本为我们提供了研究改良旗袍初期真实可靠的技术信息。

标本主体结构以中线和肩线为十字作前后左右通裁，衣身双侧接袖缝和接袖片接缝均为布边，且全部为经纱裁剪。这些重要技术信息为我们首次提供了改良旗袍初期关键的学术证据，如“独幅旗袍料”和“挖大襟”技术，它们之间的关系就可以通过此标本破解，更重要的是这些信息为我们判断古典旗袍和改良旗袍提供了确凿的实物证据，即古典旗袍有中缝连身连袖十字型平面结构所产生的“独立大襟”（见图 11-3）；改良旗袍无中缝连身连袖十字型平面结构所产生的“独幅旗袍料”和“挖大襟”技术（图 11-12）。而且这种技术伴随着改良旗袍第一、第二和第三阶段的全过程，当定型旗袍完成了立体结构的彻底变革，也就终结了这种技术，标志着定型旗袍的开始。因此“独幅旗袍料”和“挖大襟”技术是改良旗袍独一无二的标志，它的三个阶段都是在深化立体问题上的探讨，不变的是技术形态，研究这个标本的关键就在于此。

根据标本主体结构毛样复原图提供的信息研究，发现了改良旗袍“独幅旗袍料”和“挖大襟”寄生关系的奥秘所在。所谓“独幅旗袍料”就是在无中缝的情况下，把前后身完全容纳在一个布幅内，标本结构的左右接袖线为布边，前后下摆最宽处在幅宽之内就证明了这一点。这种情况就不能向有中缝的古典旗袍那样单独裁剪大襟。“挖大襟”便可以解决这个问题，因此“挖大襟”一定伴随着“独幅旗袍料”的这种寄生关系。学界认为改良旗袍具有中华服饰划时代里程碑式的意义，但无证据。这个标本“独幅旗袍料”和“挖大襟”技术（见图 10-23）的揭示，在历史上也并不新鲜，在业界流传很广，但它的动机和内涵没有被深入地挖掘。独幅裁剪最大的好处就是最大可能地使用布料，因此接袖线由幅宽而定，标本接袖线为布边就证明了这一点。另一个证据是两个接袖片袖口线为布边，通过复原排料图发现，“独幅旗袍料”裁剪不仅可以充分地利用面料，还可以满足必要的设计空间。这种“布幅决定结构形态”的“敬物尚俭”中华精神才是改良旗袍划时代里程碑的意义所在（图 11-13）。

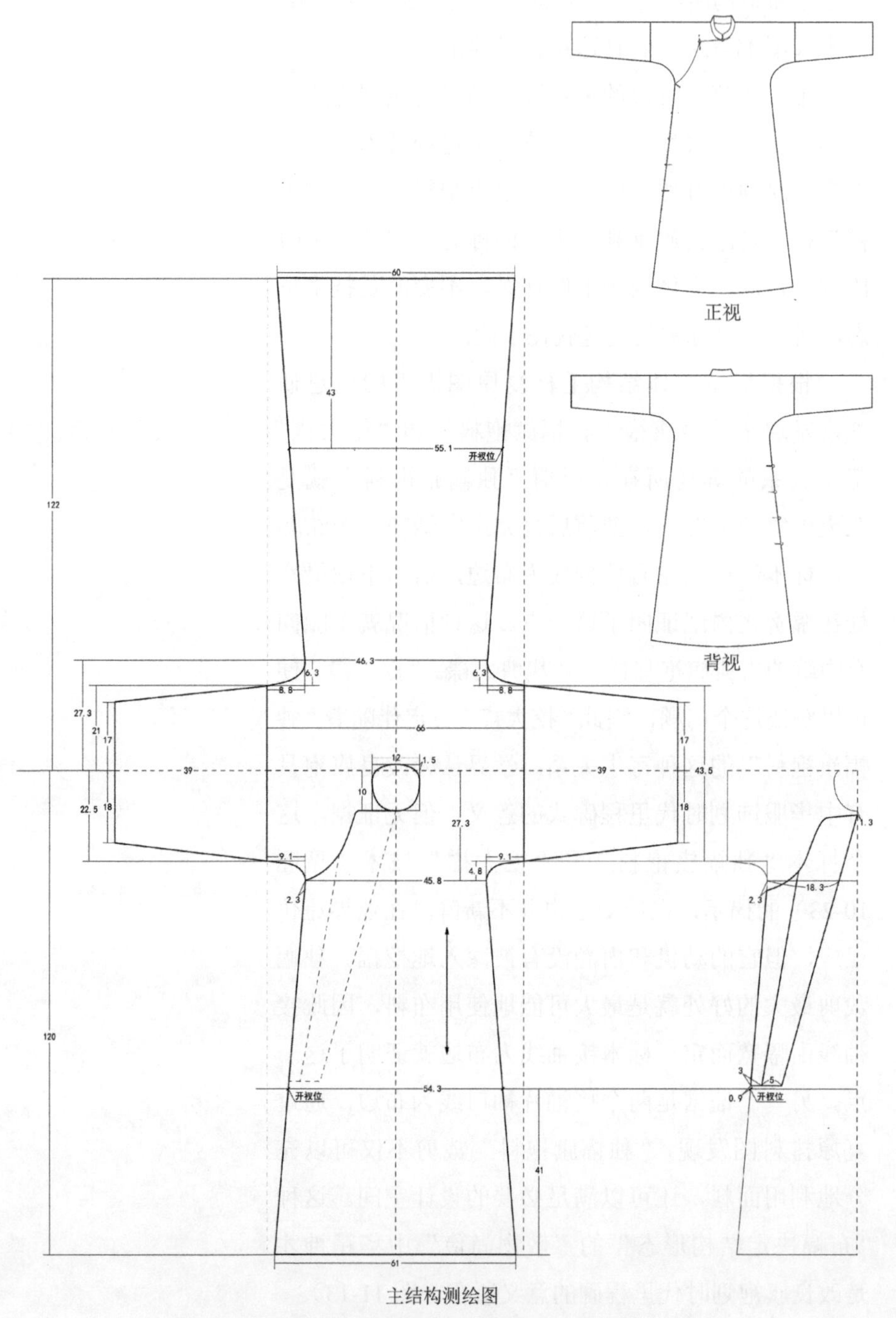

主结构测绘图

图 11-12　绿缎绣花旗袍料结构复原图（单位 / 厘米）（1）

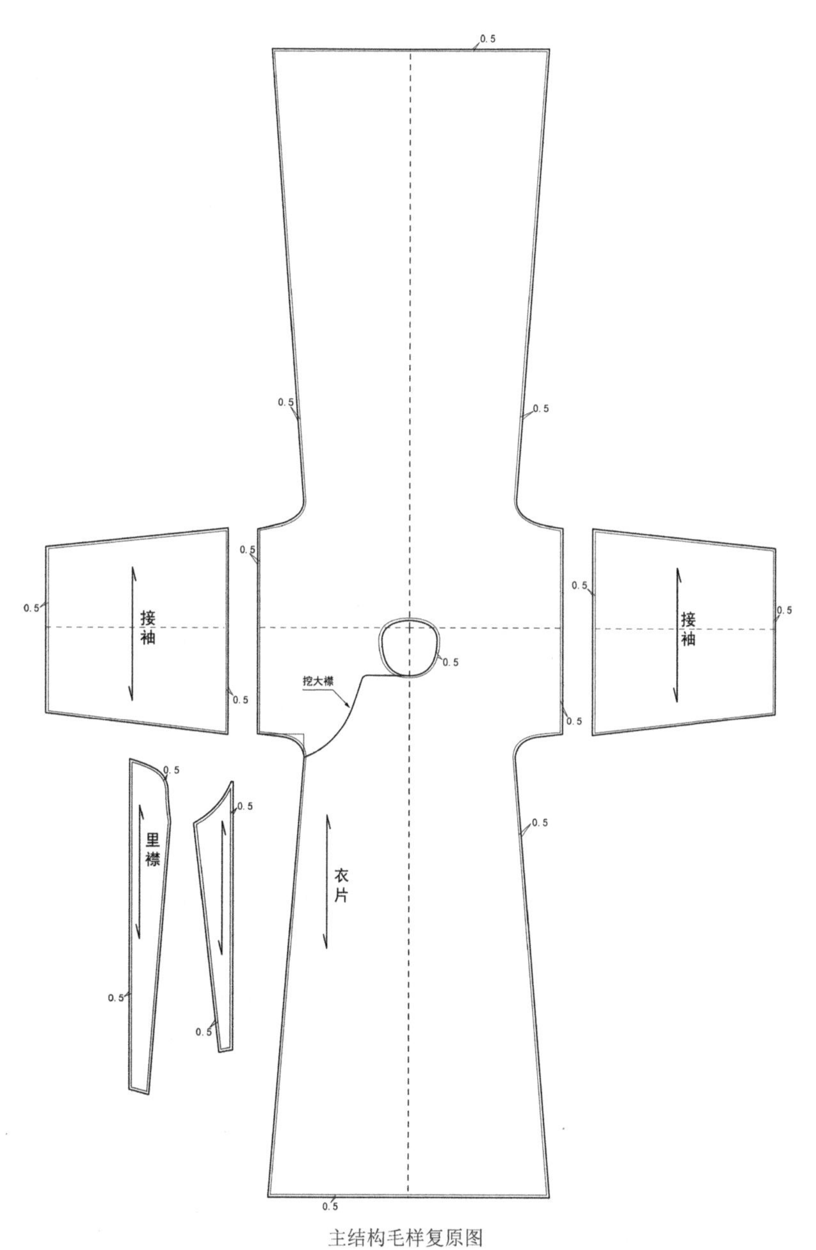

主结构毛样复原图

图 11-12 绿缎绣花旗袍料结构复原图（单位 / 厘米）（2）

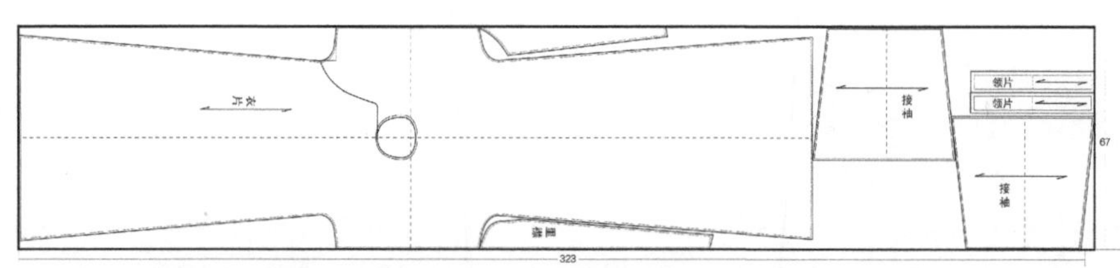

图 11-13　绿缎绣花旗袍料“独幅旗袍料”裁剪复原图
（幅宽 67 厘米，用料长 323 厘米）

（三）改良旗袍中期的标本

改良旗袍的进一步发展是伴随着战时的物资匮乏和女权运动的人性解放开展的，第二次世界大战也影响了国际时尚文化的格局，现代国际服制（TPO）就是在此背景下产生的，因此改良旗袍的发展不是孤立的。“独幅旗袍料”由此产生，这就要求从古典旗袍的宽大下摆变成收窄下摆。这种趋势也迎合了人性表达新女性的时代美学。因此改良旗袍下摆进一步收窄的同时，强化了腰身曲线的设计，优美的曲线便成为改良旗袍中期的基本特征而备受推崇，它不仅受到当时主流社会的推动，在大众服制建设中也得到了官方的认可（被列入官方服制条例）。同时期的标本研究使这种“史学”变得清晰而具有可靠的文献补遗价值。

蓝印花棉夹旗袍是私人藏品，收购于辽宁锦州（图 11-14）。该标本与前述改良旗袍初期的标本相比，明显的变化就是收窄下摆强化腰身曲线设计。

正视

背视

图 11-14 蓝印花棉夹旗袍
来源：私人收藏

前者结构形制表现为十字型直线平面结构，后者呈现十字型曲线平面结构。不变的是它们都恪守“独幅旗袍料”和“挖大襟”技术。依据文献和标本结构研究可以判断，“宽摆直线结构”的旗袍一定早于“窄摆曲线结构”的旗袍，献考与物证相结合而重物证的学术意义就在于此。因此蓝印花棉夹旗袍为20世纪30年代改良旗袍的判断是可靠的。

标本主体结构由衣片、领片、襟片、接袖片四部分构成。根据上述绿缎绣花旗袍料标本提供的“独幅旗袍料”裁剪经验，结合该标本结构复原图的数据分析，最宽处为66厘米加2厘米缝份，约为一个幅宽；两个接袖片为32.5厘米，刚好接近半个幅宽。由此便可推断，衣身片两边接袖线为布边，接袖片有一侧为布边（图11-15、图11-16）。可见改良旗袍初期和中期的“独幅旗袍料”裁制方法有异曲同工之妙，不同的是宽摆直线和窄摆曲线，这或许就是当时妇女独立和人性解放思想的物质表现。

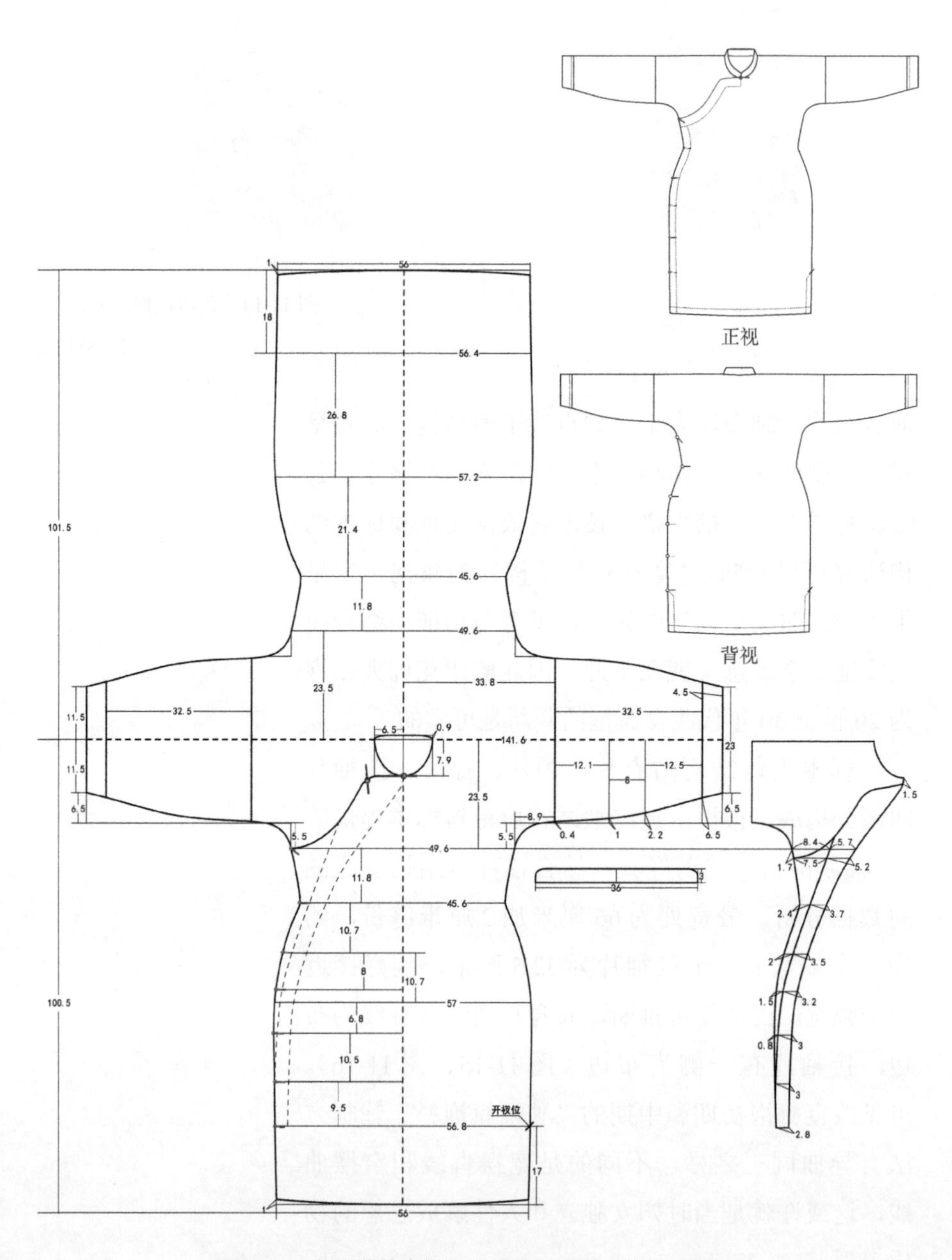

图 11-15 蓝印花棉夹旗袍主结构复原图（单位 / 厘米）

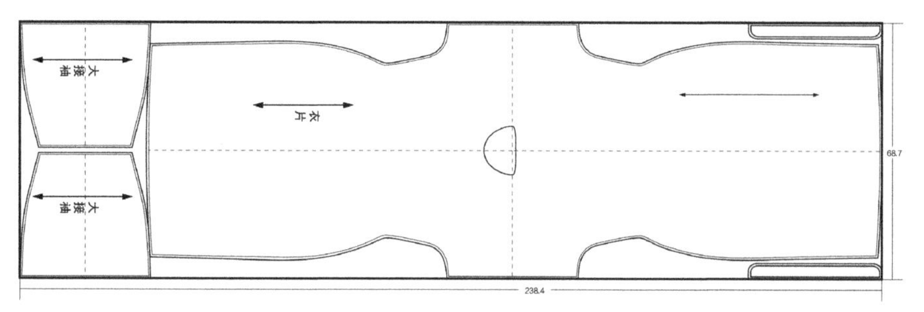

图 11-16　蓝印花棉夹旗袍“独幅旗袍料”裁剪复原图
（幅宽 69.6 厘米，用料长 238.4 厘米）

相较于改良初期十字型直线平面结构的旗袍，该标本出现了明显的收腰窄摆，侧缝开衩结构的出现成为必然，也正是改良旗袍发展到盛期（中期）的一大特点，给人性的表达提供了机会，这意味着宽大下摆的旗袍已成为了历史。因此衣身最宽处由下摆变为臀围，这是旗袍结构合体化趋势的表现。随着围度尺寸的减小与“挖大襟”技术的使用，常规面料的幅宽都可以完成裁剪，“独幅旗袍料”的使用更加普遍。面料幅宽尺寸只会限制原身出袖的长短，并不会对旗袍主结构造成任何影响，更不会再出现古典旗袍前后中线破开的情况。改良旗袍之所以能够迅速得到推广，其审美与文化内涵固然重要，但不可忽视的是，窄摆收身曲线的改良旗袍使材料大幅节省，对于善用“布衣”的普通百姓来说更具吸引力。

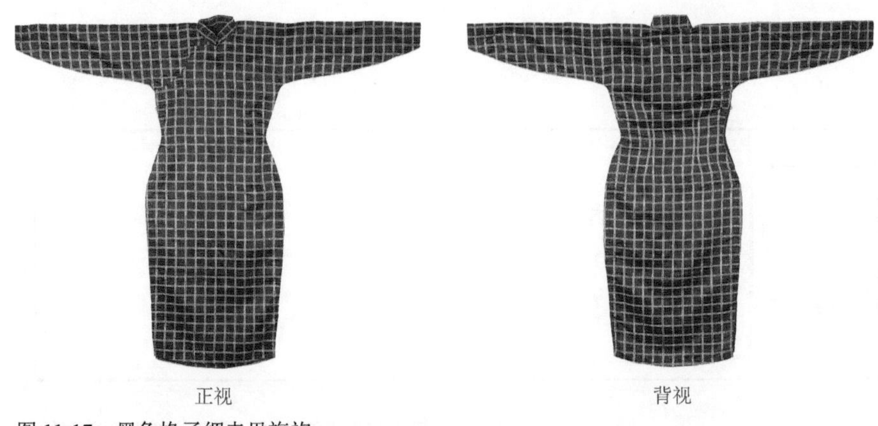

图 11-17　黑色格子绸夹里旗袍
来源：隐尘居藏

（四）改良旗袍末期的标本

旗袍中期对窄摆和收身曲线的成功改良，一定会在它的末期有进一步的推动，因过度收身曲线造成后腰出现褶皱而促成改良旗袍末期后腰省的产生，可以说是立体萌芽的开始，同时期的标本研究也证明了这一点。

黑色格子绸夹里旗袍是北京隐尘居私人收藏，该标本保存状态完好，结构信息完整，具有改良旗袍典型的十字型曲线平面结构，不同的是，后身腰节处格纹有明显变形，造成这种现象的就是省的出现。在保持十字型平面结构的同时引入施省工艺，正是 20 世纪 50 年代初旗袍由改良结构向定型结构过渡的典型特征，黑色格子绸夹里旗袍标本正是这个时期的物证（图 11-17）。

对标本结构的深入研究便呈现了改良旗袍末期技术形态的基本面貌。标本主体结构由衣片、领片、里襟、接袖四部分构成，面料为格纹印花绸，里料为黑棉布。它们均由一幅完整的布料裁成，即“独幅旗袍料”，也就伴随着“挖大襟”技术的出现：前后中无破缝，接袖线是布边，故它们之间为布幅宽度（约 76 厘米）。侧缝曲线明显收腰、下摆渐收，后腰线处以中线对称左右两侧各有一省，从省的用量（1.8 厘米）判断，与其说是出于立体造型的考虑，不如说是在平面结构过度合体后对造成褶皱所采用的权宜之计。[1] 标本领型为立领，袖口明显收窄，侧缝左右开衩。大襟采用“挖大襟”技术，袖口均用贴边明缲针缝合工艺，并用暗扣固定。侧缝使用金属拉链固定，这正是 20 世纪 50 年代国际时装流行的技术在改良旗袍后期的体现（图 11-18）。这个时期由于西方纺织工业和洋货的不断输入，布幅的宽度大幅增加，但“整裁整用”这种敬物尚俭的传统并没有被动摇，“独幅旗袍料”的裁剪方法也被坚守着，“挖大襟”技术自然就伴随其中，标本中虽然出现后腰省，但对改良时期旗袍的整体结构并没有大改。因此在旗袍的整个改良时期（包括初、中、晚期），“独幅旗袍料”和“挖大襟”技术是判断古典、改良和定型旗袍三个分期关键而可靠的依据（图 11-19）。

相较于改良中期十字型曲线平面结构的旗袍，该标本最显著的特征就是在后腰处出现了施省的结构，改良旗袍发展到后期追求合体，服装与人体的关系变得紧密，人体的胸、腰、臀围度尺寸的差量是形成人体曲线的基础，而差量的分配是以人体为中心呈递增或递减均衡分布的，服装为了与人体相吻合，因此也需要在均衡位置分别设置，这就是省

[1] 改良旗袍发展到最后阶段，是对女性身体曲线美的过度追求，当然与当时西方个性解放思潮影响有关，在结构上，由于对十字型平面结构中华传统的坚守而不希望出现褶，与“曲线美”的追求不相适应，因此改良旗袍出现省是权宜之计，要从根本上解决问题就是放弃十字型平面结构进行分身分袖施省立体结构的改变。

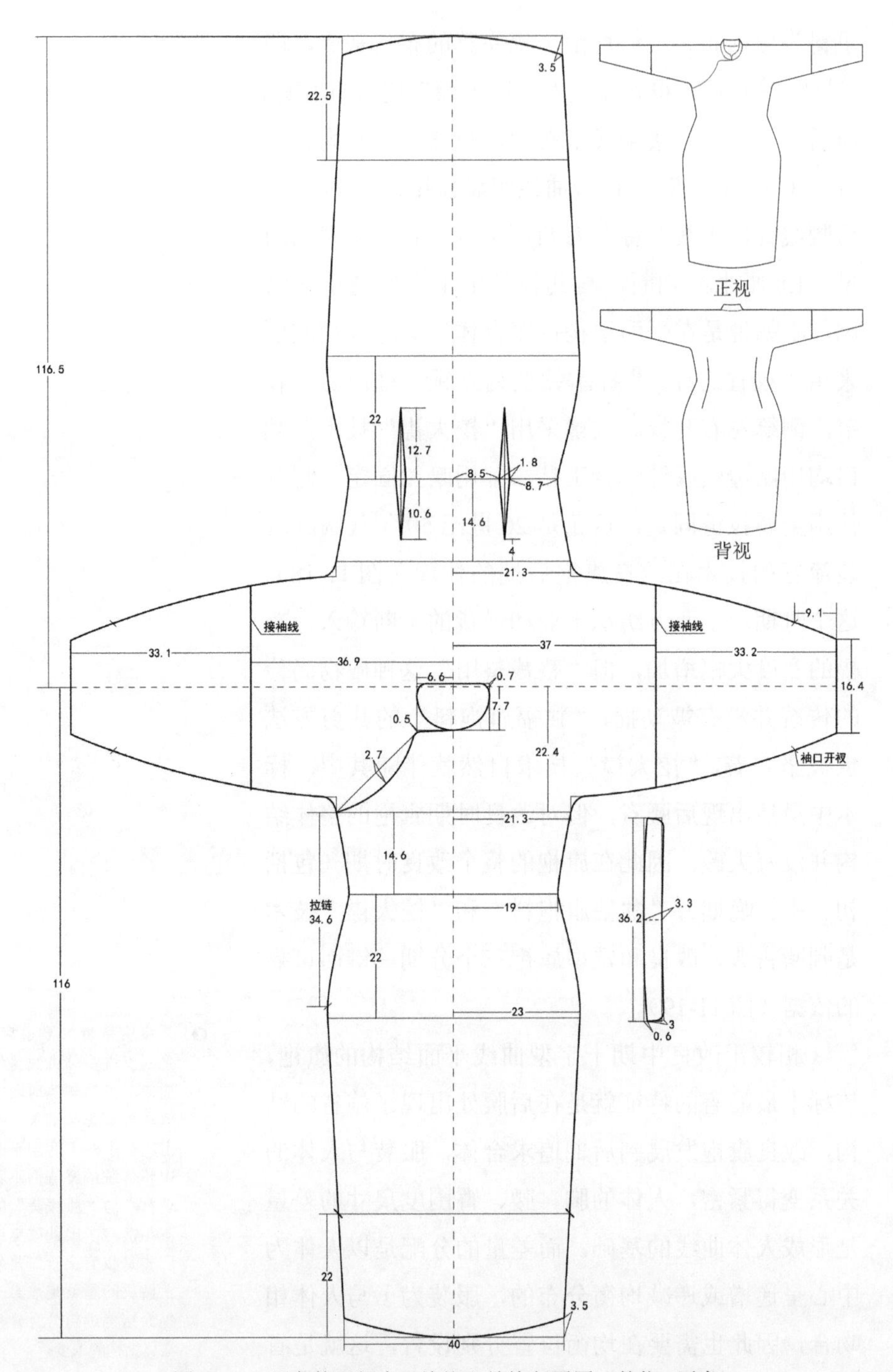

图 11-18　黑色格子绸夹里旗袍主结构复原图（单位 / 厘米）

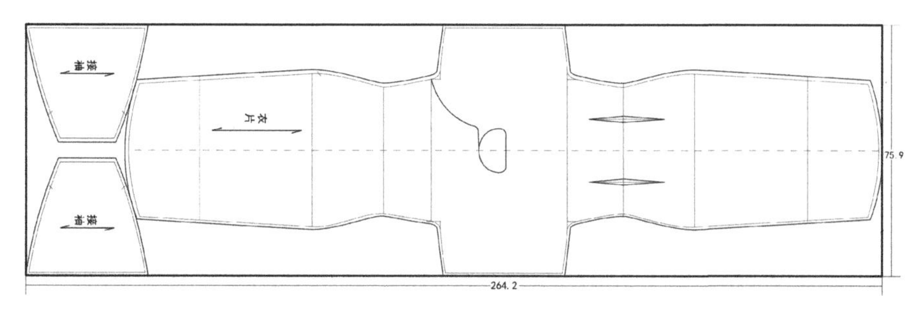

图 11-19 黑色格子绸夹里旗袍“独幅旗袍料”裁剪复原图
（幅宽 75.9 厘米，用料长 264.2 厘米）

缝出现的原理。当侧缝收腰（合体度）达到一定量的时候，迫于人体结构与制作工艺的限制，必须寻求多维（立体）的方式去塑造腰部曲线，分散施省正是解决这个问题的有效手段。它的出现意味着旗袍开始尝试分身分袖施省立体造型的实践，但限于技术和民众的接受度问题，这一过程持续了近 20 年之久。标本所示后腰施省结构的出现，正是定型旗袍一系列变革的发端。

四、定型旗袍标本研究

20 世纪 60 年代至 70 年代是旗袍结构的定型时期，主要发生在台湾和香港地区。这个时期分为过渡和定型两个阶段。过渡阶段表现为局部立体化结构的出现，最具代表性的是在旗袍结构中引入了分身裁剪的方法，在肩缝处断开以适应人体肩的斜度，同时造成前后身的分离，由此也就终结了“挖大襟”技术，从此旗袍由改良时代进入定型时代，这种分身结构意味着彻底颠覆了十字型平面结构的中华传统。“分袖”的同时在局部出现并不彻底的单省结构，但为完全立体化结构的形成奠定了基础，这一过程主要发生在港台地区。定型阶段是旗袍从实践到理论的集大成时期，香港成为实践定型旗袍的国际舞台；台湾则是将定型旗袍理论化和民族化的践行者，其标志性特征是分身分袖充分施省，标准设省为六省或八省，并通过技术文献固定下来，形成了当代旗袍的结构定式，自此以后未再发生改变，被誉为华服经典。这一旗袍的辉煌由香港和台湾的裁缝艺人、学者共同筑就，尤其是在定型旗袍裁制技艺现代传承体系的建设和国学史考据研究方面，台湾学者功不可没，可见对其典型的标本研究不可或缺。

（一）定型旗袍过渡阶段的标本

定型旗袍过渡阶段的标本分布很广，从改良旗袍到定型旗袍，都是由海派红帮裁缝这支主流的技术精英传播的，1949 年至 1966 年，留守下来的红帮裁缝对改良旗袍的变革并没有停止，这个时期刚好是从改良旗袍到定型旗袍的过渡阶段，也留下了很多传世样本，对它的研究或许可以揭示特定时期旗袍的传承关系。

绛紫色印花棉夹里旗袍正是这个时期的藏品。该标本来源可靠，结构信息完整，具有分身、施省的立体结构，但并不充分，是 20 世纪 50 年代定型旗袍过渡阶段的典型代表，是探索研究定型旗袍立体结构形成过程的珍贵样本（图 11-20）。

图 11-20　绛紫色印花棉夹里旗袍
来源：北京服装学院民族服饰博物馆藏

标本为棉质夹里旗袍，主体结构由前衣片、后衣片、领片、里襟和接袖五部分构成，采用破肩缝经纱裁剪，因布幅的限制形成了一段接袖但并非立体的“分袖”结构。前后中无断缝，也是对“独幅旗袍料”裁剪方法的继承，成为了从改良旗袍到定型旗袍不变的“基因”。[1] 侧缝曲线收腰，后片腰部左右设两省，前片无省，说明过渡阶段施省还不充分。领型为立领，大襟采用金属按扣固定，侧缝使用金属拉链，是这个时期典型的技术特征（图 11-21）。

采用“接触式测量”方法复原出标本的结构图。标本两侧接袖线之间的距离与臀围尺寸都在 43 厘米左右，加上缝份大约为 45 厘米，可以推断标本是将布料双折对裁，因此实际面料幅宽至少应为 90 厘米。根据上述线索对标本进行裁剪复原实验，用料长度为 138.6 厘米，与古典时期和改良时期旗袍标本相比用料明显减少（图 11-22）。虽然用料大幅降低与工业化生产面料幅宽的增加有关，但不可否

[1] 当改良旗袍脱离古典旗袍时，其结构就形成前后身无中缝的完整性，即“独幅旗袍料”裁剪，由此也就催生了“挖大襟”的专属技术。而当定型旗袍“破肩缝”出现时，也就不需要“挖大襟”技术了，但前后身仍保持无中缝的完整性。因此旗袍结构在整个变革过程中不到万不得已的情况下是不会放弃“整裁整用”的敬物尚俭理念的。

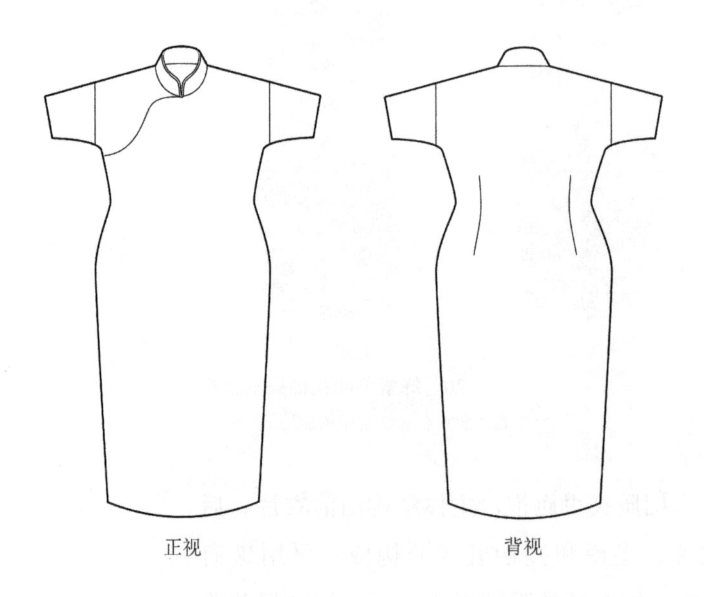

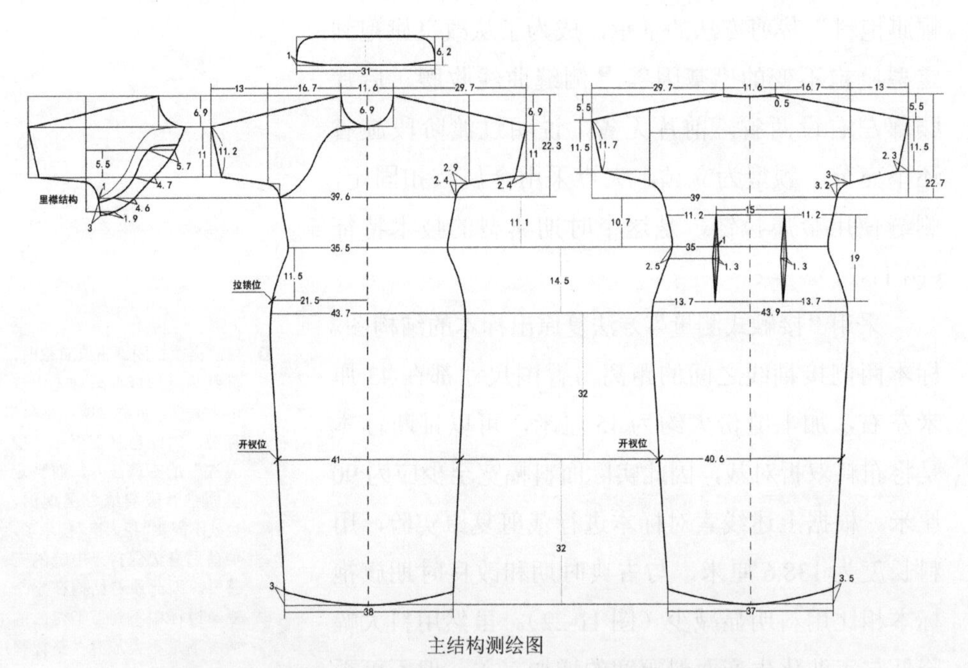

图 11-21　绛紫色印花棉夹里旗袍主结构复原图（单位 / 厘米）（1）

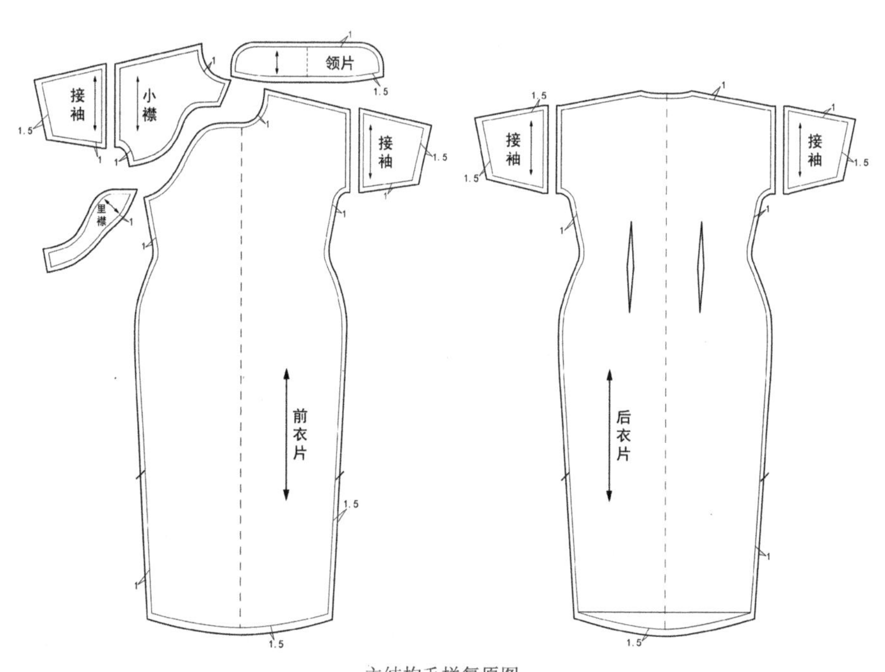

主结构毛样复原图

图 11-21　绛紫色印花棉夹里旗袍主结构复原图（单位 / 厘米）（2）

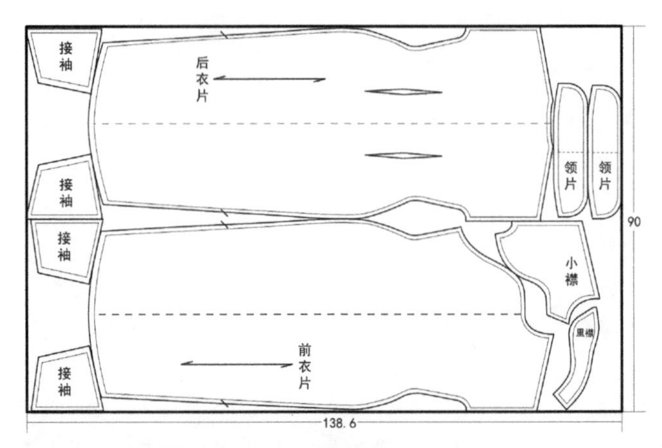

图 11-22 绛紫色印花棉夹里旗袍裁剪复原图
（幅宽 90 厘米，用料长 138.6 厘米）

认的是，分身裁剪的化整为零也是重要原因。肩缝的破开不仅进一步提高了服装穿着的合适度，也为面料的节约带来了契机，裁剪也更加灵活。至此，旗袍已经在结构上摆脱了面料幅宽对于服饰结构的限制，也就没有必要固守十字型平面结构，而以更加科学的思维探索更加完美的旗袍结构形态。

（二）定型旗袍的标本

20 世纪 60 年代中期至 70 年代中期是旗袍定型的成熟期，“分身分袖充分施省”的立体结构在这一时期完全形成，标志性实物在香港、台湾地区有大量的留存。特别值得研究的是，以杨成贵、王宇清为代表的台湾红帮裁缝和国学家联手对近 20 年定型旗袍的伟大实践进行了理论化和民族化的探索，并使之成为时代主流，改良旗袍也由此进入了历史。因此，对获得杨成贵亲制的定型旗袍样本进行研究，具有重要的学术价值。

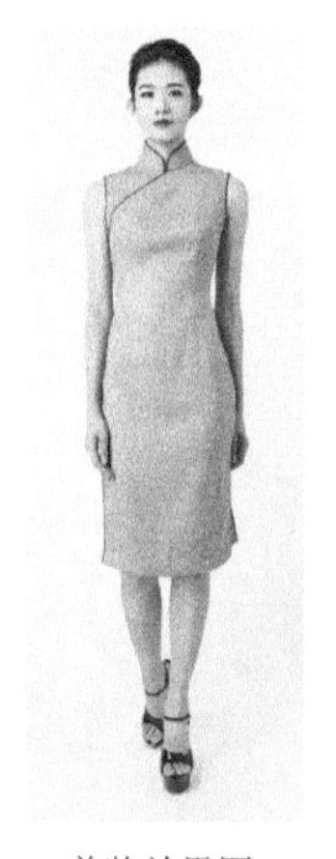

正视　　背视　　着装效果图

图 11-23　桃红碎花棉斜襟旗袍

来源：冯莉旧藏

桃红碎花棉斜襟旗袍是冯莉女士的私人藏品，为杨成贵先生于 2003 年制作并赠与时任“杨成贵贵苑旗袍公司”首席设计师冯莉女士的礼物（图 11-23）。其标本结构与杨成贵先生 1975 年所著《祺袍裁制的理论与实务》中发布的祺袍长礼服喇叭袖原实图记录的结构完全一致（图 11-24），只是标本无袖，刊图为有袖，充分反映了 20 世纪 70 年代中期定型旗袍“分身分袖充分施省”全盛期的结构形态。以该文献所述的制图方法还原标本的结构，相比定型旗袍过渡阶段的结构其已经完全立体化了，而不变的是前后身无中缝的立体结构保持了相对完整。

标本为棉质单旗袍，经纱裁剪，形制为右衽直襟无袖。主体结构由前衣片、后衣片、领片、小襟四部分构成。肩部破缝并随肩斜设计，而使前后身分离即“分身”。无袖但有袖窿结构，若依此设计袖子结构便形成有袖旗袍，即“分袖”。衣长出现了明显的前长后短的差量，这是前身片充分施省所致，前片有袖窿省、侧缝省和腰省，后片有腰省，

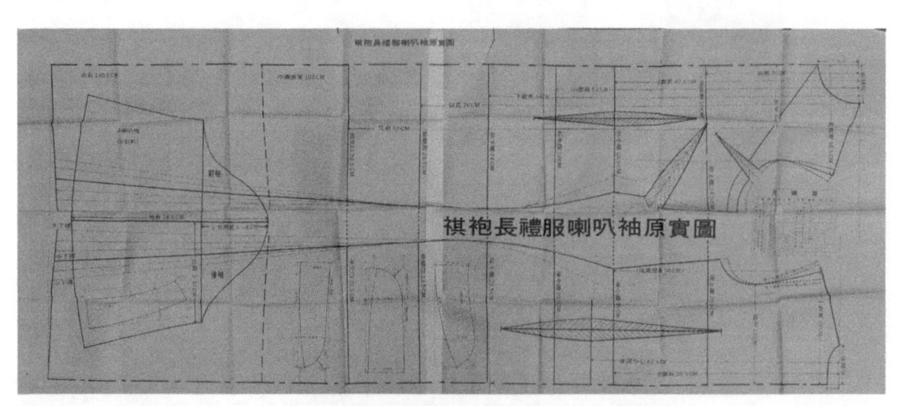

图 11-24　杨成贵 1975 年著《祺袍裁制的理论与实务》刊定型旗袍原实图
来源：冯莉旧藏

全身共计四对八省，即“充分施省”。领型为立领，技术文献称“大圆领”。大襟采用金属按扣固定，侧缝使用金属拉链。小襟为同料单裁，里襟弧线包含 4 厘米的重叠量。[1] 领子、大襟、袖窿、开衩处均有宽约 0.4 厘米的绲边。领口、袖窿、开衩处有 2 厘米的内贴边。双侧缝份处有 0.5 厘米的包边。标本结构腰节线、臀围线均处于人体实际位置，但后腰省收腰量最大处位于腰节线下 4.5 厘米处，这符合人体生长“前高后低”的自然规律。下摆明显向内收，强调人体曲线（图 11-25）。

可见，定型旗袍的工艺与结构已十分成熟，这也就是现代全球华人为什么会放弃改良旗袍而推崇定型旗袍的原因。

[1] 由于破肩缝可以使小襟单独裁出，就避免了改良旗袍“挖大襟”特殊工艺手法去制造出有限的“搭门”。定型旗袍的“独立小襟”结构就可以根据需要任意设计搭门量，因此定型旗袍小襟搭门量通常都给得充分。

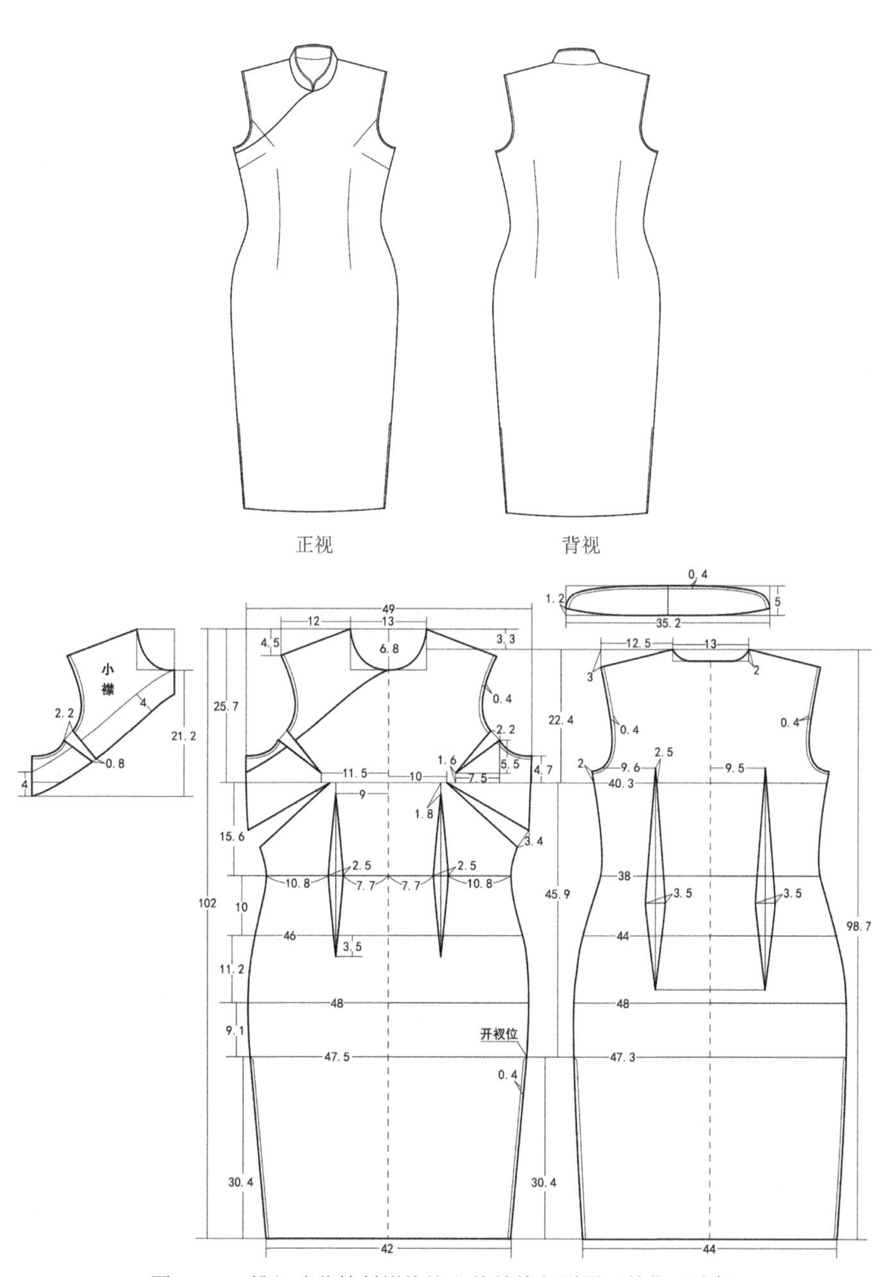

图 11-25 桃红碎花棉斜襟旗袍主体结构复原图（单位 / 厘米）

第十二章

找寻从“诗意的线条”到“烘云托月”的旗袍编年史

一

“现代要紧的是，旗袍的作用不外乎烘云托月忠实地将人体轮廓曲曲勾出。革命前的装束却反之，人属次要，单只注重诗意的线条，于是女人的体格公式化，不脱衣服不知道她与她有什么不同。”这是张爱玲在《更衣记》[1]中描述“革命前”中国女人“诗意的线条”，和革命后“烘云托月”的女权思想在旗袍中的投注。可见，旗袍在当时无论如何是个“革命”的标签，它那惊世骇俗的手笔就是“将人体轮廓曲曲勾出”，这对“女人无才便是德”的几千年中华传统可谓是彻底的颠覆。正因如此，研究服装的史学家们认为，旗袍在20世纪20年代初现是西方表现人性的“立体主义”支配下的产物。然而，从几千年封建礼教中挣脱出来并非易事，特别需要从对历史的物质文化[2]研究成果中得到考证，何况中国几千年的传统封建礼教，怎么可能在清末民初一夜之间改朝易服？更难以改朝易志。即便在

[1] 张爱玲，1920年生于上海，从时间节点上看，旗袍初现的1921年就伴随着她的成长，写《更衣记》（1943年）时已是改良旗袍的全盛期。因此，张爱玲是与旗袍同生、同长、同辉煌的当世人，并以女作家的角度对它有着敏感的记述。

[2] 物质文化是最早在美国人类学界使用的名词，后来影响到包括艺术、经济、社会、科技史领域。国际学界公认牛津大学柯律格教授在艺术史研究中首先使用“物质文化”概念（materia culture），他旨在替代以往“装饰艺术”或“实用艺术”（decorative art，applied art）低等级的、简单的、非一流的和缺乏本质的强调物质本真的文化现象。

思想上形成了社会共识，甚至渐成制度，物质和技术条件仍是个问题。旗袍从古典时期、改良时期到定型时期经历了约半个世纪，定型旗袍所表现的完全“立体主义”发生在20世纪60年代中期到70年代中期的中国台湾、香港地区，堪称“旗袍的最后辉煌”。这一方面说明旗袍摆脱了几千年封建传统束缚的“辛路”历程，另一方面又是对中华正统的天人合一哲学和追求“敬物尚俭”理念的一次伟大实践。这一切需要证据证实，亦需要突破“有史无据”的魔咒，旗袍的物质文化研究仍是关键，技术文献和标本研究成为突破口。

二

史学界对旗袍的兴趣多集中在它的市井文化，缺乏对官方文献的研究，这带来了两个问题，一是各路说法莫衷一是，又缺乏考证，仍不能摆脱“有史无据”的魔咒；二是唯市井文化的研究成果无论如何作为正史都会令人存疑。

事实上，1912年至1942年官方文献对旗袍的表述充满着历史的逻辑和秩序。民国时期虽然经过多次政权更迭，但服制始终在与社会思潮的博弈中被推动着，地方政府和行业服制规程的出现也很多，在这些官方文献中旗袍始终是女子礼服的标准。值得研究的是，官方服制条例中都提供了清晰的旗袍图例，这为研究旗袍发展的分期和时间节点提供了重要的线索。北洋政府1913年版的《中华民国法令大全》有关“礼制服章”的图例规定了男长袍、女“裙褂”的着装标准。事实上，褂的形制已经具备了古典旗袍“倒大袖旗袍”的基本特征，成为古典旗袍的前身，北洋政府混战了16年，北洋《服制》也施行了16年，于1928年由南京国民政府废止。1929年，南京国民政府颁布《服制条例》，规定礼服采用袄裙和袍两种形式，“袄裙”是从北洋《服制》的“裙褂”发展而来的，“袍”的出现便是妇女服制改良的信号，因此它打破了汉族妇女“上衣下裳”（裙褂）的传统，脱汉制入满俗。然而，其在形制上并没有放弃十字型平面结构的中华基因，一个重要的信息就是在《服制条例》的图例中“袍”的形制一定是有中缝的，它在中国从先秦、唐宋到明清的古代服制中可释读为“准绳”[1]服码，这就是至少可以从1929年划分古典旗袍开始的原因。[2]1937年7月1日，由国民政府教育部颁布的《修正学生制服规程》规定高级中等以上学校女生制服为“长袍”，而从1929年《服制条例》的“袍”到“长袍”，这中间不足十年发生了什么？“修正”的玄机是什么？长袍中缝“准绳”消失了，同时旗袍“直线宽摆”的造型变成了“曲线窄摆”，这意味古典旗袍时代的结束，改良旗袍时代的到来。古典旗袍的历史一去不复返，使改良旗袍无任何退路地向纵深发展，创造了独一无二的“独幅旗袍料”裁剪方法和“挖大襟”技术。直到20世纪60年代中期迎来了旗袍的最后辉煌。

改良旗袍最重要的历史阶段是20世纪20年代至40年代，这也正是民国时期服制条例的时间跨度，然而其中却只字未提“旗袍”二字，这确实是旗袍史研究不可绕开的课题，这种“民热官冷”的

❶《礼记·深衣》：“古者深衣，盖有制度，以应规、矩、绳、权、衡……制十有二幅，以应十有二月。袂圜以应规，曲袷如矩以应方，负绳及踝以应直，下齐如权衡以应平。故规者，行举手以为容，负绳抱方者，以直其政，方其义也。”王文锦.礼记译解[M].北京：中华书局，2001：875-876.规矩应圆方，权衡应平稳，垂绳应企直，这便是中华服饰结构形制保持的中缝“准绳”。改良旗袍与古典旗袍的根本区别就是放弃了中缝“准绳”，但它的动机却是更具普世“敬物尚俭”的中华传统。

❷在20世纪20年代初从南到北的沿海都市，旗袍已经成为上流社会妇女的标志装束，“旗袍”也成为当时的时髦用语。1909年天津出版的《北清大观》刊出艺妓“旗装”；上海出版的1914年的《戏考》、1915年的《小说新报》中戏曲演员都以“旗装小影”成一时风尚；1921年上海出版的《解放画报》刊文《旗袍的来历和时髦》；说明旗袍在此之前已有一段历史，但形制和结构未发生根本改变，只是易名而已。

现象，或许就是史学研究重市井文化、轻官方文献的理由。但事实是，在当时“驱除鞑虏，恢复中华”大的潮流下，在官方文献中用“旗袍”有“复满”之嫌，用中性词“袍”或许是最合适的做法，这不仅有袁世凯复辟帝制闹剧的教训，在民间更有一波波旗袍易名的纷扰，且这种余波一直延续到台湾地区的“祺袍正名”事件。这正是旗袍历史发展的真实面貌。

三

在旗袍史研究中不容被学界忽视的是在港台地区的那段辉煌历史，而这段历史对民国旗袍是完全颠覆性的，但从表面看是难以察觉的。一直以来主流学界对旗袍的认知，在时空上是错乱的，这才有了百分之八九十的人误认为《花样年华》时代背景是20世纪30年代，而实际上是20世纪60年代至70年代。

2012年电影《危险关系》表现的是20世纪30年代的时代背景而影片中人物却穿着20世纪60年代至70年代的旗袍。比较这两部电影，香港导演要严肃严谨许多。那么，我们为什么要关注20世纪60年代前后旗袍的变化，它有怎样的学术价值和史学意义？它究竟在形态学上有怎样的变化？要知道海派红帮创造的旗袍历史在1966年前后被迫中断了，这正是改良旗袍从20世纪20年代初兴，20世纪30年代至40年代全盛，到20世纪50年代至60年代没落的全过程。这意味着在20世纪50

年代末旗袍面临着历史的抉择，要么成为过去，要么再造辉煌。大批红帮裁缝的精英于1949年南迁至香港和台湾，技术人才得到保证，自由贸易高度国际化的香港环境和正统国学精英构成的台湾学术生态，以实践和学术探讨的方式传承着旗袍文化，这才有了台湾20世纪70年代从“旗袍”到“祺袍”的正名运动。它的史学价值在于，经过20世纪60年代至70年代香港以实践为主导，台湾以民族化学术探索理论建构为核心，创造出彻底颠覆改良旗袍传统的定型旗袍。定型旗袍之所以能够取代改良旗袍，是因为香港社会的实践和台湾学界的学术贡献。改良旗袍在20世纪50年代走向没落，是因为世界多元的生活方式和个性表达的时尚文化，使完全中国化的“连身连袖无省”改良旗袍转变为西学中用的“分身分袖施省”定型旗袍，就是在这一时期创造了全新的中华符号，它几乎没有中国元素，却充满着“天人合一，敬物尚俭”的中华精神。这是人类造物史上的奇迹，它的证据并非难觅，技术文献和标本研究会给出答案。

四

中国传统学术历来是“重道轻器”的，视技术研究、考物匠作为雕虫小技，然而就旗袍史的三个分期而言，如果没有对技术文献和传世标本进行研究就无法得到证实。无论是古典旗袍、改良旗袍，还是定型旗袍，它们充满“天人合一，敬物尚俭”的中华精神总会落到物质形态上，在结构中总会有一种充满先人智慧的技术谋划和格物致知的经营。

旗袍三个分期标本的研究整理，是揭示敬物尚俭理念的一个有效的技术手段，找到了“布幅决定结构形态”的理由。古典旗袍之前的中华袍服，为什么固守几千年中间破缝的规制？如果深入研究标本的结构会发现，并非自古华服就有“准绳”的制度，而是古代手工织造的纺织品布幅窄，为适应褒衣博带的宽袍大袖，就要合而用之，因此一个袍身至少需要两个布幅拼接而成，可见与其说古代“准绳”是制度建设，不如说是为充分利用面料的自然科学实践的结晶。证据就是在袍服中间拼缝之外，在袖中间也有接缝，而且两处拼缝都为布边，说明一个袍身为用两个完整布幅“整裁整用”的结果。这种“人以物为尺度”的“天人合一”中华正统，在整个旗袍变革中始终坚守着，即便到了完全立体化的定型旗袍时期这种基因依然存在。

标本研究表明，古典旗袍分为无中缝结构和有中缝结构两种形制，有中缝旗袍归为旧制，无中缝旗袍归为新制，其下摆一定会收窄。由于这个时期纺织业的进步，布幅加宽，同时女权运动的人性解放使“袍”追求窄化收身美学，实现了袍身在一个完整布幅中裁出的可能，于是就出现了“独幅旗袍料”的裁剪方法和“挖大襟”技术，这意味着改良旗袍时代的到来。但标本无法获得更确切的技术和时间证据，相应的技术文献研究便给出了答案。

1921 年 4 月，上海《妇女杂志》出现了“女子服装的改良”征文悬赏；9 月号《妇女杂志》刊出庄开伯《女子服装的改良（一）》的文章，虽不是技术文献，也提出了女子服装改良的建议和方案；

11月号的《妇女杂志》又刊载了黄泽人的《女子服装改良的讨论》文章，可见当时“旗袍”称谓的使用并不普遍。而当时的时装画报则不同，1921年7月号的《解放画报》刊出了病鹤画并注的《旗袍的来历和时髦》，这是迄今发现最早公开发表记录“旗袍”的名称和图像文献，还缺一个技术文献。1925年，《妇女杂志》刊出了赵稼生的《衣服裁法及材料计算法》，经过研究证明，它是旗袍古典时期重要的技术文献，真实地记录了古典旗袍施中缝的十字型平面结构和“布幅决定结构形态”的裁剪算法，也全面而准确地诠释了1929年南京国民政府颁行《服制条例》中女袍形制的技术形态。

改良旗袍独一无二的“独幅旗袍料”裁剪方法、“挖大襟”技术和十字型曲线平面结构等都需要技术文献的支持。改良旗袍的技术文献主要发生在20世纪30年代中期，这符合技术衍生逻辑，旗袍从改良思潮、实践到成为技术文献需要一定的过程。在改良旗袍的技术文献中，如1935年的《中服裁法讲义》、1937年的《衣的制法（五） 旗袍》、1938年的《裁缝手艺》（第一卷）和1947年国民政府教育宣传部审定的《裁剪大全》都无一例外地记录了改良旗袍的全部技术信息。其中标志性的就是“独幅旗袍料”裁剪方法和“挖大襟”技术，而在古典时期和定型时期中都不存在，这是确定旗袍三个分期的关键指标。

改良旗袍到定型旗袍的20世纪50年代便是过渡期，这个时期可以归到改良期，也可以归到定型期，技术文献亦呈现了这个时期的面貌，由不充分的“分身分袖施省”到完全的“分身分袖充分施省”

意味着定型旗袍的完成。这个过程中，具有标志性的技术文献是1966年香港裁缝刘瑞贞所著的《旗袍裁剪法》，1975年著名红帮裁缝杨成贵在台湾出版的《祺袍裁制的理论与实务》成为定型旗袍的集大成者，其中“祺”字便隐含着“祺袍正名”事件。

五

古制袍服形制皆有“准绳”（中缝），如果没有技术文献和标本研究成果，研究者通常会根据古籍和图像文献研究的逻辑给出答案，而这个答案通常是先入为主的，附会大于真实（宁可倾向于行而上的结论，不愿接受行而下的结论，因为这样才更有学术价值）。因为古人编修的古籍和图像文献并不一定可靠，在书斋里追求玄学的文人们通常把读万卷书与行万里路对立起来，这样的学术传统造成了我国近代实验科学大大落后于西方的局面，也影响了中国实验哲学理论❶的形成，这才促成了王国维“二重证据法”的产生，因此没有物证研究的结论，就是学界公认的权威典籍也值得被怀疑。❷

古制袍服形制皆有“准绳”制度值得被怀疑，通过对典型的标本研究发现，它们是基于充分利用布幅所致，确凿的证据就是除中缝以外还有一条接袖缝，且两条接缝均为布边，说明袍身是由左右两个布幅完成，这显然体现了最大限度利用材料的节俭动机，可见古人是极具“功利主义”的，但并不意味着没有精神层面的追求。袍服“准绳”古制亘古不变，始于节俭动机，自然之物是神赐而非能自

❶ 近代西方实验哲学包括实验心理学、实验美学、实验伦理学、实验逻辑学和技术美学、科技史和物质文化等。

❷ “清末大学者王国维在研究甲骨文的时候发现，包括《诗经》《史记》这样千古不朽的典籍也需要怀疑了。甲骨刻辞作为殷墟时期的遗物，虽然已经经过3000多年，但记录的信息是可靠的，因为没有哪种信息和载体比当时的实物更真实可靠，即便是《史记》，如果与此相悖也值得怀疑。当王国维把甲骨契文的研究与司马迁的《史记·殷商本纪》比对时发现了《史记》的缺失。因此，有一些学者认为孔子时代的思想家们在研究殷商文化时就苦于它们的一手材料之不足，而对三百多年之后汉代的《史记》我们又有什么理由去相信它呢。这在当时的学术界刮起了一股疑古风。庆幸的是作为当时学术界领军人物的王国维并没有随波逐流，而是创造了学术研究的‘二重证据法’，即文献典籍与考古发掘考据相互补充比较的研究方法。由此建立了从疑古、释古到考古的我国史学研究的考据学派”（《中华民族服饰结构图考》（汉族编）自序“从契字结构到丝绸文明”）就学术科学而言，应更加关注考献与考物相结合而重考物的结论，因为物证往往是对文献的补充、修正，甚至会改写历史。

取，这是因为生产力低下、物质匮乏（这种情况一定在早期发生），人造之物难以得到，故要对它们倍加呵护。“尚俭”的动机最终会升华为“敬物”的伦理，这或许就是中国“天人合一”正统哲学在物质形态上的投注，所以“俭以养德”就成为中华传统文化修身的德行，值得研究的是它在整个旗袍三个分期中静谧地隐藏着，这可能就是旗袍深藏中华神韵与经典所在，当然也需要落地的证据。

古典旗袍结构形制要不要中缝取决于在一个幅宽中能不能取出一个完整的袍身。纺织业的进步使布幅加宽，收身美学使袍摆变窄，得以在一个布幅中完成一个完整袍身的设计，这意味着在一夜之间把几千年的“准绳”制度颠覆了，这不符合固有的传统逻辑，但符合经济基础决定上层建筑的真理。因为旗袍要想大众化和融入时代的社会生活方式，就必须选择一个最科学的物质形态，一个布幅完成一个袍身设计，比两个布幅完成一个袍身设计有更多的优势和好处，也为改良旗袍一系列的结构变革打下了基础。

改良旗袍在人性解放和平权思想的推动下进一步收身收摆，布幅已不再是主要矛盾，而在改良旗袍从20世纪30年代至50年代收身收摆不断加剧，但完整的袍身始终未改，因此创造了“独幅旗袍料”裁剪方法和“挖大襟”技术这种只有改良旗袍才有的划时代文化符号。从服装构造学原理分析，服装越合体，结构分割线就越丰富，对人体而言，前后中设分割线最适合塑造人体，同时中间破缝还可以使大襟分离出去，从根本上解决了“挖大襟”技术难题，使工艺去繁就简。崇尚人体美学的西方服装文化就是以中缝结构为核心塑造人体的“人本主义”思想体现，这种思想在当今社会的时尚文化中仍具统治地位。它与中国“准绳”古制完全相反，西方穿衣哲学是“物以人为尺度”，因此对“物质”[1]带有掠夺性和破坏性；东方穿衣哲学是“人以物为尺度”，因此无论是对自然之物还是对人造之物既亲近又心存敬畏。所以改良旗袍即便到了几乎裹身的程度，也宁可放弃前后中缝良好的塑造功能，而选择保全袍身的完整。“独幅旗袍料”整裁整用的“连身连袖无省结构”还有一个深意，这就是旗袍料最常用的是提花缎料，如果破缝过多会极大地破坏纤维组织和缎纹花形。[2]因此在旗袍的历史沿革中，对面料“宁整勿散”的态度，始终是对践行“敬物尚俭”理念的原则和手段。经过了近20年的变革，完全从改良旗袍“连身连袖无省”的中华结构系统中脱胎出定型旗袍的“分身分袖施省”的立体结构系统，仍保持了袍身完整的初心未改。分（有中缝）也节俭，合（无中缝）也节俭，和（合）修德也；反复审视旗袍的形制，是找寻“诗意的线条”？还是“曲曲勾出烘云托月”的东方美人？

六

至此就可以在技术文献和标本研究确凿证据的支持下勾勒出旗袍三个分期的结构图谱：20世纪20年代至30年代为旗袍初兴的古典旗袍时代，它呈现的基本结构特征就是前期有中缝的十字型直线

[1] 物质，按黑格尔的说法，分第一自然即自然之物，第二自然即人造之物。人本主义就是根据人的需要可以对第一自然和第二自然进行任意处置。

[2] 提花缎料，自古以来的艺匠方法是益整不益破，这已成为中国裁缝的行规，以此为主料的旗袍无论发生怎样的变革，这一传统始终坚守，就是完全西化的定型旗袍也不例外。

平面结构和后期无中缝的十字型直线平面结构，这种从双幅到独幅的造物理念为改良旗袍时期的到来奠定了基础。20世纪30年代末至50年代末是改良旗袍的时代，它经历了足足有30年的思想碰撞和技术历练，推升了40年代的黄金期，创生了以十字型曲线平面结构为特征的“改良旗袍”的时代语汇，打造了“独幅旗袍料”裁剪方法和“挖大襟”技术这一划时代物质文化的独享技艺。20世纪60年代至70年代在香港和台湾创造了完全可以与改良旗袍黄金时代比肩的最后辉煌。它不应该成为被学界和国人忽视的历史，因为它不仅使旗袍这个中国近现代命运多舛又辉煌的文化符号变得丰盈而深沉，更重要的是它以“分身分袖施省结构”颠覆了几千年来“连身连袖无省”的十字型平面结构中华系统，并征服了世人的感观。它几乎没有中国元素却充满着华帼的东方神韵，这不能不说是近现代践行中华物质文化返本开新的一个史学奇迹。

参考文献

白寿彝总主编；白寿彝，廖德清，施丁主编．中国通史 6 第 4 卷 中古时代 秦汉时期 下 [M]. 上海：上海人民出版社，2015：1413.

半帆．颀袍 [N]. 浙赣路讯，1947-8-9（4）.

（美）保罗·福塞尔著；梁丽真等译．格调：社会等级与生活品味 [M]. 北京：中国社会科学出版社，1998：2.

碧遥．短旗袍 [J]. 上海妇女，1938（12）：13.

病鹤画并注．旗袍的来历和时髦 [J]. 解放画报，1921（7）：6.

卜珍．裁剪大全（第三版）[M]. 广东：岭东科学裁剪学院，1947：38.

蔡明珠．服装学概论 [M]. 北京：汉家出版社，1973：48.

昌炎．十五年来妇女旗袍的演变 [J]. 现代家庭，1937（2）：51-53.

陈明章．私立大夏大学 [M]. 南京：南京出版社，1982：277.

陈戍国点校．周礼·仪礼·礼记 [M]. 长沙：岳麓书社，2006：19.

陈戍国撰．礼记校注 [M]. 长沙：岳麓书社，2004：244.

陈望道．中国女子底觉醒 [J]. 新女性，1926（9）：12-16.

陈映霞．海上流行之旗袍 [J]. 时报图画周刊，1922（10）：1.

陈永山，陈碧笙主编．中国人口（台湾分册）[M]. 北京：中国财政经济出版社，

1990：68.

程乃珊 . 上海百年旗袍 [J]. 档案春秋，2007（12）：32-36.

池子华，丁泽丽，傅亮主编 .《新闻报》上的红十字会 [M]. 合肥：合肥工业大学出版社，2014：34.

重庆市服装展览会编 . 春夏秋季服装式样 [M]. 重庆：重庆市服装博览会，1956：1-10.

戴永甫 . 永甫裁剪法 第二集 [M]. 上海：永甫服装裁剪专修班，1953：46.

（南朝宋）范晔，（晋）司马彪撰；李润英点校配图 . 后汉书 [M]. 长沙：岳麓书社，2009：1222.

（南朝宋）范晔撰；（唐）李贤注 . 后汉书 第 3 册 [M]. 北京：中华书局，1965：853.

房宏俊 . 清代后妃便服的发展演变及旗袍称谓的产生 [EB/OL].https：//www.douban.com/note/258618872/，2013-01-18/2018-7-9.

冯绮文编著 . 国服制作 [M]. 新北：辅仁大学中华服饰文化中心，1987：50.

冯绮文编著 . 旗袍制作 [M]. 新北：辅仁大学中华服饰文化中心，2013：45.

妇女杂志编辑 . 女子服装的改良——选后 [J]. 妇女杂志，1921（9）：51.

GB/T 1335.2-2008. 服装号型 [S].

高大伦，范勇编译 . 中国女性史 [M]. 成都 . 四川大学出版社，1987：68.

观我生 . 女子束胸与胸部曲线 [N]. 民国日报，1927-8-12.

广州市越秀区人民政府地方志办公室，广州市越秀区政协学习和文史委员会主编 . 越秀史稿 第 4 卷 清代 下 [M]. 广州：广东经济出版社，2015：92.

郭晓霞译注 . 古文观止译注 精编本 [M]. 北京：商务印书馆，2015：95.

汉语大词典编辑委员会，汉语大词典编纂处编 . 汉语大词典 第 12 卷 [M]. 上海：汉语大词典出版社，1993：1294.

何卓恩编 . 胡适文集 人生卷 [M]. 长春：长春出版社，2013：65-66.

胡适 . 女子问题 [J]. 妇女杂志，1922（5）：6-9.

胡尧昌 . 对于女子旗袍的小贡献 [J]. 妇女月刊，1928（5）：10.

湖南省教育史志编纂委员会编 . 湖南近现代名校史料 [M]. 长沙：湖南教育出版社，2012：3015.

黄能馥，陈娟娟编著 . 中国服装史 [M]. 北京：中国旅游出版社，1995：376.

黄泽 . 女子服装改良的讨论 [J]. 妇女杂志，1921（11）：106-108.

黄泽人 . 女子服装改良的讨论 [J]. 妇女杂志，1921（11）：106

江长仁编 . 三一八惨案资料汇编 [M]. 北京：北京出版社，1985：89-96.

赖翠英 . 旗袍短装无师自通 [M]. 台北：香港缝纫短期职业补习班，1959：21.
乐天 . 旗袍 [J]. 北平画报，1928（1）：3.
李美 . 旗袍风行好莱坞 [N]. 周播，1946-3-31（1）.
李盛平 . 中国近现代人名大辞典 [M]. 北京：中国国际广播出版社，1989：417.
李澍田主编，蒋秀松，张璇如点校摘编 . 清实录东北史料全辑 2[M]. 长春：吉林文史出版社，1990：72-73.
李曰刚等编 . 中华文汇 先秦文汇 下册 [M]. 台北：中华丛书编审委员会，1963：1345.
林博文，师永刚编著 . 宋美龄画传 [M]. 北京：作家出版社，2008：95.
林家有主编 . 孙中山研究 第 4 辑 [M]. 广州：广东人民出版社，2012：153.
刘东主编 . 中国学术 清华国学院九十周年纪念专号 总第 36 辑 [M]. 北京：商务印书馆，2016：460.
刘瑞璞，陈静洁编著 . 中华民族服饰结构图考（汉族编）[M]. 北京：中国纺织出版社，2013.
刘巍 . 中华学人丛书 中国学术之近代命运 [M]. 北京：北京师范大学出版社，2013：310.
（后晋）刘昫等撰 . 旧唐书 [M]. 北京：中华书局，1985：1331.
鲁迅著；李宏主编 . 鲁迅经典全集 散文诗歌集 [M]. 北京：北京理工大学出版社，2016：197.
陆学艺，王处辉主编 . 中国社会思想史资料选辑 晚清卷 [M]. 南宁：广西人民出版社，2007：344.
罗桑开珠 . 藏族文化通论 [M]. 北京：中国藏学出版社，2016：131.
（英）罗素著；何兆武，李约瑟译 . 西方哲学史 上卷 [M]. 北京：商务印书馆，1963：133.
旅人 . 只得由她束吧 [N]. 广州民国日报，1927-8-26.
马骥伸 . 新闻写作语文的特性 [M] 台北：新闻记者公会，1979：87.
《民族词典》编辑委员会编；陈永龄主编 . 民族词典 [M]. 上海：上海辞书出版社，1987：236.
墨珠 . 天乳运动 [J]. 北洋画报，1927（108）：2.
南浔镇志编纂委员会编 . 南浔镇志 [M]. 上海：上海科学技术文献出版社，1995：15.
内政部总务司第二科编 . 内政法规汇编 礼俗类 [M]. 重庆：商务日报馆，1930：64-65.

（宋）欧阳修，宋祁，薛居正撰 . 二十四史 附清史稿 第 6 卷 新唐书旧五代史 新五代史 [M]. 郑州：中州古籍出版社，1998：93.
（宋）欧阳修，宋祁撰 . 新唐书 卷一～卷五八 [M]. 长春：吉林人民出版社，1995：519.
潘树广等 . 古代文学研究导论——理论与方法思考 [M]. 合肥：安徽文艺出版社，1998：6.
潘怡庐 . 纯孝堂漫记：旗袍流行之由来 [J]. 绸缪月刊，1935（2）：95.
蒲风 . 旗袍与女人 [J]. 吾友杂志，1942（49）：9.
蓉 . 流行的服装 旗袍新花样 [J]. 沙漠画报，1939（28-29）：8.
商务印书馆编译所编 . 中华民国法令大全 第十四类（礼制服章）[M]. 北京：商务印书馆，1913：1.
上海人民出版社编；徐复点校 . 太炎文录初稿 [M]. 上海：上海人民出版社，2014：187-188.
上海商务印书馆编译所编纂 . 大清新法令 1901 ～ 1911 第 1 卷 点校本 [M]. 北京：商务印书馆，2010：12.
上海先施公司 . 国货特刊 [M]. 上海：先施公司，1932：32.
沈元章编著 . 简明当代香港经济 [M]. 北京：科学出版社，1990：222.
（日）石川祯浩主编；袁广泉译 . 二十世纪中国的社会与文化 [M]. 北京：社会科学文献出版社，2013：58.
施素筠 . 祺袍机能化的西式裁剪 [M]. 台北：实践大学，1979：4-9.
世芳 . 中国人爱穿洋装，外国人却爱穿旗袍 [J]. 女性特写，1936（1）：13.
树春 . 淮扬琐闻：打倒旗袍之扬州 [J]. 联益之友，1929（135）：4.
宋耀良主编 . 世界现代文学艺术辞典 [M]. 长沙：湖南文艺出版社，1988：206.
（美）特拉维斯・黑尼斯三世，（美）弗兰克・萨奈罗；周辉荣译；杨立新校 . 鸦片战争：一个帝国的沉迷和另一个帝国的堕落 [M]. 北京：生活・读书・新知三联书店，2005：192-193.
腾讯视频 .《花样年华》花絮 . 王家卫谈花样年华 上 [EB/OL].https://v.qq.com/x/cover/171x5ihq658vakc.html，2015-10-3/2018-9-12.
腾讯视频 . 苏丝黄的世界 [EB/OL]. https://v.qq.com/x/cover/xf0aoeezwvi9g7j/f0020px72ck.html，2016-05- 27/2018-9-9.
天乳运动执行委员会 . 六言昭示 [N]. 广州民国日报，1928-8-27.
铁玉钦主编 . 清实录教育科学文化史料辑要 [M]. 沈阳：辽沈书社，1991：602.
绾香阁主 . 妇女装束上的一个大问题——小衫应如何改良 [J]. 北洋画报，1927

（114）：3.
绾香阁主 . 胸衣构造说明 [J]. 北洋画报，1927（130）：3.
绾香阁主 . 中国小衫沿革图说 [J]. 北洋画报，1927（99）：3.
王圭璋编著 . 妇女春装 [M]. 上海：上海文化出版社，1956：23-24.
王国维 . 王国维考古学文辑 [M]. 南京：凤凰出版社，2008：25.
王开林 . 民国女人：岁月深处的沉香 [M]. 北京：东方出版社，2013：363.
王淑林 . 裁缝手艺（第一卷）[M]. 沈阳：伪满洲国图书株式会社，1938：55.
王巍总主编 . 中国考古学大辞典 [M]. 上海：上海辞书出版社，2014.
王晓威编著 . 服装设计风格（第 3 版）[M]. 上海：东华大学出版社，2016：23.
王宇清 . 历代妇女袍服考实 [M]. 台北：台湾中国祺袍研究会，1975：27.
王宇清 . 中国服装史纲 [M]. 台北：中华大典委员会出版发行，1967.
夏燮 . 粤氛纪事 [M]. 北京：中华书局，2008：83.
夏征农，陈至立主编 . 大辞海 民族卷 [M]. 上海：上海辞书出版社，2012：220.
香港服装史筹备委员会 . 香港服装史 [M]. 香港：香港制衣业总商会，1992：22.
香港历史博物馆编 . 百年时尚：香港长衫故事 [M]. 香港：香港历史博物馆，2013：18-20.
香港中国国货公司 . 广告 [N]. 申报，1939-5-3（1）.
向明昇 . 高跟鞋和长旗袍考 [J]. 红玫瑰，1931（28）：4.
肖振鸣编 . 鲁迅读人 [M]. 桂林：漓江出版社，2013：151.
萧山，丁察盦 . 现行法令全书 [M]. 北京：中华书局，1922：61.
萧一山 . 中国近代史概要 [M]. 台北：三民书局股份有限公司，1963：26.
小人 . 世界小事记 [J]. 礼拜六，1921（102）：23-24.
修广翰编著 . 祺袍裁制法 [M]. 台北：京沪祺袍补习班，1960：80.
徐讦编著 . 小说录要 [M]. 台北：正中书局，1988：48.
徐潜主编 . 中国古代典章制度 [M]. 长春：吉林文史出版社，2014：163.
徐青宇 . 妇女问题讲座——为什么要叫做旗袍呢 [J]. 女子月刊，1933（3）：37-38.
徐吴兰英 . 妇女必需的乳罩 [J]. 玲珑，1932（63）：580-581.
《续修四库全书》编纂委员会 . 续修四库全书 457 史部诏令奏议类 [M]. 上海：上海古籍出版社，1996：29.
宣元锦等 . 衣的制法（五） 旗袍 [J]. 机联会刊，1937（166）：18-20.
许地山 . 女子的服饰 [J]. 新社会，1920（8）：5.
许嘉璐主编 . 中国古代礼俗词典 [M]. 北京：中国友谊出版公司，1991：6.

严勇，房宏俊主编 . 天朝衣冠：故宫博物院藏清代宫廷服饰精品展 [M]. 北京：紫禁城出版社，2008：115.

严勇，房宏俊，殷安妮主编 . 清宫服饰图典 [M]. 北京：紫禁城出版社，2010：212.

严勇，房宏俊，殷安妮主编 . 清宫服饰图典 [M]. 北京：紫禁城出版社，2010：232.

颜波光 . 穿旗袍的危险 [J]. 妇女，1928（1）：9.

颜品忠等主编 . 中华文化制度辞典 [M]. 北京：中国国际广播出版社，1998：428.

杨成贵 . 祺袍裁制的理论与实务 [M]. 台北：杨成贵印行，1975：24.

杨成贵 . 祺袍裁制的理论与实务 [M]. 台北：杨成贵印行，1975：98.

杨春 . 淮扬琐闻：打倒旗袍之扬州 [J]. 联益之友，1929（135）：4.

杨金鼎主编 . 中国文化史词典 [M]. 杭州：浙江古籍出版社，1987：162.

杨松，邓力群辑；荣孟源重编 . 中国近代史资料选辑 [M]. 北京：生活·读书·新知三联书店，1954：117.

姚念慈 . 略论八旗蒙古和八旗汉军的建立 [J]. 中央民族大学学报，1995（6）：23-31.

叶浅予 . 旗袍外之背心 [J]. 玲珑，1932（51）：21.

叶浅予 . 旗袍之变迁 [J]. 上海画报，1927（304）：2.

叶浅予 . 围巾与长旗袍 [J]. 玲珑，1931（35）：1390.

叶浅予 . 最近的旗袍 [J]. 上海漫画，1929（68）：4.

一知 . 节约与短旗袍 [J]. 现代家庭，1938（5）：7.

伊凡 . 评“长旗袍”：复古思想之又一面 [J]. 循环，1931（6）：107.

佚名 .“神女”中之邢少梅·阮玲玉 [J]. 影迷周报，1934（7）：18.

佚名 . 艾娃·加德纳在星穿中国旗袍招待记者 [N]. 华侨日报，1954-12-25.

佚名 . 大清法律汇编 [M]. 杭州：麟章书局，1910：479.

佚名 . 对于妇女服装问题之管见 [N]. 顺天时报，1919-8-6.

佚名 . 妇女服装问题之商榷 [N]. 顺天时报，1918-8-2.

佚名 . 改良服装与俗尚 [N]. 新闻报，1920-1-1.

佚名 . 节约中的新产物——足以节省歌女们大部分支出的短旗袍值得提倡 [J]. 光华，1938（1）：25.

佚名 . 梅兰芳之旗装 [J]. 上海画报，1928（359）：1.

佚名 . 美国今年流行三种东方式时装 [N] 华侨日报，1956-3-23.

佚名 . 孟小冬旗装 [N]. 京津画报，1927-8-25（2）.
佚名 . 民校高级中服裁法讲义 [M]. 长沙：湖南省立农民教育馆，1935：73.
佚名 . 名伶小影——旗装之梅兰芳 [J]. 戏考，1914（5）：1.
佚名 . 内衣展览 [J]. 知识画报，1937（6）：2.
佚名 . 女明星的内衣 [J]. 玲珑，1931（13）：460.
佚名 . 旗袍的发展成功史 [J]. 沙乐美，1937（2）：1.
佚名 . 旗袍的美 [J]. 国货评论刊，1928（1）：2-4.
佚名 . 旗袍的旋律 [J]. 良友，1940（1）：65-66.
佚名 . 旗袍风行美国 [J]. 都会，1939（10）：171.
佚名 . 旗袍画图 [J]. 上海漫画，1928（1）：4.
佚名 . 旗袍与小马甲 [J]. 玲珑，1933（45）：1.
佚名 . 旗袍之流行 [J]. 中国大观（图画年鉴），1930：229.
佚名 . 劝导女界改良服装动议 [N]. 新闻报，1918-5-24（7）.
佚名 . 日本盛行中国旗袍 [J]. 玲珑，1934（15）：909.
佚名 . 乳罩篇 [J]. 都会，1939（7）：2.
佚名 . 上海妇女衣服时装 [J]. 良友，1926（5）：13-14.
佚名 . 上海命运暗淡经济急速衰落 [N]. 华侨日报，1949-7-21.
佚名 . 世界小姐时装表演团赴香港演出 [N]. 华侨日报，1962-3-11.
佚名 .“太平”“建元”两轮在海面互撞沉没，乘客千余名尽遭灭顶 [N]. 中华时报，1949-2-1.
佚名 . 天津第一名花贾玉文旗装小影 [J]. 小说新报，1915（4）：1.
佚名 . 新式旗袍 [J]. 妇女新装特刊，1928（1）：48.
佚名 . 外国妇女爱穿中国旗袍 [N]. 工商晚报，1956-11-6.
佚名 . 舞台技术 [J]. 中山学报，1941（创刊号）：97.
佚名 . 夏季时装 旗袍式 [J]. 良友，1935（106）：41.
佚名 . 衣之研究 [J]. 国货评论刊，1928（1）：2.
佚名 . 艺人阮玲玉一生的贡献 [J]. 联华画报，1934（7）：26.
佚名 . 长旗袍衬长裤是一九三二年的流行 [J] 玲珑，1932（49）：1.
佚名 . 中国女飞行家在美国 [J]. 良友，1939（149）：30.
佚名 . 中国女子服装改良 [N]. 顺天时报，1918-6-30.
英国柯林斯出版公司 . 柯林斯高阶英汉双解学习词典 [M]. 北京：外语教学与研究出版社，2017.
俞鹿年编 . 历代官制概略 [M]. 哈尔滨：黑龙江人民出版社，1978：590.

张爱玲 . 更衣记 [J]. 古今，1943（12）：25-29.
张建文 . 中国人体美之一 [N]. 大亚画报，1929-9-10（2）.
张竞生 . 裸体研究 [J]. 新文化，1926（创刊号）：63.
张竞生 . 张竞生文集 上 [M]. 广州：广州出版社，1998：276.
张莲波 . 辛亥革命时期的妇女社团 [M]. 开封：河南大学出版社，2016：320.
张相会 . 胸部解放与衣服改良的问题 [N]. 大公报，1928-11-8.
（清）张玉书，（清）陈廷敬总阅 . 康熙字典 [M]. 香港："中华书局"，1958：14.
（汉）郑玄注；（唐）孔颖达正义；吕友仁整理 . 十三经注疏 礼记正义 下 [M]. 上海：上海古籍出版社，2008：1723.
赵刚，张技术，徐思民编著 . 西方服装史 [M]. 上海：东华大学出版社，2016：15.
赵稼生 . 衣服裁法及材料计算法 [J]. 妇女杂志，1925（9）：1450-1465.
中共中央马克思恩格斯列宁斯大林著作编译局编 . 马克思恩格斯文集（第二卷）[M]. 北京：人民出版社，2009：66.
中国第一历史档案馆编 . 雍正朝汉文谕旨汇编第 10 册世宗圣训 [M]. 桂林：广西师范大学出版社，1999：399.
中国社会科学院近代史研究所中华民国史研究室等编 . 孙中山全集 第 2 卷 [M]. 北京：中华书局，1982：61.
中华民国内政部，金陵大学等 . 金陵大学遵照教育部训令实施学生服装姿态规范化的文书 [B]. 南京：中国第二历史档案馆，1929 ～ 1947：六四九—1533.
中华全国妇女联合会编 . 中国妇女运动百年大事记 1901 ～ 2000[M]. 北京 . 中国妇女出版社，2003：3.
中华全国妇女联合会妇女运动史研究室编 . 中国妇女运动历史资料 1921 ～ 1927[M]. 北京：人民出版社，1986：505.
中华人民共和国国务院新闻办公室 中国网 . 辛丑条约 [EB/OL].http：//www.china.com.cn/aboutchina/zhuanti/zg365/2009-09/04/content_18467115.htm，2009-9-4/2018-6-9.
中华书局辞海编辑所修订 . 辞海试行本 第 8 分册历史 [M]. 中华书局辞海编辑所，1961：244.
中央工艺美术学院服装研究班编著 . 服装造型工艺基础 [M]. 北京：中国轻工业出版社，1981：224-226.
忠澄 . 妇女冬季新装说明 [J]. 民众生活，1930（21）：4.
周松芳编著 . 民国衣裳：旧制度与新时尚 [M]. 广州：南方日报出版社，2014：1-2.

周锡保．中国古代服饰史 [M]. 北京：中国戏剧出版社，1984：534.
朱家骅．提议禁革妇女束胸 [N]. 广州民国日报，1927-7-8.
朱荣泉．女子着长衫的好处 [N]. 民国日报，1920-3-30.
朱向东主编；国务院人口普查办公室编．世纪之交的中国人口 香港卷 [M]. 北京：中国统计出版社，2005：140.
朱鸳雏．旗袍《调寄一半儿》[J]. 礼拜六，1921（101）：34-35.
朱震亚编绘．时装裁剪 [M]. 北京：育美服装学校，1983：68.
庄开伯．女子服装的改良（一）[J]. 妇女杂志，1921（9）：39.
紫罗兰．衣服 [J]. 京戏杂志，1936（3）：27.

附录一 标本信息采集与结构图复原方法

结构信息采集的基本方法是通过测量点与测量线共同确定坐标测量相关数据。首先要根据标本的结构特征确定测量点。然后再根据服装以前后中线对称的特点，将这些测量点按对称原则依次连线，构建结构尺寸的坐标线，测量并获取结构数据，然后绘制出标本的基本轮廓。最后针对细节尺寸进行补充，直至完成结构图的绘制。因为测量的全部过程是采用软尺直接在服装本体上测量，因此将其命名为“接触式测量法”。

接触式测量法不仅适用于具有十字型平面结构的传统长（短）衣，如氅衣、衬衣、旗袍、长（短）马甲、马褂、长衫甚至是少数民族服饰，且不受着装者性别的影响，是一种“多类通行”的方法。而针对具有立体结构的定型旗袍，在遵循坐标定位原则的前提下，仅是增加了对于省缝的测量，因此接触式测量法具有良好的适应性。下文将以北京服装学院民族服饰博物馆馆藏旗袍过渡时期典型的标本实物驼灰色印花绸无袖旗袍为例，对标本结构信息采集的方法加以说明（图1）。

图 1 驼灰色印花绸无袖旗袍
来源：北京服装学院民族服饰博物馆藏

一、准备工作

在测量工作开始前，首先要完成工具的准备。接触式测量法的必要工具有高密泡沫板、白坯布、缝纫用极细大头针和皮尺。高密泡沫板作为测量的基础工具，是一种具有一定弹性且形态相对固定的造型材料，用大头针插入其中也不容易活动，可以保证扎针位置的稳定性。高密泡沫板的尺寸要大于待测样本，厚度要大于备用的缝纫用极细大头针的长度，测量前应先在高密泡沫板的表面附着一块水洗脱浆的无色棉布以保护标本。使用极细类型的大头针是为了减小对标本的损伤并降低穿透阻力，细针具有韧性故不易折断，且拔出后不易在标本上留下痕迹，是为了将标本和皮尺固定在附着了白棉布的高密泡沫板上。皮尺是接触式测量法的主要工具，也是确定基础坐标线的道具，一般需要至少 5 条以上，应选用 PVC+ 玻璃纤维材料制成的不易变形的优质皮尺，以减小测量误差（图 2）。

然后是观察记录标本的基本状态，绘制标本平面外观图，对标本的完整度、材质、类型、结构、工艺、裁剪纱向、形制、颜色、纹饰等内容尽可能详细地记录，并将以上信息整理誊抄在标本基础信息表中。

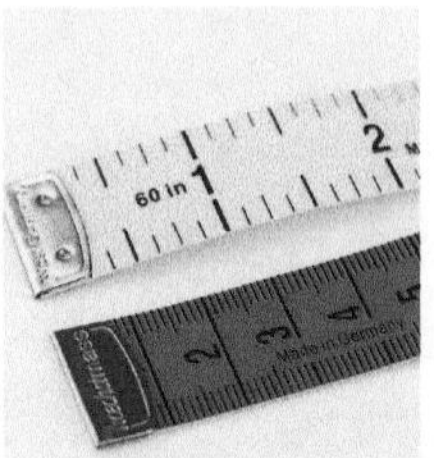
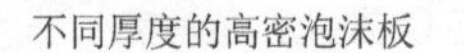

不同厚度的高密泡沫板　　脱浆的无色棉布　　缝纫用极细大头针　　优质皮尺

图 2　接触式测量法的必要工具

本例所示驼灰色印花绸无袖旗袍结构信息完整、保存状态完好，无明显破损和污渍，面料无褪色。其结构为十字型曲线平面结构，无前后中破缝，短袖且无接缝，领型为立领，有绲边装饰，前领、大襟转弯处、腋下各有一对扣袢固定，袖口尺寸小于袖根尺寸，衣身、里布下摆均无拼接，里襟长度、宽度小于面襟，腰线上提、臀部突出，侧缝为曲线结构，下摆向内微收。

标本基础信息记录是信息采集的重要环节，将对后续结构图的复原提供框架性指导，为此设计了标本基础信息表（表 1），其中主辅料颜色的判定一般以潘通色卡为标准，目测比对后进行记录。

表 1　驼灰色印花绸无袖旗袍标本基础信息表

名称	驼灰色印花绸无袖旗袍		
材质	印花绸	类型	女子服饰
类别	袍	年代	1930s ～ 1940s
基础结构	十字型平面结构	工艺	绲边、夹里
完整情况	良好	颜色	主料：14-6408TPX 辅料：15-0703TPX
裁剪纱向	经纱裁剪	纹饰	彩色印花

续表

名称	驼灰色印花绸无袖旗袍	
衣长情况	过膝	外观图 正视　背视
腰身情况	有，且腰线上提	
领型	齐领	
袖型	无袖	
前后中	无破缝	
开衩情况	膝上低开衩，左右各一	
扣袢位置	领口、腋下、大襟各一	
下摆造型	轻微内收	
绲边情况	外弧	
贴边情况	宽绲边装饰	
里布情况	领口、大襟、开衩、下摆	
缝制方式	有	
工艺特征	手工缝制	

二、测量点与坐标线的确定

依据旗袍技术文献和行业习惯确定测量点，通过旗袍各部位关键结构，自上而下确定通袖长、挂肩（胸围高）、领围、胸围、腰围、臀围、下摆围等尺寸，与之相对应的领深、胸高、腰节长、臀高、衣长是确定维度尺寸的关键。根据文献资料汇总整理后得出结构复原的 12 个测量点，并与标本保持准确的对应关系（图 3、表 2）。

测量点的设定和现行服装结构制图中常用的标记点一致，是长度测量的起点和终点，其连线可以作为水平位置测量的基准线。除中文

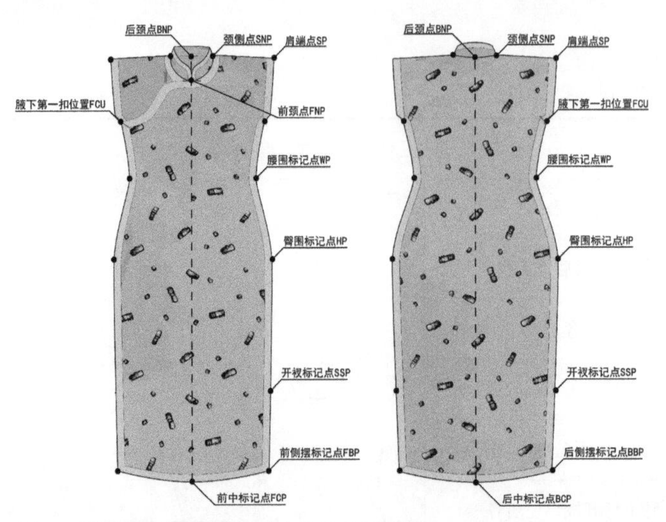

图 3　测量点在实物标本对应关系的示意图

标准名外，亦根据《中华人民共和国国家标准 GB/T 15557-2008 服装术语》提供标准的英文译名，提高其作为标准计量位置的适应性。

表 2　标本信息采集测量点

序号	中文	英文	代号	位置	用途
1	后颈点	back neck point	BNP	后领口最低处	测量后领深、横开领、领围、衣长等
2	侧颈点	side neck point	SNP	领口与肩线交点	测量领围、衣长、小肩宽等
3	前颈点	front neck point	FNP	前领口最低处	测量前领深、横开领、领围等
4	肩点	shoulder point	SP	肩宽处止口	测量肩宽、袖窿深等
5	腋下第一扣位置	frist clasp of underarm	FCU	腋下第一粒扣位置	测量袖窿深、胸围等
6	腰围标记点	waist point	WP	腰围最小处	测量腰节长、腰围等
7	臀围标记点	hip point	HP	臀围最大处	测量臀高、臀围等
8	开衩标记点	side slit point	SSP	开衩位置	测量开衩高等
9	前侧摆标记点	front bottom point	FBP	前下摆	测量前下摆围、前下摆起翘量等
10	后侧摆标记点	back bottom point	BBP	后下摆	测量后下摆围、后下摆起翘量等
11	前中标记点	front central point	FCP	下摆与前颈点垂直位置	划定前中线、测量前衣长等
12	后中标记点	back central point	BCP	下摆与后颈点垂直位置	划定后中线、测量后衣长等

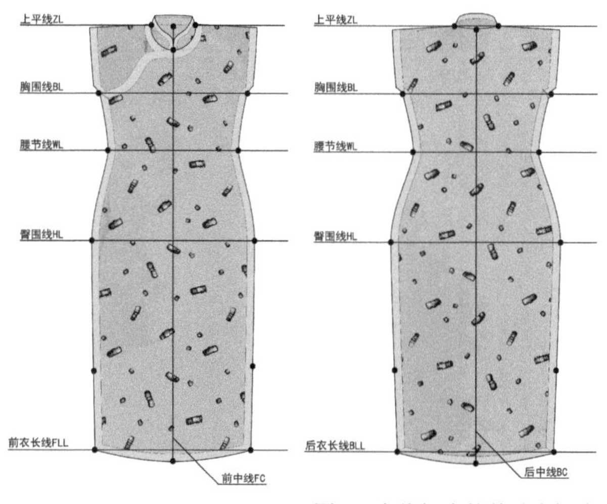

图4　实物标本的基础坐标线

通过对以前、后中线对称的各基础测量点位置连线，形成与之垂直的坐标线。表3所记录的8个基础坐标线是根据文献资料汇总整理后得出的结构复原基准线，与标本保持对应关系（图4、表3）。

表3　标本测量的基础坐标线

序号	中文	英文	代号	用途
1	上平线	zero line	ZL	测量的基础线
2	胸围线	bust line	BL	测量前、后衣片胸围
3	腰节线	waist line	WL	测量前、后衣片腰围
4	臀围线	hip line	HL	测量前、后衣片臀围
5	前衣长线	front length line	FLL	测量前衣长等
6	后衣长线	back length line	BLL	测量后衣长等
7	前中线	front centra	FC	确定标本的中心对称线
8	后中线	back central	BC	确定标本的中心对称线

测量开始前，需先将标本水平放置于附着了白棉布的高密泡沫板之上，并按照纱向整理标本。整理过程中要保证纬纱平服，做到左右平衡以避免出现纬纱偏斜造成的数据测量误差（图5）。

图5 标本整理的标准

待标本整理完毕，根据前文确定测量点的方法使用大头针对标本进行标记的同时也将标本固定于高密泡沫板上。通常标记的顺序为由上至下，由左至右，以大襟一侧的侧颈点为起点，以下摆处前（后）中线标记点为终点，按照图6所示顺序依次完成标注。在完成标记点的同时，还应该不断调整标本，最终保证其平服，待所有测量点标记完成后，对标本进行拍照记录。

当测量点标记完成后，根据前文确定测量线的方法进行坐标线的确定。坐标线的确定原则是首先需要确定标本的前（后）中线，然后依照由上至下的顺序，通过以前（后）中线水平对称的测量点确定坐标线。应当注意的是，每条坐标线都应该与前（后）中线保持垂直，不同坐标线之间应相互平行（图7）。

三、标本测量

标本长度、宽度尺寸的采集要遵循由上至下、由高至低的基本原则进行。先测量标本前身的相关尺寸并记录完毕，再翻转标本测量后身的相关数据。标本前、后身长度方向和围度方向的关键数据

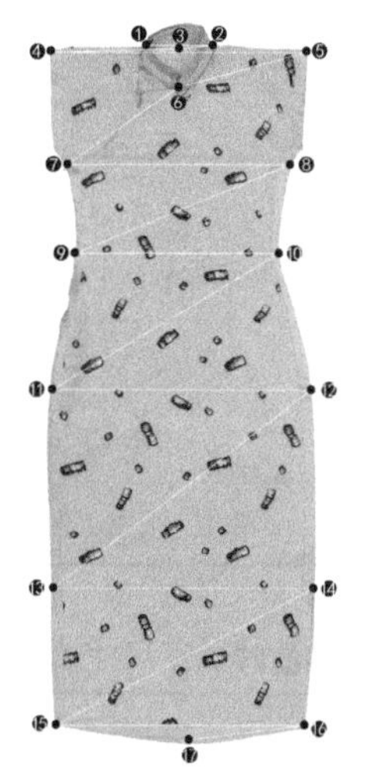

图 6　测量点正确标记顺序

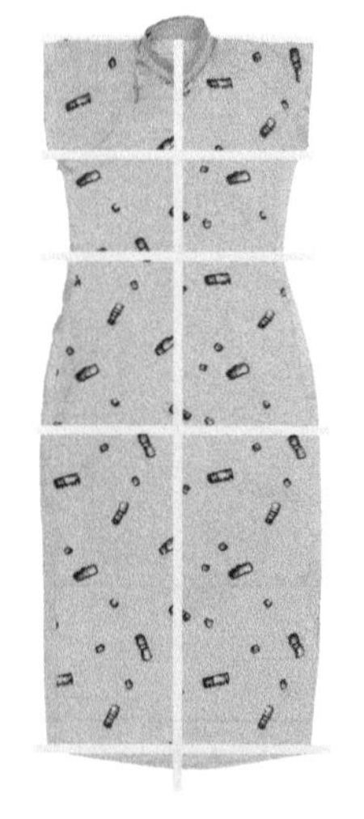

图 7　构建完成的坐标线

各 15 项。其中前领深尺寸可以通过前衣长与前中长的差量计算得出，横领宽尺寸可以根据通袖长与肩宽（袖长）的差值计算得出，故不作为关键数据（表 4、表 5）。

表 4　标本前片长宽尺寸的测量方法

序号	位置	名称	测量方法
1	长度	前衣长	上平线至前中标记点的垂直距离
2		前落肩	上平线至肩点的垂直距离
3		前中长	前脖颈点至前中标记点的垂直距离
4		前胸围高	上平线至胸围线的垂直距离
5		前腰节长	上平线至腰节线的垂直距离
6		前臀围高	上平线至臀围线的垂直距离
7		开衩高	开衩标记点至前衣长线的垂直距离
8		前下摆翘高	前衣长线至前中标记点的垂直距离
9	宽度	通袖长	在上平线上量两肩端点（袖口）的直线长度
10		肩宽（无袖）	在上平线上量侧脖颈点至肩端点的直线长度
11		前袖口宽	沿袖口测量

续表

序号	位置	名称	测量方法
12	宽度	前胸围	在胸围线上测量两腋下第一扣位置间的距离
13		前腰围	在腰节线上测量两腰围标记点之间的距离
14		前臀围	在臀围线上测量两臀围标记点之间的距离
15		前下摆宽	在前衣长线上测量两前侧摆标记点之间的距离

表 5　标本后片长宽尺寸的测量方法

序号	位置	名称	测量方法
1	长度	后衣长	上平线至后中标记点的垂直距离
2		后中长	后脖颈点至后中标记点的垂直距离
3		后落肩	上平线至肩点的垂直距离
4		后胸围高	上平线至胸围线的垂直距离
5		后腰节长	上平线至腰节线的垂直距离
6		后臀围高	上平线至臀围线的垂直距离
7		开衩高	开衩标记点至后衣长线的垂直距离
8		后下摆翘高	前衣长线至前中标记点的垂直距离
9	宽度	后通袖长	在上平线上量两肩端点（袖口）的直线长度
10		后肩宽（无袖）	在上平线上量侧脖颈点至肩端点的直线长度
11		后袖口宽	沿袖口测量
12		后胸围	在胸围线上测量两腋下第一扣位置间的距离
13		后腰围	在腰节线上测量两腰围标记点之间的距离
14		后臀围	在臀围线上测量两臀围标记点之间的距离
15		后下摆宽	在后衣长线上测量两前侧摆标记点之间的距离

通过测量前后衣身长宽的 31 个尺寸，可以基本还原标本的结构框架，但仍然不能完整记录如大襟、里襟、领子、贴边等结构，因此需要在细节上对特殊尺寸进行测量，此时可以截取基础坐标线的

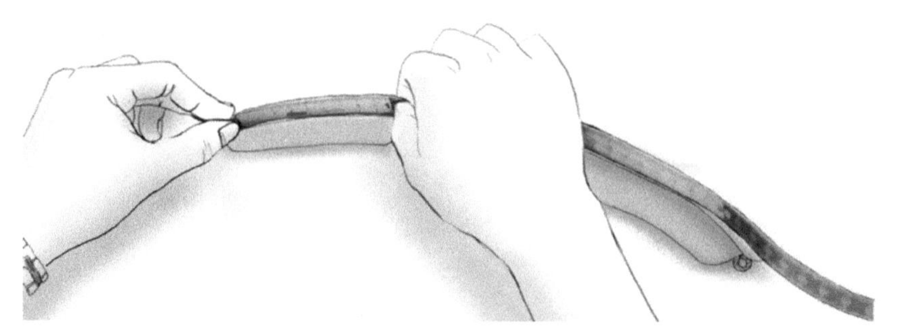

图 8 领口的测量方法

一部分或者重新建立一些特殊坐标线，抑或使用特殊手法。如测量领口尺寸时，需先将领子完全铺平后，将皮尺竖直沿边缘接触到领子与衣身领口的缝合位置，以 3 厘米至 5 厘米为一段，分段测量领口一周并进行记录（图 8）。如果标本没有挖后领深，衣片领口尺寸的测量以前颈点、侧颈点为基础，确立“井”字形坐标线，以前颈点、后颈点为对称轴，左右分别测量相加、复核（图 9）。测量大襟和里襟等曲线时，以前中线作为坐标线，每间隔 3 厘米至 5 厘米测量一次里襟外沿到前中线的垂直距离，并根据这些尺寸画出里襟的边缘线（图 10）。

四、尺寸测量的记录与结构图复原

在对标本进行测量的过程中应根据多次测量的结果计算出平均值，再将结果记录于表 6 中。当某一项尺寸经两次测量误差超过 0.5 厘米以上时，则该尺寸需要重新测量。待全部尺寸测量完成后，应按照测量顺序、位置和前（后）中线对称的原则绘制测量数据标记图（图 11）。

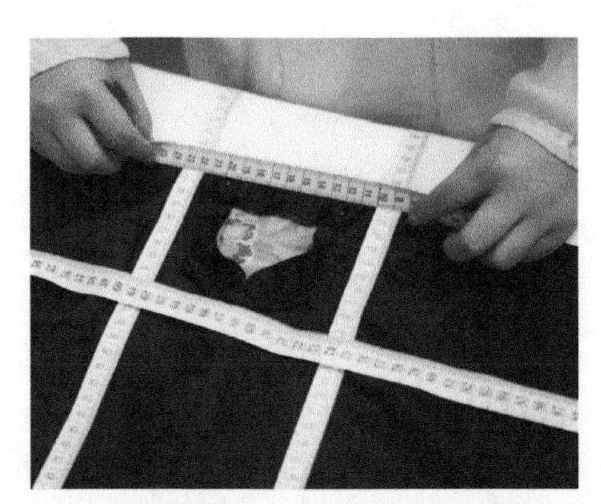

图 9　确立测量领口用“井”字形坐标线的示意

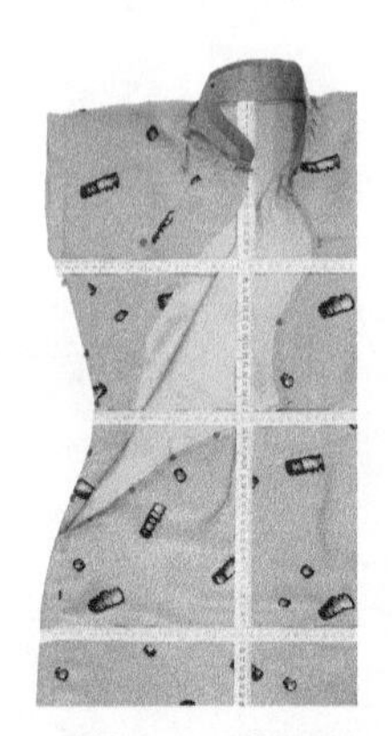

图 10　里襟测量

测量数据标记图的绘制过程实际上是测量数据查漏补缺的过程，任何关键数据的遗漏都会影响它的完整性，使得制图过程无法继续，因此按照顺序测量至关重要。当确定完标本全部测量点后将它们连线，就可以得到标本的基础结构框架图，这也是结构图复原的基础（图 12）。

表 6　驼灰色印花绸无袖旗袍测量数据表　　单位：厘米

序号	名称	第一次	第二次	第三次	三次平均值
1	前衣长	119	119.2	118.9	119
2	前落肩	—	—	—	—
3	前中长	111.9	112	112	112
4	前胸围高	18.3	18.2	18.4	18.3
5	前腰节长	34	34	34	34
6	前臀围高	56.5	56.7	56.4	56.5
7	前开衩高	21.7	21.6	21.6	21.6
8	前下摆翘高	4.6	4.4	4.5	4.5
9	通袖长	45.8	46	46.2	46

续表

序号	名称	第一次	第二次	第三次	三次平均值
10	肩宽	17	17.1	17	17
11	前袖口宽	16.6	16.6	16.6	16.6
12	前胸围	40.7	40.6	40.4	40.6
13	前腰围	36.6	36.5	36.5	36.5
14	前臀围	44.7	44.9	45	44.9
15	前下摆宽	43	43	43	43
16	后衣长	119	119.2	118.9	119
17	后中长	118.2	118.1	118.4	118.2
18	后落肩	—	—	—	—
19	后胸围高	18.3	18.3	18.2	18.3
20	后腰节长	34	34	34	34
21	后臀围高	56.5	56.7	56.4	56.5
22	后开衩高	23	23.2	23.1	23.1
23	后下摆翘高	3	3	3	3
24	后通袖长	46	46	46	46
25	后肩宽（无袖）	16.6	16.5	16.6	16.6
26	后袖口宽	17.3	17.1	17.3	17.2
27	后胸围	40.5	40.6	40.5	40.5
28	后腰围	38.4	38.6	38.5	38.5
29	后臀围	44.8	44.9	44.7	44.8
30	后下摆宽	43	43	43	43

大襟、里襟、贴边等特殊位置应根据样本实际情况按照坐标点定位测量法具体测量。全部尺寸测量完成后，将相应数据和测量数据标记图信息填录到表 7 测量数据表内，不易说明的特殊尺寸也可用图示的形式补充。

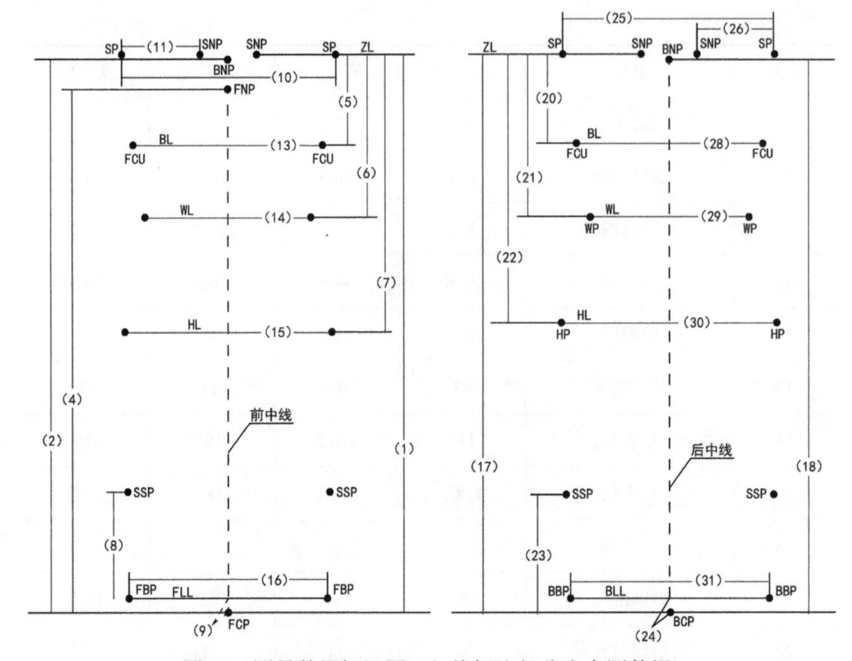

图 11　测量数据标记图（红线标注部分为实测数据）

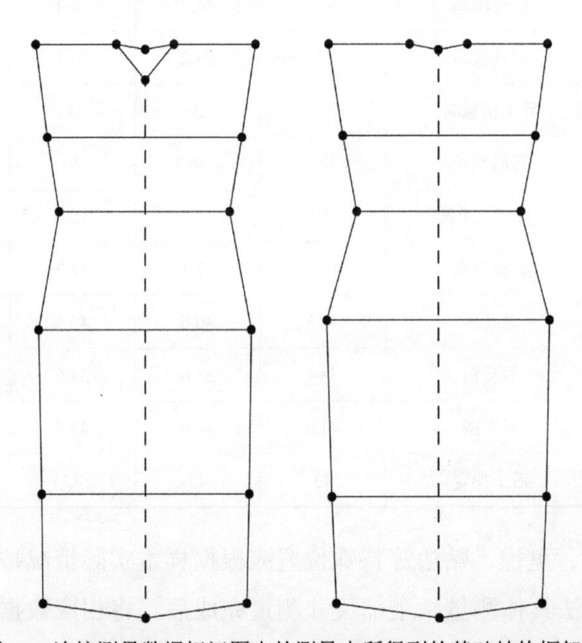

图 12　连接测量数据标记图中的测量点所得到的基础结构框架图

表 7　驼灰色印花绸无袖旗袍标本测量数据表　单位：厘米

序号	名称	尺寸	序号	名称	尺寸
1	前衣长	119	16	后中长	118.3
2	前中长	112	17	后胸围高	18.3
3	前胸围高	18.3	18	后腰节长	34
4	前腰节长	34	19	后臀围高	56.5
5	前臀围高	56.5	20	后开衩高	23.1
6	前开衩高	21.6	21	后下摆翘高	3
7	前下摆翘高	4.5	22	后通袖长	46
8	通袖长	46	23	后肩宽（无袖）	17
9	肩宽（无袖）	17	24	后袖口宽	16.6
10	前袖口宽	16.6	25	后胸围	40.5
11	前胸围	40.6	26	后腰围	38.5
12	前腰围	36.5	27	后臀围	44.8
13	前臀围	44.8	28	后下摆宽	43
14	前下摆宽	43	29	绲边	3.5
15	后衣长	119			

在完成全部信息采集工作后，即可以开始进行结构图的复原。结构图是对标本结构的忠实还原，接触式测量法的应用为这一过程提供了可靠的基础数据。将之前获取的尺寸信息和结构采集信息汇总整理，就可以完成标本结构复原图。完整的结构复原图应由主体结构测绘图、内贴边测绘图和裁片毛样结构复原图（净样基础上加放缝份）三部分组成（图 13）。需要注意的是，本例衣身因全部滚边，所以布边为净缝，仅里襟和领片为毛缝。

接触式测量法作为服饰实物研究的标准实验方法，是测量与结构图复原两个步骤的重要衔接。它具有简便、实用、快捷、适应性强等特点，是纺织实物考古研究中不可或缺的重要步骤。在实际操

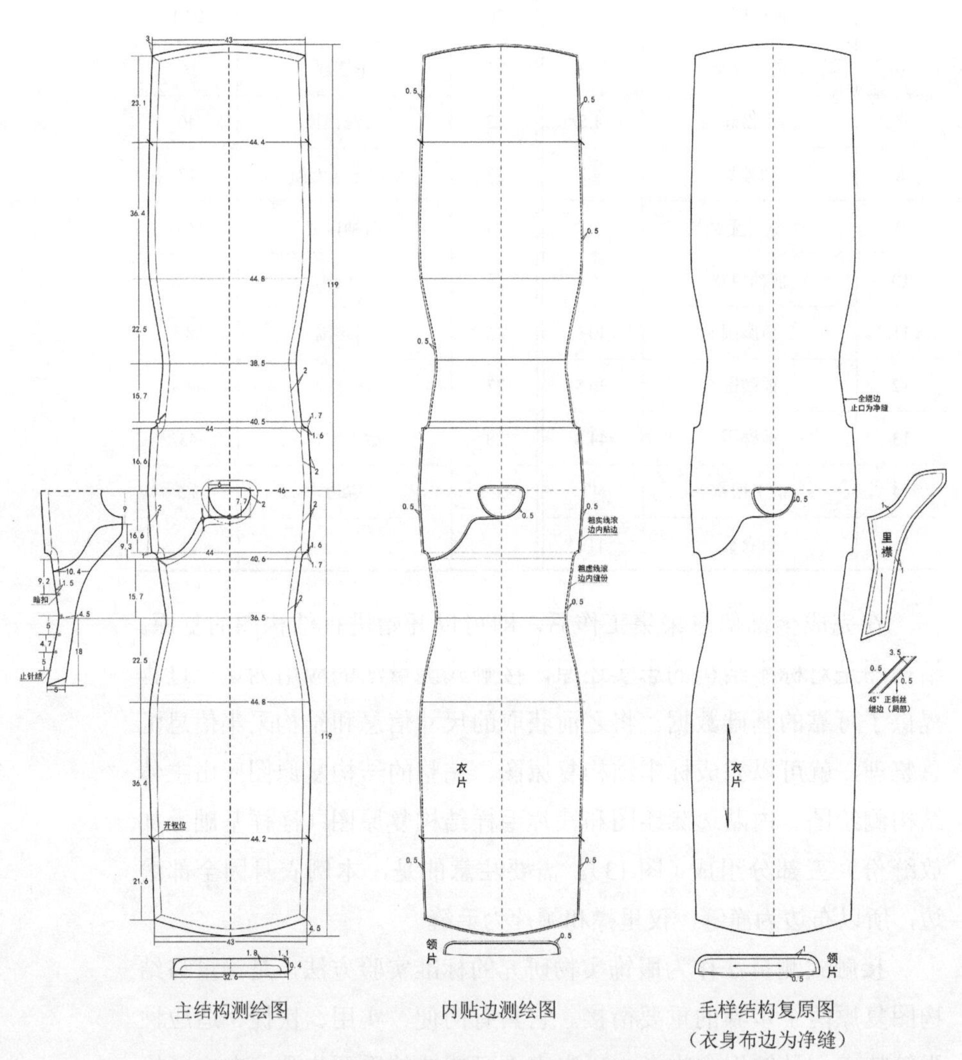

图13 驼灰色印花绸无袖旗袍标本结构复原图（单位/厘米）

作的过程中，实验者必须具备一定服装结构与造型学的专业知识，才能确保信息采集的准确性。

接触式测量法提供了一套标准化的测量流程，按照标准顺序完成测量过程的同时也是在不断地修正测量数据，尽可能减小误差。在实际应用中，该方法所提出的“测量点”与“坐标线”的概念可根据具体实验标本的不同进行细微的调整，具有较强的适应性。随着实验者对该方法的深入学习与经验积累，可以胜任更复杂的古代服饰标本的信息采集和复原工作。对于不足百年的旗袍标本，这种方法可以获得更多一手且具有价值的信息。

附录二 标本信息表录

（正文未提供）

附表1　蓝布倒大袖夹里旗袍基础信息表（结构复原图见图11-3）

名称	蓝布倒大袖夹里旗袍		
材质	棉	类型	女子服饰
类别	旗袍	年代	1920s
基础结构	十字型直线平面结构	工艺	绲边、嵌线、夹里
完整情况	良好	颜色	17-4131TPX
裁剪纱向	经纱裁剪	纹饰	菱格纹
衣长情况	过膝至踝	外观图 	
腰身情况	无		
领型	方领		
袖型	原身出袖		
前后中	破缝		
开衩情况	无开衩		
扣袢未知	领子两粒，大襟一粒，侧缝五粒	正视	

续表

<table>
<tr><td>名称</td><td colspan="2">蓝布倒大袖夹里旗袍</td></tr>
<tr><td>下摆造型</td><td>呈弧形向外扩张</td><td rowspan="6">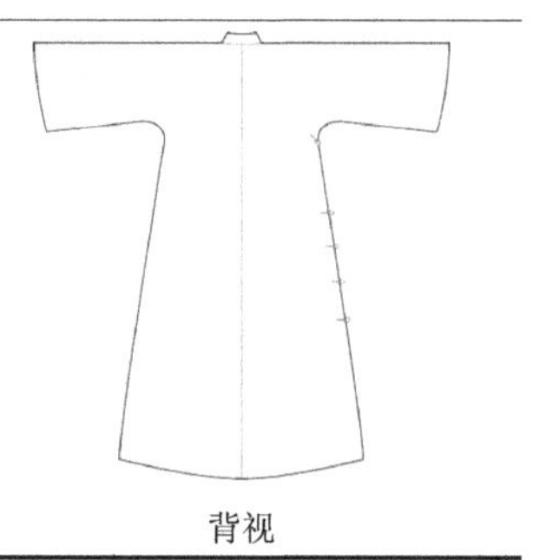
背视</td></tr>
<tr><td>绲边情况</td><td>蕾丝边装饰</td></tr>
<tr><td>贴边情况</td><td>无</td></tr>
<tr><td>里布情况</td><td>有，印花棉布</td></tr>
<tr><td>缝制方式</td><td>手工缝制</td></tr>
<tr><td>工艺特征</td><td>前、后中破缝；里襟由碎布头拼接；里襟有一矩形口袋</td></tr>
</table>

附表 2　蓝布倒大袖夹里旗袍测量数据（同附表 1）　单位：厘米

序号	名称	尺寸	序号	名称	尺寸
1	前衣长	119.5	13	后下摆翘高	4.9
2	前中长	110.1	14	后通袖长	58.3
3	前胸围高	27.5	15	后袖口宽	24.6
4	前下摆翘高	5	16	后胸围	43.9
5	通袖长 /2	58.3	17	后下摆宽	68.5
6	袖长	52.8	18	里襟前中长	54.6
7	前袖口宽	24.4	19	里襟胸围	21.5
8	前胸围	43.9	20	里襟下摆翘高	0.6
9	前下摆宽	68.7	21	里襟下摆宽	11.1
10	后衣长	119.5	22	领高	4
11	后中长	118.9	23	领围	34.9
12	后胸围高	27.5			

附表 3　万字纹黑缎旗袍马甲基础信息表（结构复原图见图 11-9）

名称	万字纹黑缎旗袍马甲		
材质	棉	类型	女子服饰
类别	旗袍	年代	1920s

续表

名称	万字纹黑缎旗袍马甲		
基础结构	破肩缝平面结构	工艺	绲边、嵌线、夹里
完整情况	良好	颜色	主料：19-4205TPX 里料：11-4300TPX
裁剪纱向	经纱裁剪	纹饰	万字纹
衣长情况	过膝	外观图 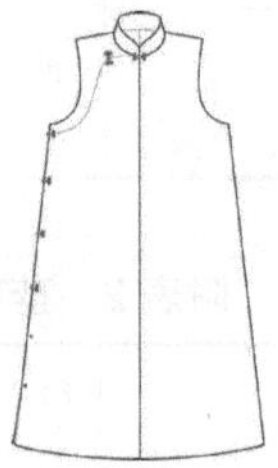 正视	
腰身情况	无		
领型	立领		
袖型	无袖、袖窿腋下有小开衩		
前后中	无破缝		
开衩情况	低开衩，左右各一		
扣袢位置	领口、大襟、腋下共六粒扣袢； 领口、大襟下摆共有三颗按扣	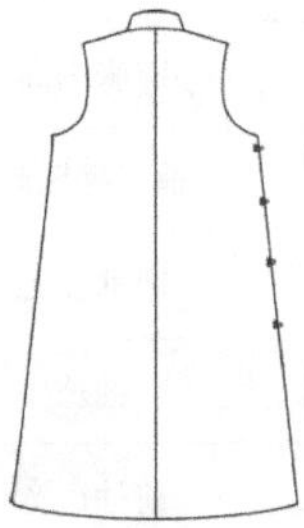 背视	
下摆造型	呈弧形向外扩张		
绲边情况	无		
贴边情况	袖窿、大襟、下摆		
里布情况	有		
缝制方式	纯手工缝制		
工艺特征	破肩有肩斜		

附表4　万字纹黑缎旗袍马甲测量数据（同附表3）单位：厘米

序号	名称	尺寸	序号	名称	尺寸
1	前衣长	108.7	6	腋下开衩高	2.5
2	前中长	102.6	7	前开衩高	17.9
3	前落肩	1.8	8	前下摆翘高	3.5
4	前胸围高	23.4	9	前肩宽	33
5	前袖窿深	21.6	10	前胸宽	30.7

续表

序号	名称	尺寸	序号	名称	尺寸
11	前胸围	46.4	21	后胸围	46.4
12	前下摆宽	65	22	后下摆宽	65
13	后衣长	108.7	23	腋下第一扣位	2.5
14	后中长	107	24	腋下第四扣位	41.7
15	后胸围高	23.4	25	里襟前中长	84.9
16	后袖窿深	20.4	26	里襟胸围	17.5
17	后开衩高	18	27	里襟下摆宽	7.2
18	后下摆翘高	3.5	28	领高	6
19	后肩宽	33	29	领围	36
20	后胸宽	31			

附表 5 绿缎绣花旗袍料基础信息表（结构复原图见图 11-12）

名称	绿缎绣花旗袍料		
材质	缎	类型	女子服饰
类别	旗袍（半成品）	年代	1920s ～ 1930s
基础结构	十字型直线平面结构	结构图	
工艺	—		
完整情况	良好		
颜色	19-6026TPX		
裁剪纱向	经纱裁剪		
纹饰	花卉纹（刺绣）		
衣长情况	过膝		
腰身情况	无		
领型	无法判断		
袖型	原身出袖、拼接、袖长及腕		

续表

名称	绿缎绣花旗袍料		
前后中	无	开衩情况	以破损处判断为中开叉
扣袢位置	无法判断	下摆造型	呈直线向外扩张
组边情况	无法判断	贴边情况	无法判断
里布情况	无法判断	缝制方式	无法判断
备注	接袖线处、袖口、里襟止口为布边	工艺特征	接袖、挖大襟裁法

附表 6　绿缎绣花旗袍料测量数据（同附表 5）单位：厘米

序号	名称	尺寸	序号	名称	尺寸
1	前衣长	120	14	后胸围高	27.3
2	前中长	110	15	后开衩高	43
3	前胸围高	27.3	16	后下摆翘高	0
4	前开衩高	41	17	后通袖长	143
5	前下摆翘高	0	18	后袖口宽	17
6	前通袖长	144	19	后胸围	46.3
7	总袖长	66	20	后下摆宽	60
8	接袖宽	39	21	小襟接缝处缝份	0.5
9	前袖口宽	18	22	里襟前中长	68.1
10	前胸围	45.8	23	里襟胸围	18.3
11	前下摆宽	61	24	里襟下摆宽	8
12	后衣长	122	25	毛领围	38.2
13	后中长	120.5	26	净领围	41.4

附表 7　蓝印花棉夹旗袍基础信息表（结构复原图见图 11-15）

名称	蓝印花棉夹旗袍		
材质	棉	类型	女子服饰
类别	旗袍	年代	1930s ～ 1940s

续表

名称	蓝印花棉夹旗袍		
基础结构	十字型曲线平面结构	工艺	夹里
完整情况	良好	颜色	19-6026TPX
裁剪纱向	经纱裁剪	纹饰	花卉纹（刺绣）
衣长情况	过膝	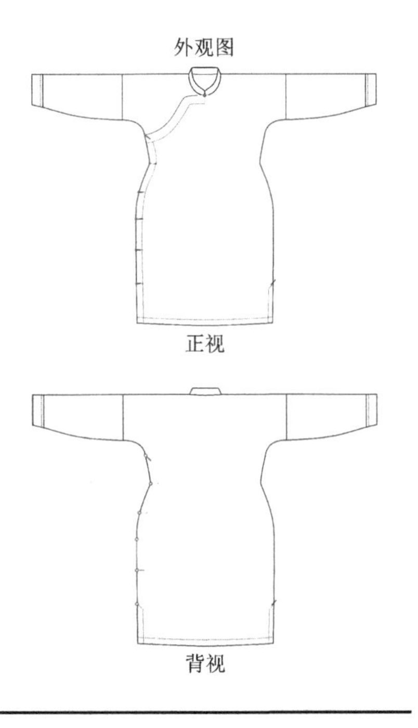	
腰身情况	有		
领型	齐领		
袖型	原身出袖接长袖、袖长及腕		
前后中	无破缝		
开衩情况	开衩，左右各一		
扣袢位置	领口、大襟、腋下共九粒		
下摆造型	呈弧形内收		
绲边情况	无		
贴边情况	有		
里布情况	有		
缝制方式	纯手工缝制		
工艺特征	接袖、挖大襟裁法		

附表 8　蓝印花棉夹旗袍测量数据（同附表 7）　单位：厘米

序号	名称	尺寸	序号	名称	尺寸
1	前衣长	100.5	7	前下摆翘高	1
2	前中长	92.6	8	前通袖长	141.6
3	前胸围高	23.5	9	总袖长	64.3
4	前腰节长	35.3	10	前袖口宽	11.5
5	前臀围高	56.7	11	前胸围	49.6
6	前开衩高	17	12	前腰围	45.6

续表

序号	名称	尺寸	序号	名称	尺寸
13	前臀围	57	24	后胸围	49.6
14	前下摆宽	56	25	后腰围	45.6
15	后衣长	101.5	26	后臀围	57.2
16	后中长	100.6	27	后下摆宽	56
17	后胸围高	23.5	28	腋下第一扣位	0
18	后腰节长	35.3	29	腋下第七扣位	60
19	后臀围高	56.7	30	里襟前中长	75.6
20	后开衩高	18	31	里襟胸围	8.4+5.7
21	后下摆翘高	1	32	里襟下摆宽	2.8
22	后通袖长	141.6	33	领高	3
23	后袖口宽	11.5	34	领围	36

附表 9　黑色格子绸夹里旗袍基础信息表（结构复原图见图 11-18）

名称	黑色格子绸夹里旗袍		
材质	棉	类型	女子服饰
类别	旗袍	年代	1940s ～ 1950s
基础结构	十字型曲线平面结构	工艺	夹里
完整情况	良好	颜色	19-4205TPX
裁剪纱向	经纱裁剪	纹饰	黄色格子
衣长情况	过膝	外观图 正视	
腰身情况	有		
领型	立领		
袖型	原身出袖接长袖，袖长及腕，袖口有开衩		
前后中	无破缝		
开衩情况	开衩，左右各一		

续表

<table>
<tr><td>名称</td><td colspan="2">黑色格子绸夹里旗袍</td></tr>
<tr><td>扣袢位置</td><td>领口、大襟、腋下共九粒</td><td rowspan="7">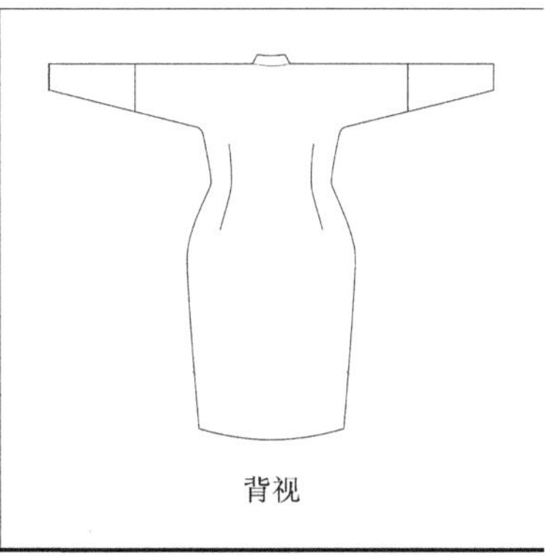
背视</td></tr>
<tr><td>下摆造型</td><td>呈弧形内收</td></tr>
<tr><td>绲边情况</td><td>无</td></tr>
<tr><td>贴边情况</td><td>有</td></tr>
<tr><td>里布情况</td><td>有</td></tr>
<tr><td>缝制方式</td><td>手工缝制</td></tr>
<tr><td>工艺特征</td><td>后腰施省</td></tr>
</table>

附表 10　黑色格子绸夹里旗袍测量数据（同附表 9）单位：厘米

序号	名称	尺寸	序号	名称	尺寸
1	前衣长	116	18	后腰节长	37
2	前中长	108.3	19	后臀围高	59
3	前胸围高	22.4	20	后开衩高	22.5
4	前腰节长	37	21	后下摆翘高	3.5
5	前臀围高	59	22	后通袖长	140.2
6	前开衩高	22	23	后袖口宽	8.2
7	前下摆翘高	3.5	24	后胸围	42.6
8	前通袖长	140.2	25	后腰围	34.4
9	总袖长	63.4	26	后臀围	46
10	前袖口宽	8.2	27	后下摆宽	40
11	前胸围	42.6	28	后腰省距后中	8.5
12	前腰围	38	29	省宽	1.8
13	前臀围	46	30	省长	23.3
14	前下摆宽	40	31	省尖距后胸围线	4
15	后衣长	116.5	32	领高	3.3
16	后中长	115.8	33	领围	36.2
17	后胸围高	22.4			

附表 11　绛紫色印花棉夹里旗袍基础信息表（结构复原图见图 11-21）

名称	黑色格子绸夹里旗袍		
材质	棉	类型	女子服饰
类别	旗袍	年代	1940s ～ 1950s
基础结构	分身连袖施省	工艺	夹里
完整情况	良好	颜色	主料：18-1512TPG 辅料：18-1613TPX
裁剪纱向	经纱裁剪	纹饰	印花
衣长情况	过膝	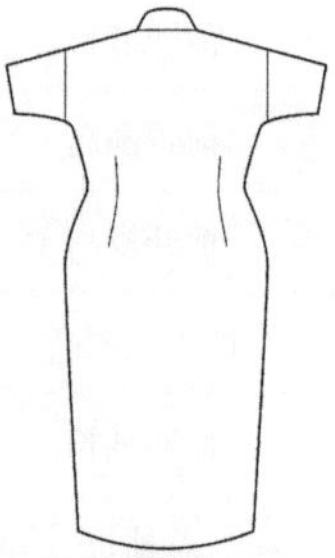 外观图 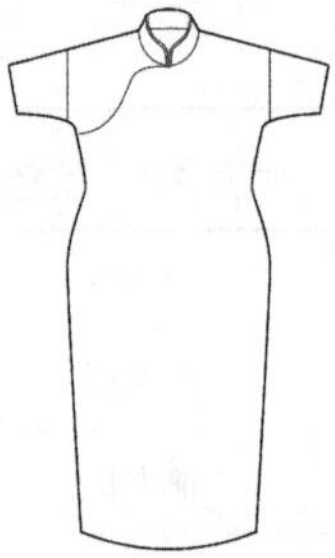	
腰身情况	有，后腰施省		
领型	高领		
袖型	原身出袖、袖子拼接		
前后中	不破缝		
开衩情况	低开衩，左右各一		
扣袢位置	领口、大襟、腋下共九粒	正视	
下摆造型	呈弧形内收		
绲边情况	无		
贴边情况	无		
里布情况	有		
缝制方式	手工缝制		
工艺特征	后腰施省	背视	

附表 12　绛紫色印花棉夹里旗袍测量数据（同附表 11）单位：厘米

序号	名称	尺寸	序号	名称	尺寸
1	前衣长	111.9	5	前臀围高	47.9
2	前中长	105	6	前开衩高	32
3	前胸围高	22.3	7	前下摆翘高	3
4	前腰节长	33.4	8	前通袖长	71

续表

序号	名称	尺寸	序号	名称	尺寸
9	总袖长	29.7	22	后下摆翘高	3.5
10	接袖宽	13	23	后通袖长	71
11	前袖口宽	11.2	24	后袖口宽	11.5
12	前胸围	39.6	25	后胸围	39
13	前腰围	35.5	26	后腰围（含省量）	35
14	前臀围	43.7	27	后臀围	43.9
15	前下摆宽	38	28	后下摆宽	37
16	后衣长	111.9	29	腋下拉链长	34.6
17	后中长	111.4	30	后腰省长	19
18	后胸围高	22.7	31	后腰省间距	15
19	后腰节长	33.4	32	后腰省大	1.3
20	后臀围高	47.9	33	领高	6.2
21	后开衩高	32	34	领围	31

附表 13　桃红碎花棉斜襟旗袍基础信息表（结构复原图见图 11-25）

名称	桃红碎花棉斜襟旗袍		
材质	棉	类型	女子服饰
类别	旗袍	年代	2003
基础结构	分身分袖充分施省	外观图 正视　背视	
工艺	夹里		
完整情况	良好		
颜色	主料：14-1307TPX		
裁剪纱向	经纱裁剪		
纹饰	印花		
衣长情况	过膝		
腰身情况	有，胸、腋下、袖窿、腰施省		
领型	大圆领		

续表

名称	桃红碎花棉斜襟旗袍		
袖型	无袖，有袖窿结构	前后中	不破缝
开衩情况	低开衩，左右各一	扣袢位置	无、侧缝金属拉链
下摆造型	呈弧形内收	绲边情况	无
贴边情况	无	里布情况	有
缝制方式	手工缝制	工艺特征	前三后一，四对八省

附表 14　桃红碎花棉斜襟测量数据（同附表 13）　单位：厘米

序号	名称	尺寸	序号	名称	尺寸
1	前衣长	102	20	后臀围高	59.2
2	前中长	95.2	21	后开衩高	30.4
3	前胸围高	25.7	22	后下摆翘高	—
4	前腰节长	41.3	23	后肩宽	38
5	前臀围高	62.5	24	后袖口宽	—
6	前开衩高	30.4	25	后胸围（含省量）	40.3
7	前下摆翘高	—	26	后下摆宽	44
8	前肩宽	37	27	腋下拉链长	28
9	总袖长	—	28	前腰省长	27.3
10	前落肩	4.5	29	前腰省大	2.5
11	前袖窿深	21	30	前腋下省长	9.2
12	前胸围	49	31	前腋下省大	2.2
13	前腰围（含省量）	42	32	前胸省长	16
14	前臀围	48	33	前胸省大	3.4
15	前下摆宽	42	34	后腰省长	27.3
16	后衣长	98.7	35	后腰省长	37.1
17	后中长	96.7	36	后腰省大	3.5
18	后胸围高	22.4	37	领高	5
19	后腰节长	38	38	领围	35.2

附录三
时事报刊名录

1921 ～ 1948

序号	年份	题名	类型	刊物	卷期页	作者	地点
1	1921	旗袍的来历和时髦	图画	解放画报	第 7 期 6 页	病鹤	上海
2	1921	世界小事记	时讯	礼拜六	第 102 期 23-24 页	小人	上海
3	1922	海上流行之旗袍	图画	时报图画周刊	第 10 期 1 页	陈映霞	上海
4	1925	春季风行之旗袍装	照片	时报图画周刊	第 234 期 1 页	佚名	上海
5	1926	云想衣裳记	时评	紫罗兰（旗袍特刊妇女与装饰）	第 1 卷第 5 期 3 页	江红蕉	上海
6	1926	我不反对旗袍	图画	紫罗兰（旗袍特刊妇女与装饰）	第 1 卷第 5 期 2 页	周瘦鹃	上海
7	1926	初夏旗袍	图画	新妆特刊	夏季号 8 页	佚名	上海
8	1926	礼拜六专电	新闻	中国摄影协会画报	第 66 期 123 页	陈其惠	上海
9	1926	孙传芳禁止女子穿旗袍	时评	良友	第 2 期 8 页	佚名	上海

续表

序号	年份	题名	类型	刊物	卷期页	作者	地点
10	1926	上海妇女衣服时装	照片	良友	第5期13-14页	佚名	上海
11	1926	孙传芳禁着旗袍之更正	时评	三日画报	第94期1页	C.S.	上海
12	1926	蓄发剪发记（图）	图画	三日画报	第94期1页	藕丝	上海
13	1926	新装束（照片）	照片	图画时报	第290期3页	SVW	上海
14	1926	新装束（照片）	照片	图画时报	第300期6页	佚名	上海
15	1926	穿旗袍的裤子问题	时评	晨报星期画报	第101期2页	独秋	北京
16	1927	李珊菲女士时装画	图画	北洋画报	第52期3页	佚名	天津
17	1927	旗袍之变迁	图画	上海画报	第304期2页	叶浅予	上海
18	1928	穿旗袍的危险	时评	妇女	第2卷第1期9页	颜波光	天津
19	1928	对于女子旗袍的小贡献	时评	妇女	第1卷第5期10页	胡尧昌	天津
20	1928	装束画	图画	电影月报	第4期2-4页	胡忠彪	上海
21	1928	旗袍	时评	北平画报	第1期3页	乐天	北平
22	1928	旗袍的美	时评	国货评论刊	第2卷第1期2-4页	佚名	上海
23	1928	旗袍	图画	妇女新装特刊	第1期48页	佚名	上海
24	1928	旗袍流行	时评	上海漫画	第1期4页	佚名	上海
25	1928	一件改造的旗袍	时评	世界画报	第124期至125期连载	水	北平
26	1929	旗袍长短时装循环	照片	良友	第41期22页	星焘	上海
27	1929	因为旗袍太短了	时评	中国摄影学会画报	第4卷第196期362页	芝蔴	上海
28	1929	最近的旗袍	图画	上海漫画	第68期4页	叶浅予	上海
29	1930	春风举校裁毛呢，半作洋服半旗袍	时评	东北大学周刊	第96期72页	知先	沈阳
30	1930	妇女冬季新装说明	图片	民众生活	第1卷第21期4页	忠澄	上海

续表

序号	年份	题名	类型	刊物	卷期页	作者	地点
31	1930	妇女服装之今昔	照片	中国大观图画年鉴	192 页	佚名	上海
32	1930	旗袍之流行	照片	中国大观图画年鉴	193 页	佚名	上海
33	1930	国货时装运动	照片	中华	第 3 期 26 页	佚名	上海
34	1930	蓝色的祺袍	文学	晦鸣	第 1 卷 第 17 期 5 页	徐清影	上海
35	1930	长旗袍	照片	时代	第 12 期 9 页	佚名	上海
36	1931	衬衫与旗袍	文学	民众生活	第 1 卷 第 31 期 10 页	佚名	上海
37	1931	围巾与长旗袍	时评	玲珑	第 1 卷 第 35 期 1390 页	陈珍玲 叶浅予	上海
38	1931	高跟鞋和长旗袍考	时评	红玫瑰	第 7 卷 第 28 期 1-6 页	向明昇	上海
39	1931	长旗袍	图画	甜心	第 9 期 14-15 页	章致意	上海
40	1931	评“长旗袍”：复古思想之又一面	图画	循环	第 1 卷 第 6 期 107 页	伊凡	上海
41	1932	长旗袍衬长裤是一九三二年的新流行	照片	玲珑	第 1 卷 第 49 期 1 页	佚名	上海
42	1932	旗袍	图画	玲珑	第 1 卷 第 50 期 1 页	叶浅予	上海
43	1932	废领旗袍	图画	玲珑	第 2 卷 第 54 期 167 页	叶浅予	上海
44	1932	旗袍	文学	学生文艺丛刊	第 7 卷 第 1 期 204-220 页	徐光	上海
45	1932	旗袍外之背心	图画	玲珑	第 2 卷 第 51 期 21 页	叶浅予	上海
46	1932	严禁女学生旗袍没踝	时评	民众喉舌	第 1 卷 第 3 期 11-12 页	大怒	上海
47	1932	新式旗袍	图画	玲珑	第 2 卷 第 67 期 1 页	叶浅予	上海
48	1932	长旗袍的最长度	图画	玲珑	第 2 卷 第 71 期 1 页	叶浅予	上海
49	1932	蓝布旗袍	文学	开麦拉	第 132 期 2 页	史带	上海
50	1933	妇女问题讲座——为什么要叫做旗袍呢	时评	女子月刊	第 1 卷 第 3 期 37-38 页	徐青宇	上海

续表

序号	年份	题名	类型	刊物	卷期页	作者	地点
51	1933	剥去旗袍和裙裾	文学	女子月刊	第1卷第8期 34-36页	李明那	上海
52	1933	旗袍的下叉切莫开得太高呀	图画	妇人画报	第1期18页	佚名	上海
53	1933	旗袍与小马甲	图画	玲珑	第3卷第45期 1页	佚名	上海
54	1933	夏装	照片	妇人画报	第7期15页	佚名	上海
55	1934	日本盛行中国旗袍	新闻	玲珑	第4卷第15期 909页	佚名	上海
56	1934	周绿霞女士着化绸旗袍渡过未名湖	照片	北晨画刊	第2卷第5期 2页	谓	北平
57	1934	这里没有旗袍	文学	十日谈	十日谈增刊 73-75页	葛寿馨	上海
58	1934	女人旗袍开叉的高度发展	照片	良友	第85期15页	陈嘉震	上海
59	1934	胡蝶赴俄将开旗袍展览会	新闻	影戏年鉴	155页	铁	上海
60	1934	旗袍	照片	时代	第6卷第6期5页	张建文	上海
61	1934	西装·男装·旗袍	照片	妇人画报	第24期35-36页	佩瑶	上海
62	1934	一件旗袍只剪六尺	文学	皇后	第9期10-11页	姚英	上海
63	1934	中国历代妇女装束满洲旗袍较于接近现代装束	照片	小世界 图画半月刊	第48期5页	佚名	上海
64	1935	关于高跟鞋和长旗袍的幽默考证	时评	风月画报	第6卷第2期 1页	鲁僧	天津
65	1935	三五年新春度流行线	照片	妇人画报	第27期3-4页	奥斯卡	上海
66	1935	钟洁明女士之新式旗袍	照片	号外画报	第503期26页	佚名	上海
67	1935	夏季时装旗袍式	照片	良友	第106期41页	佚名	上海
68	1935	初夏新装·旗袍装	照片	妇人画报	第29期4页	佚名	上海

续表

序号	年份	题名	类型	刊物	卷期页	作者	地点
69	1935	纯孝堂漫记：旗袍流行之由来	时评	绸缪月刊	第2卷第2期95页	潘怡庐	上海
70	1935	妇女服装之今昔	时评	中华月报	第3卷第1期1页	佚名	上海
71	1935	秋装新装绒线披肩加于旗袍	照片	中华	第38期14页	佚名	上海
72	1935	一件富于青春美的少女的初夏之旗袍	图画	女同学	第2卷第1期12页	江敉	上海
73	1935	夏装新案旗袍	照片	良友	第107期36页	梁秋明	上海
74	1936	生活纪录 小妹妹的旗袍	文学	腾冲旅省学会会刊	第1期78-79页	艾菲	云南
75	1936	首都各区妇女训练队第一期毕业典礼	新闻	春色	第2卷第19期2页	南人	上海
76	1936	舞市文选•暑令舞女	时评	弹性姑娘	第1卷第2期11-13页	佚名	上海
77	1936	永安公司时装表演中的旗袍装的新样	照片	特写	第4期26页	永安摄影室	上海
78	1936	两个穿旗袍的西妇很有姿势美	照片	舞国	秋季号13页	佚名	上海
79	1936	旗袍的三个Form	图画	实报半月刊	第20期1页	朱小汀	北平
80	1936	旗袍风行美国	新闻	女性特写	第3期5页	蝶	上海
81	1936	旗袍革履涂粉抹脂极尽摩登能事的大同县城妇女	新闻	西北导报	第4期29-33页	佚名	南京
82	1936	十五年来妇女旗袍的演变	时评	家庭星期	第2卷第1期7页	尤怀皋	上海
83	1936	时装表演 旗袍	照片	中华	第42期19页	佚名	上海
84	1936	一九三六年情感旗袍流行于成都	图画	阳春小报	第25期2页	黑流	上海

续表

序号	年份	题名	类型	刊物	卷期页	作者	地点
85	1936	中国人爱穿洋装，外国人却爱穿旗袍	照片	女性特写	第1期13页	世芳	上海
86	1936	“老要张狂”王奶奶穿旗袍	图画	实报半月刊	第2卷第10期44页	陆鸿年	北平
87	1937	春夏新装 时式旗袍	照片	健康家庭	第2期4页	佚名	上海
88	1937	冯玉祥针砭女学生烫头发瘦旗袍	时评	时代生活	第5卷第6期8页	佚名	天津
89	1937	蓝地白花土布的旗袍	照片	特写	第14期10页	许久	上海
90	1937	十五年来妇女旗袍的演变	图画	现代家庭	第2期51-53页	昌炎	上海
91	1937	旗袍的发展成功史	图画	沙乐美	第2卷第2期1页	佚名	上海
92	1937	新装（三幅）	图画	妇人画报	第46期30页	方雪鸪	上海
93	1938	专收旗袍袖子下幅	广告	现世报	第22期17页	佚名	上海
94	1938	短旗袍	时评	上海妇女	第1卷第12期13页	碧遥	上海
95	1938	黄旗袍	文学	少年读物	第1卷第2期118-127页	振之	上海
96	1938	节约与短旗袍	时评	现代家庭	第2卷第5期7页	一知	上海
97	1938	节约运动与短旗袍	时评	电声	快乐周刊236页	佚名	上海
98	1938	节约声中的新产物	时评	光华	创刊号25页	坚	上海
99	1938	美国跳舞场中流行中国旗袍	新闻	电声	第7卷第19期375页	佚名	上海
100	1939	裤子问题	时评	大观园·都会	第3期13页	佚名	上海
101	1939	流行的服装 旗袍新花样	图画	沙漠画报	第2卷第28-29期8页	蓉绘 图梅 说明	北京
102	1939	旗袍风行美国	新闻	都会	第10期171页	佚名	上海
103	1939	新创名贵细绒线旗袍	时评	上海生活	第3卷第11期48-49页	冯秋萍	上海

续表

序号	年份	题名	类型	刊物	卷期页	作者	地点
104	1939	王萍的夏天单旗袍	文学	上海电影	第22期726页	佚名	上海
105	1939	中国女飞行家在美国	照片	良友	第149期30页	佚名	上海
106	1940	流行的时装 旗袍新装	图画	沙漠画报	第3卷第18期9页	可可	上海
107	1940	上海最近女人的旗袍下摆又缩短了	图画	国艺	第1卷第56期80页	圭一	南京
108	1940	时装	图画	青年良友	第2期22页	薛益凡	上海
109	1940	桃乐珊•拉摩初试长旗袍	照片	亚洲影讯	第2卷第35期4页	佚名	上海
110	1940	有问必答唐小姐信箱	文学	艺海周刊	第28期14页	洪仁祥	上海
111	1941	比京学歌记 音乐学院同学多喜穿中国旗袍	照片	良友	第168期26页	佚名	上海
112	1941	从旗袍谈到小说的演变	文学	苏铎	第1卷第4期51页	华凝绿	苏州
113	1941	姑且设计一下关于妇女界目下最流行的黑色旗袍	时评	三六九画报	第10卷第12期13页	泰来	北京
114	1941	着黑旗袍的神秘女郎	文学	青草文艺	第1卷第2期9-11页	杨琼	上海
115	1942	旗袍与女人	文学	吾友	第2卷第49期9页	蒲风	北京
116	1942	绒线旗袍编结法	照片技术	杂志	第10卷第1期208-209页	冯秋萍	上海
117	1942	灰色军服代替了红色旗袍	文学	生活通讯	创刊号17页	吴淑芳	潮安（广东）
118	1942	陈云裳穿红旗袍含笑进礼查店饭	新闻	上海影讯	第2卷第7期261页	佚名	上海
119	1942	路珊的一件旗袍	文学	大众影讯	第3卷第23期816页	金巽	上海
120	1943	春天风景线 漫画特辑	漫画	三六九画报	第20卷第5期16页	炳华	北京

续表

序号	年份	题名	类型	刊物	卷期页	作者	地点
121	1945	舞市小唱	时评	万象周刊	第111期4页	麦基尼	上海
122	1946	巴黎风行中国旗袍	时评	精华	第2卷第2期5页	佚名	上海
123	1946	邮局职工一致要求加薪	时评	生活指导	第26期14-16页	佚名	上海
124	1946	从长旗袍说起	文学	生活指导	第28期4页	丁芝	上海
125	1946	旗袍缝制式样·明年又将放长	时评	国际新闻画报	第70期3页	佚名	上海
126	1946	中国旗袍流行法国	时评	新闻周报	第1期3页	佚名	上海
127	1946	服装介绍	图画	幸福世界	第1卷第3期95页	李虋卿 东方蝃	上海
128	1946	福建处州怪风俗 男人穿旗袍	时评	海涛	第19期3页	看见	上海
129	1946	蓝布旗袍	文学	沪风	第5期1页	止水	上海
130	1946	林鸣霄的晚装是一件丝质旗袍	时评	戏世界	第243期4页	佚名	北平
131	1946	美国流行的玻璃旗袍	图画	沙龙画报	第2期5页	佚名	上海
132	1946	欧阳飞莺脱旗袍	时评	大光	第3期2页	小代	上海
133	1946	美金票旗袍	时评	上海时报	第1期5页	大瓠	上海
134	1946	奇闻·装假乳·穿旗袍伪装少女当场拆穿	时评	文饭	第29期11页	蔡惠明	上海
135	1946	旗袍风行好莱坞	照片	周播	3月31日	李美	上海
136	1946	宋美龄之长旗袍	时评	黑白周报	第2期4页	佚名	上海
137	1946	王俊反对穿旗袍	时评	周播	第3期15页	常士	上海
138	1946	王莉芳新置玻璃旗袍	照片	海涛	第17期10页	潘闻	上海
139	1946	旗袍裁制法	技术	海涛	第19期12页	姚玲	上海

续表

序号	年份	题名	类型	刊物	卷期页	作者	地点
140	1946	仲夏夜之装	图画	幸福世界	第1卷 第3期 1页	李鑃卿 东方蝃	上海
141	1947	海外新装	照片	礼拜六	第72期1页	佚名	上海
142	1947	科学新发明·花生可制旗袍料	时评	妇女文化	第2卷 第4期 40页	李曼瑰	重庆
143	1947	旗袍式大衣	时评	凌霄	第1期10页	佚名	上海
144	1947	舞女喜穿士林布旗袍	照片	新光	第14期4页	谷均	上海
145	1947	新式的旗袍	时评	礼拜六	第72期7页	久清	上海
146	1947	新装之美	照片	礼拜六	第72期18页	佚名	上海
147	1948	凌爱珍新做花旗袍	时评	沪剧专刊	第5期3页	佚名	上海
148	1948	潘校长禁穿花旗袍	时评	立信校刊	第18期3页	佚名	上海
149	1948	谈旗袍的领口	时评	家	第34期153-154页	佚名	上海

附录四
旗袍发展100年大事纪

<table>
<tr><th>时间</th><th>代表性事件</th><th>相关史料</th></tr>
<tr><td>1911年</td><td>辛亥革命爆发，以秋瑾、张竹君为代表的进步女性将穿着男子长袍视为投身革命的象征。</td><td> 秋瑾着男装照 
与男装形制相仿的古典旗袍</td></tr>
<tr><td rowspan="2">1912年</td><td colspan="2">1912年元月，中华民国北洋政府成立</td></tr>
<tr><td>北洋政府颁布《服制》，推行汉式女装，规定“裙褂”为女子礼服，男装采用中西共制。</td><td> 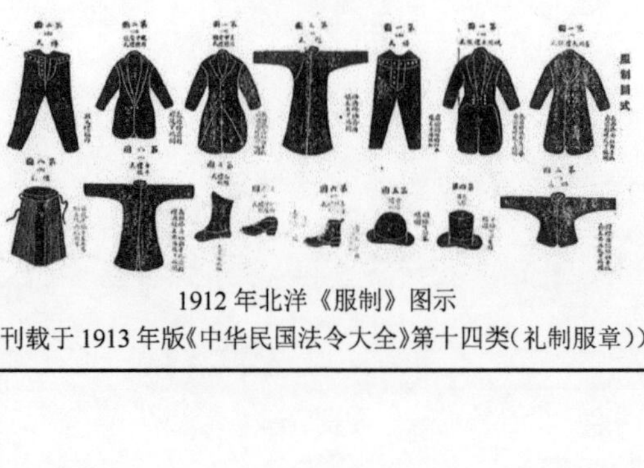1912年北洋《服制》图示
（刊载于1913年版《中华民国法令大全》第十四类(礼制服章)）</td></tr>
</table>

续表

时间	代表性事件	相关史料
1921年	苏雪林（笔名病鹤）撰写文章《旗袍的来历和时髦》发表于《解放画报》。这是"旗袍"称谓在民国时期文献中首次出现。文献绘图有大鼓书艺人穿着旗袍的形象，款式特征为立领、大襟右衽、倒大袖、衣长及踝，此为初兴旗袍暨旗袍古典时期的代表。	 《旗袍的来历和时髦》中第一排中图为大鼓书艺人着旗袍形象（刊载于1921年《解放画报》）  与文献同期北京大鼓书艺人着旗袍形象
	朱鸳雏先生撰文《旗袍〈调寄一半儿〉》，提到旗袍最早着装的群体是艺妓和戏剧演员。	"着旗袍者，绝似南北和京戏中旦角……与郎安稳度良宵，立着灯前脱锦袍。"（《旗袍〈调寄一半儿〉》刊载于1921年《礼拜六》）
	《妇女杂志》刊文《女子服装的改良（一）》针对女子服装结构改良问题进行了讨论，提出了女子服装结构改良的三点建议与配套技术方案。受限于此时旗袍尚未流行的现实情况，以1912年北洋《服制》官定裙褂作为改良对象，没有涉及袍服。但该文的发表开启了近代女子服饰结构改良技术理论化的先河。特别是注重曲线、松量合体两个观点的提出，对未来旗袍曲线改良意义重大。	 "因此就得到三个要项：（A）注重曲线形，不必专求折叠时的便利。（B）不要太宽大，恐怕不能保持温度。（C）不要太紧小，恐阻碍学业的流行和身高的发育。"（《女子服装的改良（一）》刊载于1921年《妇女杂志》）

续表

<table>
<tr><th>时间</th><th>代表性事件</th><th>相关史料</th></tr>
<tr><td>1925年</td><td>《妇女杂志》刊文《衣服裁法及材料计算法》是旗袍古典时期的直接技术文献，记录了四种有中缝十字型平面结构旗袍的裁制方法。</td><td>“大襟长衣就是现在通行的男衣，大襟短衣就是现在通行的女衣；不过近来已有许多妇女穿大襟长衣（有人叫做‘旗袍’，因为满族妇女向来就作于穿旗袍）——尤其是在冬天，以前同现在乡间的男子，常常作短的大襟褂当衬衣，所以现在只照长短分类，不用男女的字样来区别。”（《衣服裁法及材料计算法》刊载于1925年《妇女杂志》）</td></tr>
<tr><td rowspan="2">1926年</td><td>《良友》杂志刊文《上海妇女衣服时装》出现“旗袍”，形制为立领、大襟右衽、倒大袖、衣长及踝。旗袍以“时装”的姿态进入百姓生活。</td><td>长旗袍后面观春冬季多穿之</td></tr>
<tr><td>“三一八”惨案爆发，遇难进步女子短发旗袍（倒大袖）的形象赋予旗袍进步的标签，成为进步女性的时代特征。</td><td>“三一八”惨案遇难者杨德群短发旗袍遗像</td></tr>
</table>

续表

时间	代表性事件	相关史料
1927年	1927年4月18日，南京国民政府成立。	
	1927年7月广州市政府发布《禁止女子束胸》案，这不仅是对女性身体的解放，还促进了女性曲线审美意识的产生。同年，天乳运动兴起。	 西方天乳美图（《天乳运动》刊载于1927年《北洋画报》） “拟请由省政府布告，通行遵照，自布告日起，限三个月内，所有全省女子，一律禁止束胸，并通行本省各妇女机关及各县长设法宣传，务期依限禁绝。”（刊载于1927年7月8日《广州民国日报》）
	西式胸衣引进中国，逐步取代传统“抹胸”（缠胸布）。为旗袍向突显人体曲线发展提供了物质基础。	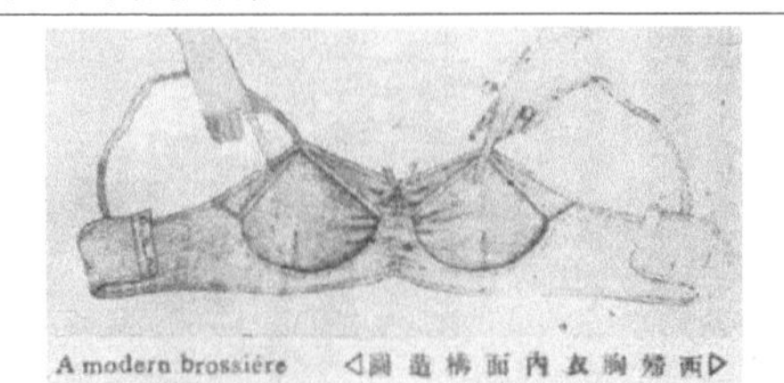 西式胸衣构造图 （刊载于1927年总第130期《北洋画报》）
	北伐军占领扬州，随营工作女子短发旗袍的进步形象被世人接纳，旗袍的民族意识初现。	“……迨革命军占领扬州，随营工作之女同志，短发齐眉，旗袍革履，乘骏马，过长街，英姿奕奕，观者啧啧称羡，尤以妇女界为最。而剪发之心，亦基于此……”（刊载于1927年8月6日《时报》）
1928年	天津《妇女》杂志刊文《穿旗袍的危险》就初兴旗袍无衩严重影响活动，甚至殃及生命，促进旗袍对功能改良的关注。	 与文献同期无衩结构旗袍 “……海上有个人穿旗袍的少妇，一天从电车上跳下，因为旗袍的下摆没有开衩的关系……”（《穿旗袍的危险》刊载于1928年《妇女》）

续表

时间	代表性事件	相关史料
1928年	上海《国货评论特刊》刊文《旗袍的美》就旗袍代表清代旗人的观点进行批驳，同时提出传统旗袍“一股笨气”需要改良，如旗袍无衩无法收身。	“旗袍确系旗人的服式，不过现在男子所穿的西装，非但是西人的服式，而且是异国人民的服式，如要禁穿旗袍，应先禁穿西装。” “在短裙将成强弩之末，长裙重行代兴的当儿，旗袍就渐露头角了。不过那时候的样子委实不很高明，知板板地只是一股笨气。因为不开叉而又要便于行走的缘故，所以下边异常阔大……”（《旗袍的美》刊载于1928年《国货评论刊》）
	上海《国货评论刊》刊文《衣之研究》提出服装“曲线造型”的概念。	“……最近之新超向，则侧重于线条之抽象意味。衣之外影，如通常之式，身腰与肩阔，股围三处，同一宽度者，则为直线形。其比贴于体处，而使腰细股大，见有弯曲之线者，则为曲线形。其不如经常之式。”（《衣之研究》刊载于1928年《国货评论刊》）
	《大公报》刊文《胸部解放与衣服改良的问题》，提出衣服样式也应随胸部解放进行改良。为旗袍向突出人体曲线发展提供了理论基础。	“现在有许多欲放胸的妇女，因为平胸式衣服阻碍，不便立即解放。衣服的样式，本以适体为主，身体上既有发展或更变，所以衣服也必须立刻改良。”（《胸部解放与衣服改良的问题》刊载于1928年11月8日《大公报》）
1929年	南京国民政府发布《服制条例》，采纳古典有中缝十字型平面结构旗袍为女子“礼服”（文献称“女子礼服衣”“女公务员制服”），赋予旗袍国民服装的法定地位，形制为典型的古典旗袍。	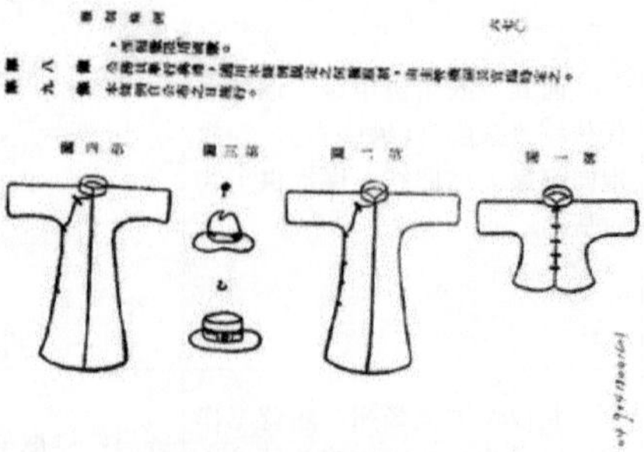 1929年南京国民政府《服制条例》配图 左起第一件为女子礼服（旗袍）  与南京国民政府《服制条例》 同期古典旗袍实物 （有中缝的十字型平面结构）

续表

<table>
<tr><th>时间</th><th>代表性事件</th><th>相关史料</th></tr>
<tr><td rowspan="2">1929年</td><td>长度及膝的短旗袍开始流行，出现低开衩。</td><td>“因为当外国女子的衣服多行短，所以那年（大约在一九二九年的那一年）中国女子的旗袍的式样是短旗袍，这是一九二九年的短旗袍时代。”（《旗袍的发展成功史》刊载于1937年《沙乐美》） 

与文献同期的短旗袍
（开衩短小，袖口留有倒大袖的痕迹）</td></tr>
<tr><td>南京国民政府内政部发布政令提倡“天乳运动”，凸显女性曲线的审美风潮逐渐被民众接纳。</td><td>“查妇女缠足束腰穿耳束胸诸恶习，既伤身体，复碍卫生，废种弱国，贻害无穷，迭经内部查禁有案，兹准前由，除分别咨令外，相应咨请查照，并希转饬所属，确实查禁为荷……”《查禁女子束胸案》刊载于1930年1月21日《广东省政府公报》 

东方天乳美图
（《中国人体美之一》刊载于1929年9月10日《大亚画报》）</td></tr>
</table>

续表

时间	代表性事件	相关史料
1929年	旗袍衣长缩短，出现收身曲线化特征，标志着进入改良时期，表现为侧身曲线直摆结构特征。	“一九二九年的短旗袍时代……新奇的适合身材欧化的新式旗袍出现了。这是曲线美旗袍的产生时代。”（《十五年来妇女旗袍的演变》刊载于1937年2月《现代家庭》）  旗袍长短时装循环可见着装者腰臀曲线（刊载于1929年《良友》）
1932年	长旗袍流行促使长开衩出现，为避免“走光”，内衬长裤成为独特的时代特征。	 长旗袍衬长裤是一九三二年的流行（刊载于1932年《玲珑》）
	短马甲与旗袍组合流行。	 旗袍外之背心（刊载于1932年《玲珑》）

续表

时间	代表性事件	相关史料
1932年	“祺袍”称谓出现，这是海派裁缝为区分古典旗袍与改良旗袍裁剪工艺创设的新名称，1949年以后，仍在台湾、香港业界使用。	1932年上海先施公司《国货特刊》出现的“祺袍”称谓
1933年	长旗袍开始礼服化进程以对抗西式盛装礼服，通过与马甲组配的方式唤起了比肩西方高雅晚装（低胸长裙配小罩衣的经典组合）的中华风尚。	旗袍与小马甲（刊载于1933年《玲珑》）
1934年	电影《神女》公映，女主角阮玲玉身着旗袍曲线玲珑的形象深入人心，将曲线化改良旗袍的发展推向高潮。	《神女》剧照中身着曲线改良旗袍的阮玲玉与身着旧式袄裤女子的对比（刊载于1934年《联华画报》及《影迷周报》）

续表

时间	代表性事件	相关史料
1934年	旗袍开始走出国门，尽管此时中国已深陷战争的泥沼，最先被影响的却是日本，这实为日本政府粉饰侵略背后隐藏着一个巨大的阴谋，随着全面抗战爆发这种交流也就终止了。	“日本的衣服，本为我国唐宋时代的遗风，既费料，又不便，并且还抹煞了女子的曲线美。近来彼邦鉴于我国女装之简洁苗条，盛行服用旗袍，从艺妓而明星而贵妇小姐，均誉为时髦云。”(《日本盛兴中国旗袍》刊载于1934年《玲珑》)
1935年	曲线化改良的长旗袍成为风尚，文化界主张将“旗袍”易名为“颀袍”，予以修长秀美之袍服，得到包括湖社画会会员、教育家张知本、时任上海市长吴铁城等人的支持。	“有人以为清时服装，实则今日女子之长袍，与当年之旗装截然不同。称为旗袍，殊属错误，应正名为‘颀袍’。颀与旗同音，诗云‘颀而长兮’，亦即此意。”(《旗袍正名为颀袍——张知本先生之言》刊载于1935年10月30日《立报》)
	湖南长沙民范女子职业学校教材《中服裁法讲义》由湖南省立农民教育馆出版，记录了改良旗袍“独幅旗袍料”裁剪的方法，其关键技术指征在于大襟的处理，文献称“刹大襟”(也称挖大襟、偷襟等)，这是迄今发现最早记录改良旗袍独特工艺的技术文献。	剜大襟旗袍裁剪图示 (《民校高级中服裁法讲义》湖南省立农民教育馆1935版)
1936年	自1912年北洋政府颁布《服制》以来，中国服制和社交活动都是向西方学习和借鉴的。中西合璧礼服化的长旗袍得到西方女性的青睐。	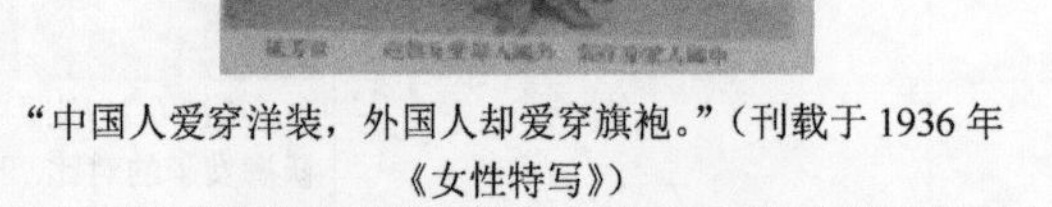 “中国人爱穿洋装，外国人却爱穿旗袍。”(刊载于1936年《女性特写》)

续表

时间	代表性事件	相关史料
1937年	南京国民政府教育部颁布《修正学生制服规程》，记载“女学生制服”为无中缝的十字型曲线平面结构旗袍，标志着改良旗袍在官方文书的记录。	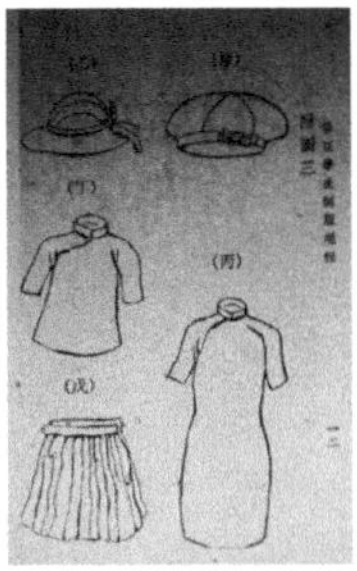 南京国民政府教育部《修正学生制服规程》图例（1937年）   与《修正学生制服规程》同时期的旗袍（采用独幅旗袍料裁制的无中缝的十字型平面结构）
1938年	抗战时期短旗袍流行，促进旗袍向节俭、功能、科学的理性发展。	“旗袍便一天一天地长，长，长到高跟鞋底以下。然而今年短了，短到了小腿的当中。人们也许以为这是节约省布的表现，然而未必尽然。这是抗战时期的妇女，在生活上不再适用那种拖地的长袍，而在意识上也不再爱好那种婀娜窈窕，斯文间雅。短旗袍是我们妇女在抗战时期的一段进化！但我们不能以这点进化而自满。凡是足以增高我们的品行的还需努力追求。”（刊载于1938年《上海妇女》）
1939年	美国社会掀起支援中国抗战热潮。在美国电影女星多萝西·拉莫尔的引领下，旗袍风靡好莱坞，标志着旗袍进入国际主流社交的视野。	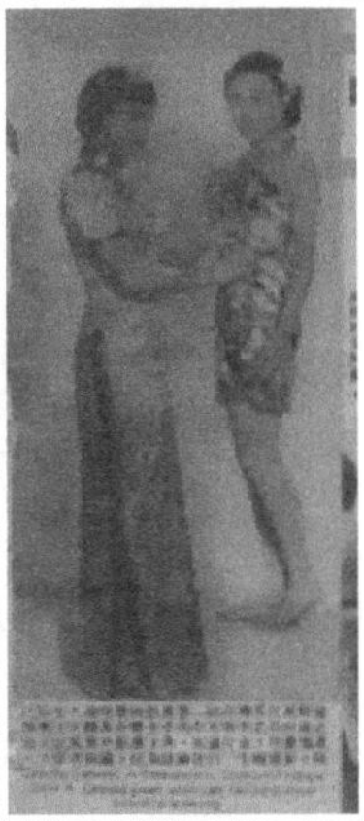 美国好莱坞影星多萝西·拉莫尔穿着旗袍表示对中国抗战的支持

续表

时间	代表性事件	相关史料
1940年	《良友》杂志刊文《旗袍的旋律》，描绘了1925年至1939年旗袍随时代潮流更迭发生的款式变化，也是旗袍自初兴经不同时期改良的一次较为系统的梳理。	 《旗袍的旋律》图文 （刊载于1940年《良友》）
1943年	张爱玲《更衣记》中文版发表于《古今》半月刊，描述了20世纪上半叶中国女子服饰的流变，是当今学界研究旗袍发展历史的重要文献之一。	 《更衣记》刊载于1943年《古今》
	宋美龄穿着一袭黑色旗袍向美国国会发表历史性的抗日演说，她的旗袍也以东方的优雅形象被定格在国际舞台。	“这篇演说只许成功，不许失败。因为它不仅会影响到中美关系的现状和前景，亦将左右美国人民对中国的看法。”（林博文，师永刚《宋美龄画传》2008年版）

续表

时间	代表性事件	相关史料
1945年	具有局部立体结构特征的旗袍出现，这样处理的主要目的是突出胸形，故民间也称其为“尖胸旗袍”。根据文献研究可知，施胸省旗袍虽在此时出现，但技术文献出现却在10年之后，这说明技术文献的出现滞后于社会流行。	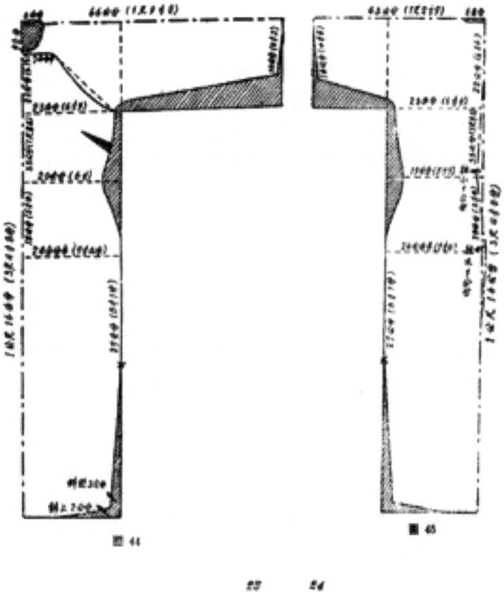 1956年王圭璋《妇女春装》记录了局部立体化结构旗袍的结构图 “距今（1975年）三十年前（1945年），开始在胸部左右侧各开一缝，长约十公分，收紧缝合，斜行指向腋下，名曰‘胸褶’，隐隐增进胸部丰满的视觉。”（王宇清《历代妇女袍服考实》台北1975年版）

续表

时间	代表性事件	相关史料
1947年	卜珍《裁剪大全》出版，并获批南京国民政府中央内政教育宣传部审定教材资质。文中记载了十字型曲线平面结构改良旗袍的裁制方法，称“偷襟旗袍”。该书与1935年《中服裁法讲义》所示“斘大襟”旗袍裁法完全一致，说明旗袍改良这一独特技术被接受。	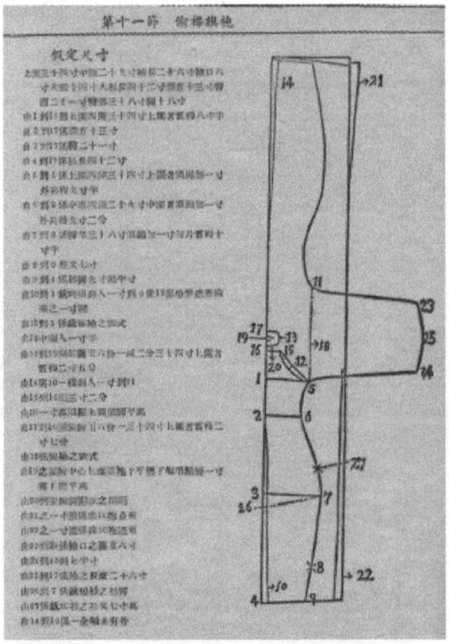 1947年卜珍《裁剪大全》记录的偷襟旗袍
1949年	大批上海旗袍师傅南迁，旗袍发展流行的主场随之转移至香港和台湾。	“一九四九年……当时台省妇女，仍存日据时期的遗风，普遍通行连衣裙，裙边过膝十公分左右。或者‘洋装’，多有日本风俗。但因大陆迁妇女甚多，带来‘旗袍’款式，于是当地妇女也渐渐仿效穿着，一体手足，都觉得旗袍之泱泱有度。”（王宇清《历代妇女袍服考实》1974年） “1949年从上海到香港的国服师傅三千人，香港式的窄褀袍在国际上大出锋头。使得‘褀袍是合身的’之刻板印象逐渐形成。”（施素筠《褀袍机能化的西式裁剪》1979年）
20世纪50年代	旗袍进入定型时期，引入“分身分袖施省”的西式立体裁剪技术，从而打破了传承数千年十字型平面结构的中华传统。而这一切发生在香港和台湾，并创造了旗袍的最后辉煌。	“运用西式裁剪方法造出立体结构……是五十年代香港长衫发展的里程碑。立体结构的服装，由人的体型来决定衣服的结构。传统平面裁剪的特色是没有肩缝、前后衣片相连、原身出袖。西式立体裁剪则是模拟人体穿着状态的‘分割式’裁剪，关键是前后衣片的分开、斜肩、装袖，前幅两肋和前后幅腰围处‘收省’。五十年代开始，香港长衫全面采用这种裁剪方法，配合‘归拔’技术，使长衫更加贴身，更能展现体态美。这时香港长衫的外观跟以前差别很大，典雅中带英朗，传统中诸如时代感。” 这是《香港长衫百年》的记述，然而“有史无据”。实为20世纪60年代旗袍在香港的面貌，无论是标本还是技术文献显示只有在60年代以后才出现“分身分袖施省”这种完全立体化的旗袍（见1966年香港的技术文献）。

续表

时间	代表性事件	相关史料
20世纪50年代	美国设计师模仿中国旗袍设计服装，大量具有中国元素的连衣裙出现，立领左衽是显著特征，后期发展到“右衽”，这便是立体结构旗袍民族化的开始。	 “美国今年流行的三种东方式时装，左方为模仿中国旗袍式时装”。（刊载于1956年3月23日《华侨日报》）    1955年至1960年美国时装旗袍样板 Vogue（沃格）杂志、McCall’s（美开乐）杂志、Simplicity（简做）杂志等

续表

时间	代表性事件	相关史料
1956年	在台湾的美国妇女喜爱穿着旗袍出席典礼，成为外国人在台湾融入上层的标志。	“外国妇女穿着中国旗袍，这题材并不新鲜。但是最近在台湾的美国妇女似乎以此为时尚。她们常把中国的旗袍当作一种礼服，在酒会上，在餐会上，随时都可以看到。”（《外国妇女爱穿中国旗袍》刊载于1956年11月6日《工商晚报》） 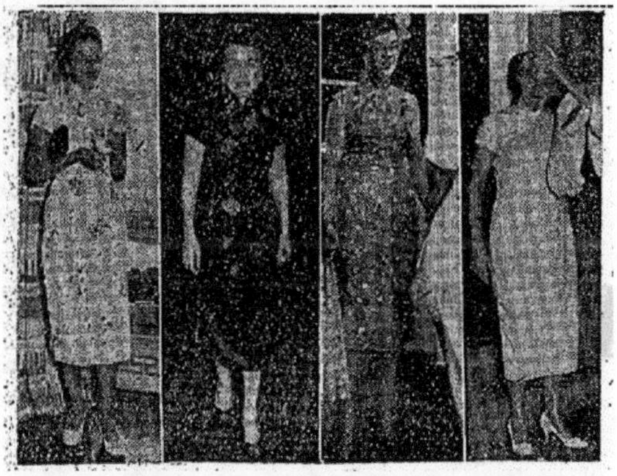 1956年11月香港《工商晚报》刊载在台外国妇女穿旗袍出席活动的照片
1959年	卜珍的学生赖翠英在香港出版《旗袍短装无师自通》，记录了破肩缝及在胸部施省立体结构旗袍的裁剪方法，是旗袍从改良到定型过渡时期重要的文献证据。	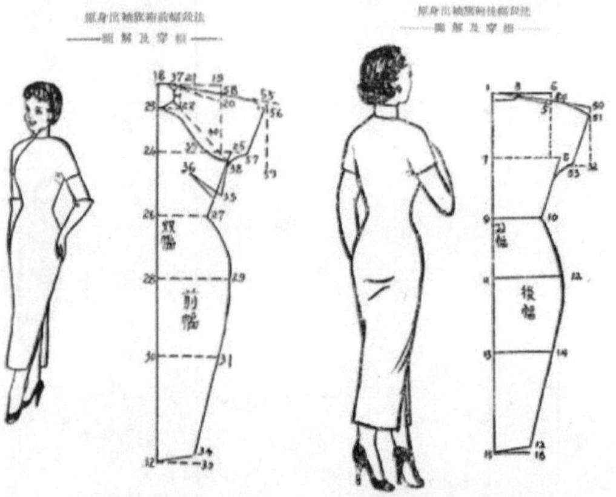 《旗袍短装无师自通》分身施省旗袍结构图

续表

时间	代表性事件	相关史料
1960年	以香港为背景拍摄的美国电影《苏丝黄的世界》公映，使香港旗袍成为西方世界中东方优雅女性的符号。	 《苏丝黄的世界》电影海报  20世纪60年代初是香港定型旗袍初现 邱良《穿旗袍的女郎》
1962年	受电影《苏丝黄的世界》影响，世界小姐时装表演团赴香港演出期间，专门定制旗袍。这说明尽管欧美国家有类似旗袍的新款连衣裙上市，但无法取代香港旗袍正统的地位。	 世界小姐时装表演团赴香港演出 1962年3月11日《华侨日报》
1966年	1966年香港裁缝刘瑞贞出版的《旗袍裁缝法》是“分身分袖施省”定型旗袍标志性的技术文献。	 《旗袍裁缝法》1966年版封面

续表

时间	代表性事件	相关史料
1969年	台湾裁缝艺人修广翰《祺袍裁制法》出版，记录了破肩缝、施胸、腰省旗袍的裁剪方法，是旗袍定型初期重要文献，比香港文献出现时间要晚，这说明定型旗袍一直是以香港为引领的。	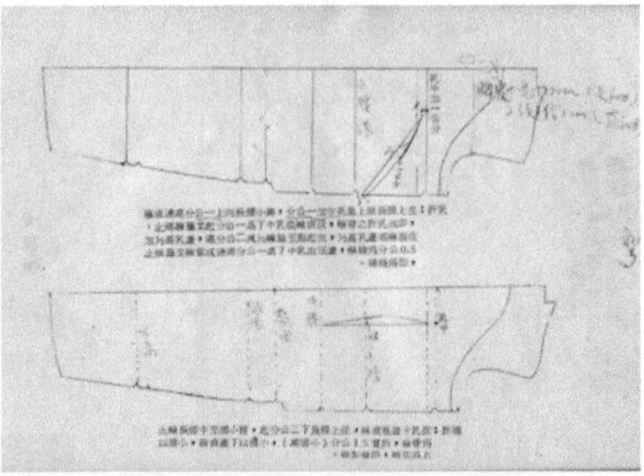 《祺袍裁制法》分身施省旗袍结构图
1974年	台湾中国祺袍研究会成立大会，王宇清先生宣讲《祺袍的历史与正名》，提出改"旗袍"和"褀袍"称谓为"祺袍"，并呈报台湾地区有关部门核备。	 台湾中国祺袍研究会成立大会合影 前排右二为王宇清
1975年	王宇清《历代妇女袍服考实》出版，是旗袍历史研究里程碑式的著作，系统地整理了中国历代袍服发展变革的历史，为旗袍的定型和"正名"提供了理论依据。	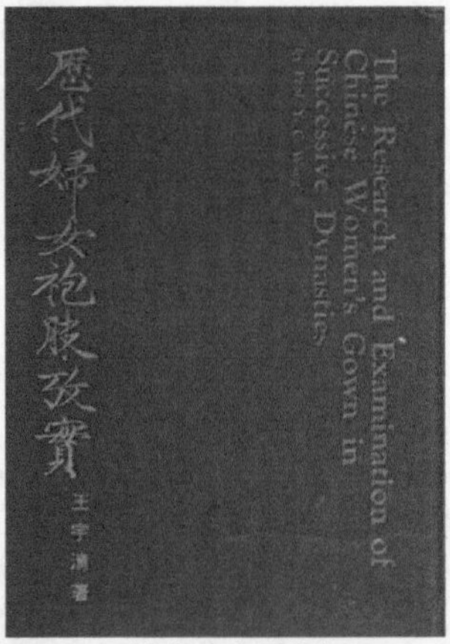 《历代妇女袍服考实》

续表

时间	代表性事件	相关史料
1975年	杨成贵《祺袍裁制的理论与实务》出版，完成了立体结构旗袍裁制技术理论化的工作，成为定型旗袍的标志性技术文献。	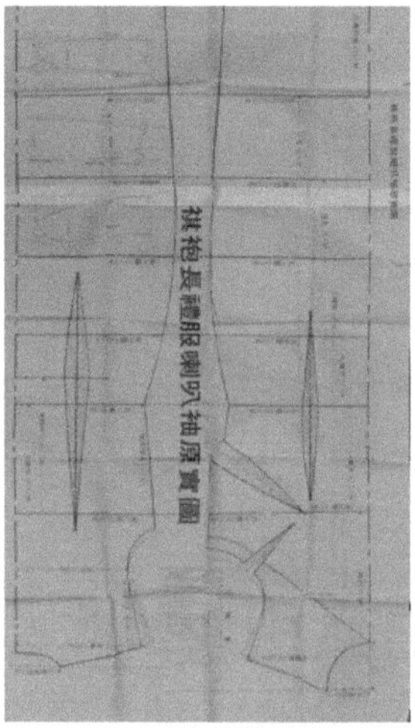 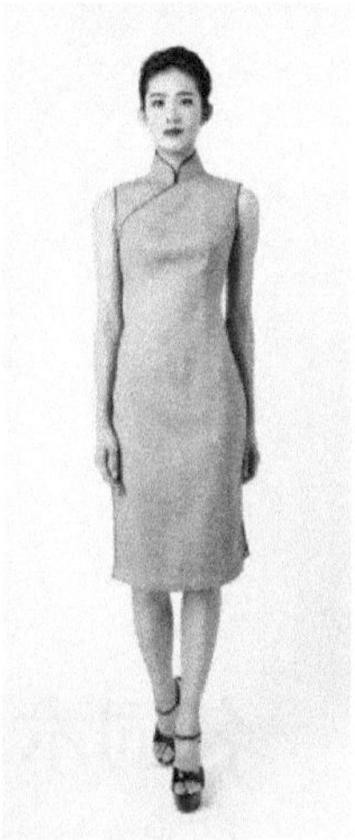 定型旗袍的结构图及制成作品
1980年	1980年，刘瑞贞1966年《旗袍裁缝法》（修订本）出版，成为香港定型旗袍的标志性技术文献。	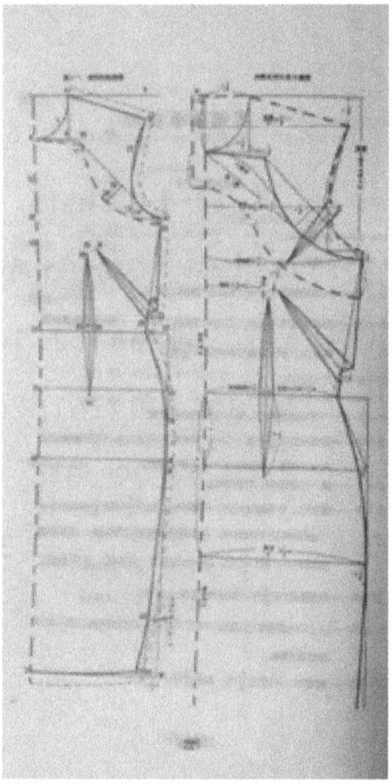 1980年版《旗袍裁缝法》定型旗袍的结构图
今	时至今日，不论人们如何称呼旗袍，定型旗袍结构未再发生质的变化。	

名词术语索引

（按照类型划分）

后　　记
——港台学术调查实录

一

从确立“旗袍史稿新证”课题算起（2011 年），经历了七年多的文献整理、博物馆标本和私人收藏研究以及学术调查发现，旗袍史明显存在三个分期：古典时期、改良时期和定型时期。定型时期主要发生在 1949 年后的香港和台湾，20 世纪 60 年代创造了旗袍的最后辉煌，且这段时期变革“有史无据”。带着这个问题也就有了 2015 年 5 月 15 日至 24 日、2016 年 3 月 19 日至 23 日和 2018 年 7 月 30 日至 8 月 2 日的三次港台学术调查。特别是第一次台湾学术调查获得了定型旗袍标志性事件的一手材料，通过研究整理，《“旗袍”和“祺袍”称谓考证》发表于 2015 年 10 月刊《装饰》，以此奠定了旗袍史三个分期的研究基础。同年 11 月，在台湾《实践大学学报》发表了《旗袍和祺袍称谓考证及其三种形态》，确立了旗袍三个分期理论。为得到确凿的文献证据，特别对港台有关定型旗袍的技术文献进行了系统研究，结构形态和技术证据便成为定型时期的铁证。

发表于2017年5月刊《纺织学报》的《旗袍三个发展时期的结构断代考据》是该课题重要的阶段性成果。为了完整呈现定型旗袍港台学术调查的全过程，特在后记中记录下来，以此对本书给予支持的同仁、朋友谨表谢忱，特别对香港、台湾的旗袍前辈表示崇敬之情。

二

台湾旗袍艺人杨成贵先生是定型旗袍的关键人物。经杨成贵先生在北京所收弟子赵爱东女士及北京华服前辈朱震亚先生引荐与杨成贵先生的遗孀林少琼夫人及在台华服继承人林锦德师傅取得了联系，了解杨成贵先生在台开办华服店、收徒授业等情况。

林少琼夫人，2015年5月16日拜访她的时候已86岁高龄，台北人，20世纪80年代与杨成贵先生合办台北华美汉唐服饰行。改革开放后，1994年杨成贵先生受陶斯亮[1]女士之邀赴北京为世界妇女大会的妇女代表制作旗袍，后留在北京创办杨成贵贵苑服饰公司并开展华服技艺传播与培训工作。台北华美汉唐服饰行遂由林少琼夫人负责具体事务，在此期间兼任台湾妇女企业联合管理协会主席职务，竭力推广旗袍文化和专业教育工作。在20世纪70年代至80年代定型旗袍全盛时期，华美汉唐服饰行及其传人在台湾上流妇女群体中有很高的影响力和号召力，其中重要原因是定型旗袍以“分身分袖施省”的全新技术诠释着一个新时代优雅的东方女性形象。学界形成共识并加以推动，标志性成果就是1974年元旦台湾中国祺袍研究会的正名事件。

据林少琼夫人回忆，她自20世纪70年代起就在台北经营旗袍店。与杨成贵先生合作期间，作为台湾工商业妇女代表与杨先生赴日本、韩国及东南亚等各国进行旗袍文化新技术交流与推广，使得定型旗袍的大中华理念向东方文化延伸，台湾便是实践的大本营，其所在的台北市妇女联合会在蒋经国先生担任台湾地区领导人时期就开始组织各种以旗袍为主题的沙龙，由杨先生负责设计制衣，林女士负责组织妇女活动，“华美汉唐”也被视为“官夫人报到处”。

事实上，20世纪70年代由林少琼夫人主持的华美汉唐服饰行只保留了古典旗袍和定型旗袍两大系统，因为改良旗袍毕竟是过渡时期的产物，全无定型旗袍的优势故成历史，古典旗袍是以男士传统的长袍马褂为主。

2015年5月17日拜访林锦德师傅，他时年58岁，自14岁起在台北跟上海旗袍师傅做学徒。出师后被杨成贵先生收入门下在华美服饰行从事华服制作，1994年杨成贵先生去北京后，跟随林少琼夫人负责华美汉唐服饰行的经营至2000年。这一年林少琼夫人退休，将店面委托给林锦德，同年将店招更名为"上海华美汉唐祺袍工作室"（之后又第二次更名为"新华美祺袍专家工作室"）。据林师傅回忆，自他拜师学艺（1971年）以来，经手制作的旗袍都是分身分袖施省的定型旗袍，而连身连袖无省的古典旗袍"既没学过，也不会做"，他的徒弟也都沿袭着这个传统。

吴嘉玲小姐是林锦德于2014年收的"80后"徒弟。授徒行规像林锦德当年学徒一样，学满三年才可以出师，期间无工资，每日免费一餐午饭。据吴嘉玲说，她在学徒期间师傅没有教她连身连袖无省旗袍的裁法，学的都是"有胸褶的旗袍"。从杨成贵和林少琼经营的华美汉唐服饰行到林锦德主持的上海华美汉唐祺袍工作室，"上海"和"祺袍"的启用正是从"旗袍"到"祺袍"坚守红帮精神返本开新在台湾的行业实践，那么学术界又是怎样的？对此进行了相关学术调查。

三

2015年5月18日在台湾图书馆查找资料，找到了修广翰《祺袍裁制法》（1969年）、王宇清《历代妇女袍服考实》（1974年）、杨成贵《祺袍裁制的理论与实务》（1975年）等文献。就旗袍研究的学术而言完全不同于大陆的面貌，大陆无论是在民间还是学术界普遍使用"旗袍"称谓。在台湾，1974年以前"祺"与"旗"共用，以"祺"为主；1974年之后（正名事件之后）"旗"与"祺"共治，以"祺"

为主，这种情况在台湾学界尤其明显。

2015年5月19日下午，采访台湾实践大学服装设计科专业课程教师曾慈惠教授。据曾慈惠教授介绍，实践大学在旗袍研究制作方面已经有施素筠教授、崔爱梅教授两代前辈的积累，出版多部研究专著，到现在已经是第三代了。20世纪70年代末至80年代是“旗袍现代化”理论研究的重要时期，受西方“人体工学”理论的影响，旗袍在台湾开启了被纳入人体工程学的科学研究，最具代表性的就是施素筠教授《祺袍机能化的西式裁剪》（1979年）和之后崔爱梅教授在搜集整理实践大学多年女学生体型数据基础上撰写的《祺袍制作与体型研究》（2001年）。她们不约而同地都使用了“祺袍”，这说明了两个问题，一是1974年“祺袍正名”事件对学界产生了深刻影响，同时期作为正名事件亲历者杨成贵先生在实践大学“夜大专科”教授的“祺袍制作课程”得到推广；二是在学术上旗袍进入人体工学的科学研究，无论在结构还是在技术上都有对古典旗袍和改良旗袍颠覆性的突破，赋予它新的称谓既符合科学的严谨性，亦是时代的要求，“祺”又充满着中华文化意涵。而这个过程正是台湾业界、学界共同推动的结果，甚至还有宗教人士的参与。

2015年5月20日经台湾辅仁大学织品服装学系教师蔡佩伦女士引荐，对冯绮文修女进行了简短的采访。主要针对冯绮文修女以旗袍为纽带在香港、澳门和台湾推动旗袍文化和教育的经历展开了访问，这其中得到两个重要信息：第一，1947年冯修女进入香港绿屋夫人服装店（Green House）担任设计师，其间跟随上海红帮师傅学习旗袍裁制作技艺，学的正是“独幅旗袍料”和“挖大襟”改良旗袍的独门技术；第二，1978年冯绮文修女到台湾教授服装裁剪，此时正是台湾定型旗袍辉煌时期的开始，冯绮文的情况还值得深入研究。

2015年5月23日结识了辅仁大学织品服装学系主任何兆华教授，了解了当下台湾传统服饰技艺传承政策、文化保护运行状况和辅仁大学博物馆针对织绣文物的保护、修复及研究的工作情况。辅仁大学织品服装学系和中华传统服饰文化中心有着紧密的学术联系，承担着中华传统织品和服饰文化的主流学术研究工作。在此了解到冯绮文修女因弘扬旗袍文化与辅仁大学的渊源，这便有了第二次台湾学术调查的主要议题。

四

机缘巧合的是2016年中央电视台《穿在身上的中国》摄制组由林子路执导拍摄的纪录片正是围绕冯绮文修女展开的，这便使我们更期待第二次以采访冯绮文修女为主要内容的台湾学术调查。

2016年3月20日由辅仁大学中华服饰文化中心教师高辅霖负责联系辅仁大学织品服装学系创始系主任罗麦瑞[2]（Maryta Laumann）修女和冯绮文修女，将她们从修道院接到辅仁大学天主教教堂，在罗麦瑞的陪同下，就冯绮文修女的个人经历和旗袍人生进行了采访（图1）。

冯绮文修女1931年出生于广州，4岁时受舅妈影响开始学习缝纫。20世纪40年代受日本侵华战争影响辗转广东各地最终落脚于香港，其间自学服装设计与裁剪。16岁时（1947年）得到著名定制品牌绿屋夫人（Green House）掌门人赏识，就任该品牌设计部门主任。在此期间得到了上海裁缝红帮技术的历练，还自学了洋裁与制作，使得她的旗袍技艺充满了中西合璧的味道，再加上她的童子功，终归使西洋的技术成为淬炼中华韵致的催化剂，仅仅两年（1949年）就创立个人品牌“安安服装”。27岁（1958年）发大愿出家成为修女，她并没有放弃她的技艺，恰恰相反，她利用信仰的力量和自身的技艺使旗袍文化落到实处。1965年，得到教会支持在澳门成立圣加俾厄尔裁缝学校，由其本人教授洋裁并聘请上海师傅教授华服。这个时候无论是台湾还是香港，旗袍已经进入了“分身分袖施省”的定型时代，冯绮文修女如鱼得水，在一个相当长而稳定的时间里系统学习和研究新时期旗袍的裁制、工艺与教学，也正是在这个时期完成了她的代表作《国服制作》和《国服绲边精粹》等教材，为定型旗袍的国际化传播和专业教育做出了特殊的贡献。

据罗麦瑞回忆，1978年教会委托冯绮文修女赴台培训当地修女

图1　作者于辅仁大学天主教堂采访冯绮文修女

制作会服，与时任辅仁大学织品服装学系主任的罗麦瑞相识。罗麦瑞对冯绮文精湛的技艺和授课艺术深感震惊，于是聘请她在辅仁大学任教直至退休。

2007年，退休后的冯绮文修女再次受罗麦瑞邀请与辅仁大学中华服饰文化中心合作，将毕生研究和教学成果撰著成四卷本《国服制作基本技艺》《旗袍制作》《唐装制作》《中式盘扣》和一套《绲边技艺》视频光碟，历时六年终于2013年悉数出版。

据冯绮文修女回忆，1965由香港赴澳门办学时，港澳地区的旗袍已经是分身分袖施省的立体结构了，她在澳门和上海跟师傅学习时，所学的也是这种新式旗袍。1978年赴台湾讲学时，在台湾见到和教授的也都是这种旗袍，事实上这已经成为华人妇女的时尚。作者带了一件改良旗袍（约20世纪40年代的款式）给冯绮文修女看，她说："这个只有妈妈们那个年代才穿，我和师傅们学做的都是这种旗袍（指了指手边书上与穿定型旗袍女士合影的照片），这倒是我小时候没有的……"可见20世纪60年代的香港已成为定型旗袍渐成的重要舞台并有着产业、人才的基础。

五

2018年7月第三次香港学术调查是从对新亚洲绸缎公司刘安庆师傅采访开始的。刘安庆师傅时年69岁，13岁随家人从江苏老家来到香港投亲，14岁由叔婶作保拜师学艺，三年学徒期满后做随店师傅。据刘安庆回忆，“那时候香港大概有2000名裁缝师傅，是旗袍市场最好的时候，如今还在坚持的仅有几个人了”，他可以算是那一辈人中最年轻的。

根据刘师傅的年龄及从业时间推算，他所说“旗袍市场最好的时候”大约是1962年前后，正值电影《苏丝黄的世界》在香港掀起的旗袍热潮，不仅香港本地人，很多外国人都会专门到香港定制旗袍（《香港华侨时报》1962年世界小姐访问香港和专门定做旗袍的新闻），《花样年华》电影也正反映了旗袍在香港创造辉煌的那段历史。1981年开始，刘安庆自立门户开店至今，已经有近40年的时间了。让刘安庆最为自豪的是他严格按照20世纪50年代以后形成的、原汁原味的定型旗袍工艺制作旗袍，这不仅是对具有创新精神的红帮传统的坚守，更重要的是定型旗袍紧跟时代脉搏创造了独特的技术规范。

据了解，刘安庆在学徒时期最先学的是男装华服，而后因为女装做的更多也更赚钱所以改做女装华服。在香港的旗袍师傅群体中一般分为两个流派，一是1949年前后随旗袍穿客由上海迁到台湾的海派师傅，二是香港本地的广派师傅。从技术上来说海派师傅的工艺要更高明，在穿客们看来上海师傅就是质量的保证。刘安庆本人正是海派技艺一脉相承的见证者，他手边所用的工具都是师傅传下来的，制作工艺也一直坚持这个传统，他的作品可谓是香港20世纪60年代定型旗袍的活化石（图2）。经过40年的发展，香港旗袍形成了自己的风格，本地师傅和上海师傅不论是在技艺还是文化上都不断融合，现如今很难说清了。

值得研究的是，在刘安庆师傅的个人网页资料表述中，惯用“祺袍”名称，这是20世纪30年代上海裁缝对旗袍的一种习惯称谓。这传递着两个信息，一是香港裁缝继承的是海派传统且成为主流；

作者采访刘安庆师傅

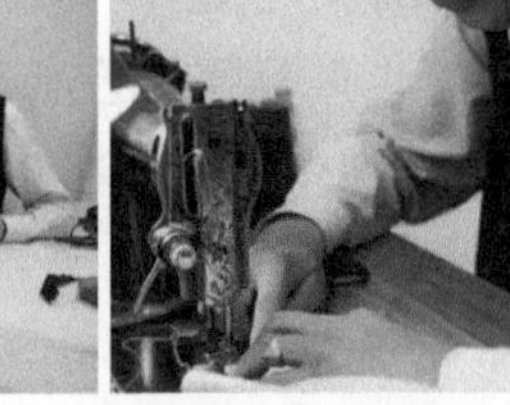
使用的缝纫机还是40年前的蝴蝶牌缝纫机

刮浆刀及面浆糊

图2 香港海派传人刘安庆师傅成为定型旗袍标志性人物

二是1974年台湾业界和学界的“祺袍正名”事件并未影响到香港，这与其自由港更强调行业和工会作用有关，对香港制衣工会的调查也证明了这一点。

经过刘安庆师傅的介绍，与香港服装业工会秘书长劳智荣先生取得联系，得到了工会主席冯婉娴女士的支持，并组织了香港还健在的行业前辈进行座谈。为了全面了解华服业在香港发展的历史脉络和产业的生存状况，于2018年8月1日上午参观了香港历史博物馆，意外获得了重要的旗袍史料，如《香港长衫百年》。它以历史为线索，几乎涵盖了古典、改良和定型三个旗袍分期的标志性作品，并与之前在广东省博物馆展出题为“香港长衫故事”的香港借展标本相对应。另一个收获是发现了20世纪60年代香港旗袍订单普遍使用“祺袍”称谓的证据，这个线索就为港台定型旗袍的发展演变来源于20世纪40年代的海派找到了行业实证（图3）。

下午拜访了香港服装业工会主席冯婉娴女士和业界前辈。香港服装业工会是香港制衣业总商会（1954年成立）属下于1986年成立的，现为香港工会联合会属会，其宗旨是“服务本地服装业人士之团结、提高业界人士技术水准及解决业务疑难、交流行业资讯、争取劳工权益、参与社会事务”。工会现有会员5000余人，服务管理业务是职业技能培训，会员主要是服装业务公司、制衣厂或与服装相关行业的从业人员。下设七个分会：服装采购专业人员协会、上

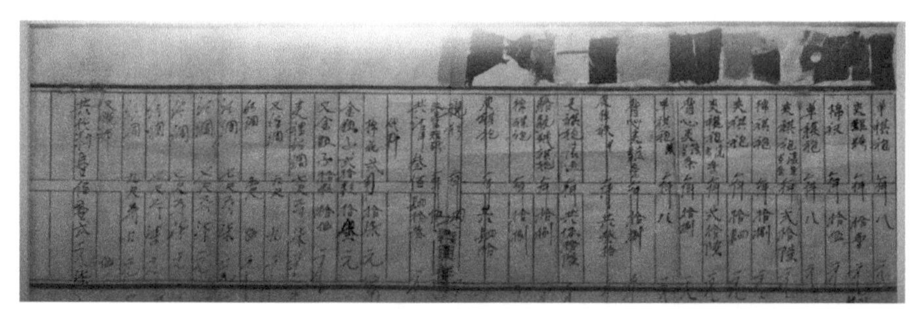

图3 20世纪60年代香港旗袍价目单显示有“单祺袍”“棉祺袍”“皮祺袍”等多种类型，惯用“祺”字说明对海派的坚守

海缝业职工总会、香港皮草皮革业工会、港九西式女服工会、港九车缝业职工会、港九车衣工会、港九洋衣工会。其中上海缝业职工总会是1949年前后由上海迁港裁缝及其传人弟子联合组成的。可见上海裁缝在香港制衣界是一个具有中华文化传统与技艺的特殊群体。

在劳智荣秘书长的主持下，与香港服装业总工会主席冯婉娴、香港上海缝业职工总会主席邱复兴、香港服装业总工会理事冯万如、港九洋衣工会理事长梁子俊、港九西式女服工会理事长陈惠贤进行了座谈。座谈围绕着香港旗袍发展历史、业态和人才状况展开（图4）。

香港裁缝界的前辈一致表示香港旗袍最重要的推动者是20世纪中期由上海赴港的海派裁缝，且他们自身也都是上海裁缝技艺的传承者。但由于香港长期国际化和自由港的产业贸易，现在的香港已经没有上海裁缝和本土裁缝的派系区别，市场化造就了定型旗袍在香港的繁荣，香港亦成为旗袍国际化的舞台。

因此，定型旗袍在香港有其独特的表达，香港也在旗袍发展过程中起到了其他地区不可替代的作用。

第一，旗袍称谓问题。在文献资料中出现的“香港长衫”代指“香港旗袍”的现象并不被香港旗袍制衣界完全认可，他们更希望使用学界和大中华共识的“旗袍”称谓，也并不否认“长衫”是香港对“旗

图 4　作者与香港服装业工会同仁合影

从右至左陈惠贤、劳智荣、冯婉娴、刘瑞璞（作者）、冯万如、邱复兴、梁子俊、朱博伟（作者）

袍”称谓表现出的地域特点。但是对于“祺袍”和“祺袍”名称的使用，在香港业界并不苛求，多依行规或传承习惯。

第二，对于旗袍分期与裁剪工艺和结构的关系问题。几位师傅提供的线索与刘安庆师傅提供的信息基本一致，其中邱复兴先生非常肯定地说：“1958 年开始学习华服时，香港旗袍就已经有胸褶了，并且分身裁剪。”这与定型旗袍技术文献考证的情况基本一致。

第三，对香港旗袍申遗的问题交换了意见。旗袍在香港的特殊地位是其申遗的优势，它的劣势就是学术研究的薄弱，或许海峡两岸与香港联合申遗会是构建中华旗袍人类文化遗产的最佳方案。

作者 2019 年 3 月于北京

1　陶斯亮（1941 年～），女，籍贯湖南省祁阳县人（原国务院副总理陶铸之女），出生于陕西省延安市。1965 年加入中国共产党。1967 年参加工作，大学本科学历，主治医师职称。现任中国市长协会专职副会长兼女市长分会执行会长，中国城市发展报告理事会副理事长，《中国市长》（中国市长协会会刊）主编。

2　罗麦瑞（Maryta Laumann）1947 年出生于德国，1965 年取得马尼拉圣神学院家政学与教育学士双学位，1966 年抵台授课，为创立台湾辅仁大学织品学系，赴美国威斯康辛大学攻读织品服装硕士，同时选修纽约时装设计学院课程，其间共获得 3 个硕士学位。因创立台湾辅仁大学织品学系而获辅仁大学授予的“织品之母”称号，亦被誉为“台湾织品教育第一人”，今已 74 岁高龄，却仍坚持工作在教育一线。

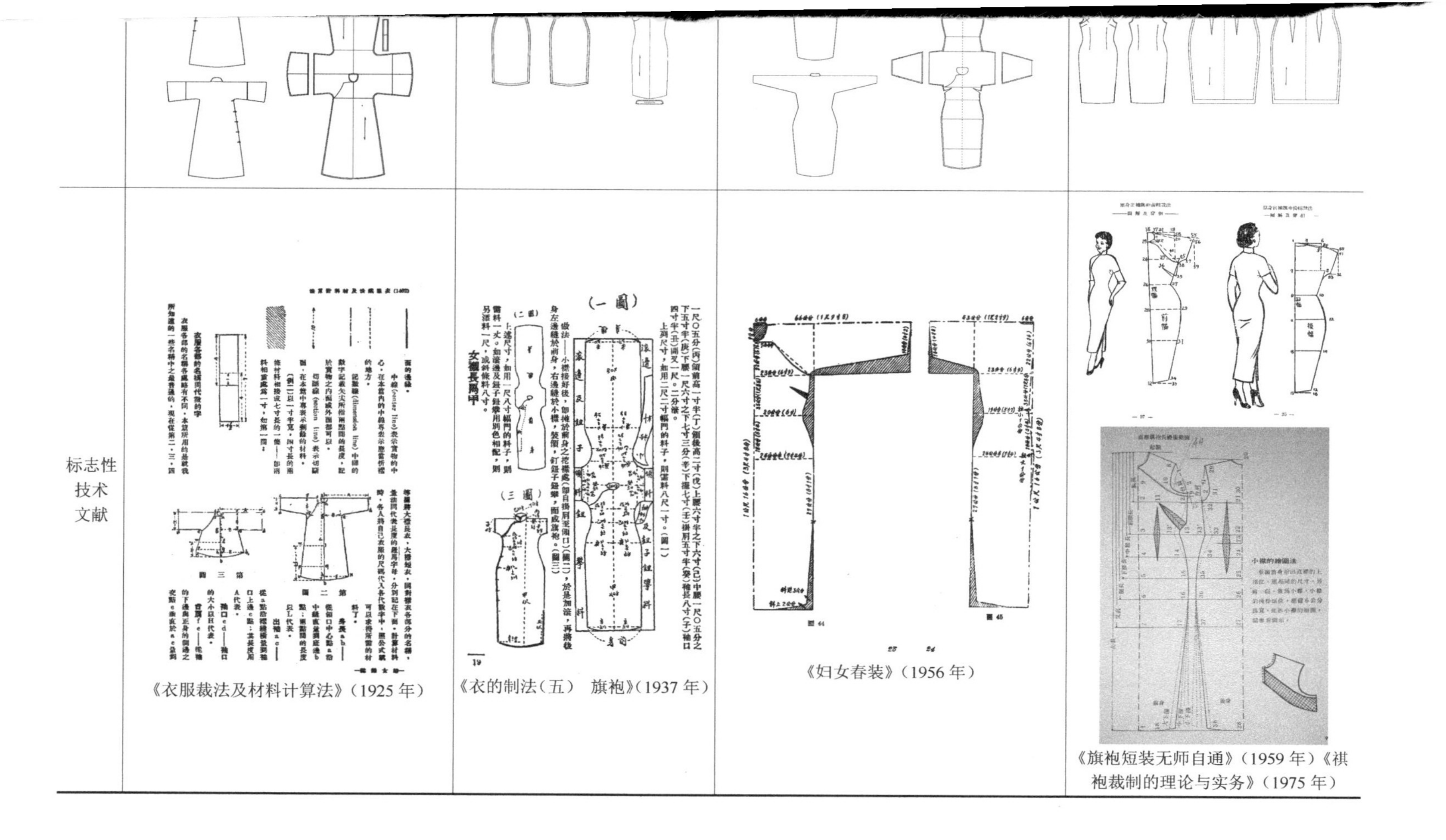
标志性技术文献
《衣服裁法及材料计算法》（1925 年）
《衣的制法（五） 旗袍》（1937 年）
《妇女春装》（1956 年）
《旗袍短装无师自通》（1959 年）《祺袍裁制的理论与实务》（1975 年）